Ursula Paravicini

Architektur- und
Planungstheorie

Kohlhammer

Basiswissen Architektur
Herausgegeben von Dirk Bohne

Ursula Paravicini

Architektur- und Planungstheorie

Konzepte des städtischen Wohnens

Verlag W. Kohlhammer

Alle Rechte vorbehalten
© 2009 W. Kohlhammer GmbH Stuttgart
Umschlag: Alex Görg
Layout und Satz: Sabine Spieckermann
Gesamtherstellung:
W. Kohlhammer Druckerei GmbH + Co. KG, Stuttgart
Printed in Germany

ISBN 978-3-17-020024-1

Danke.

Herzlich bedanken möchte ich mich bei allen, die mich beim Verfassen dieses Buches unterstützt haben: Bei Dipl. Ing. Daniela Catalan und Paulina Soto Martin für ihre Mitwirkung bei den Bildrecherchen; bei Heike Sohns und Karin Bosinger für das Schreiben des Manuskripts; bei Dr. Barbara Strohschein für die redaktionelle Beratung des Manuskripts sowie bei Sabine Spieckermann für das grafische Layout des Buches.

Ganz herzlich danken möchte ich auch an dieser Stelle meinen früheren wissenschaftlichen Mitarbeitern in Forschung und Lehre am Institut bzw. Abteilung für Architektur- und Planungstheorie der Leibniz Universität Hannover: Dipl. Ing. Anke Bertram, Dr. Ing. Silke Claus, Dipl. Ing. Ralf Fleckenstein, Dipl. Ing. Thomas Gräbel, Dipl. Ing. Philipp Krebs, Dr. Ing. Ruth May, M. A. Andreas Münkel und Dr. soz. Susanna von Oertzen . Von ihnen habe ich in den letzten Jahren viele wertvolle Anregungen erhalten.

Besonders danken möchte ich schließlich meinen Ehemann, Prof. Dr. Roger Perrinjaquet, der mich bei der Fertigstellung dieses Buches maßgebend unterstützt hat.

Mourèze, 17. Februar 2009
Ursula Paravicini

Dieses Buch wurde von der Abteilung Architektur- und Planungstheorie an der Fakultät Architektur und Landschaft der Leibniz Universität Hannover gefördert.

Orientierungswissen in Architektur und Planung

Einleitung

Die zeitgenössische Wissensgesellschaft ist durch einen außerordentlich beschleunigten gesellschaftlichen Wandel gekennzeichnet. Die Wissenschaftsphilosophin Helga Nowotny (2004) legt überzeugend dar, wie mittlerweile allgemein erkannt wird, dass „die anwachsende Komplexität und Unvorhersagbarkeit" in allen Lebens- und Wissensbereichen lineare Erklärungszusammenhänge und deterministische Prognosen hinfällig machen. Stattdessen gewinnt das Orientierungswissen an Bedeutung, durch welches gesellschaftliche Prioritäten und strategische Lösungsansätze definiert werden können.

In diesem neuen gesellschaftlichen Kontext sehe ich die vordringliche Aufgabe von Architektur- und Planungstheorie darin, in einer fächerübergreifenden Perspektive Orientierungswissen für künftiges Planen und Bauen aufzubereiten.

Das „städtische Wohnen" ist in diesem Zusammenhang ein zukunftsweisendes und in demokratischen Gesellschaften höchst brisantes Handlungsfeld für Architekten und Planer, zu dem Orientierungswissen dringend erforderlich ist. Seit der Moderne steht die Suche nach neuen Wohnformen im Mittelpunkt der theoretischen Debatten und der experimentellen Lösungsansätze in Architektur und Planung. Die Entwicklung neuer Konzepte bezieht sich jeweils auf alle Maßstabsebenen des Entwurfes: sowohl auf das architektonische Objekt und das Gebäudeensemble als auch auf den öffentlichen Raum, auf den Stadtteil, ja auf die ganze Stadt.
Diese Suche gilt es heute zu aktualisieren, um daraus Orientierungswissen in Architektur und Planung ableiten zu können.

Im vorliegenden Buch werden anhand dieses Handlungsfeldes Debatten und innovative Lösungsansätze in Architektur, Städtebau, Stadt- und Freiraumplanung aus der fachimmanenten Sicht der Architektur- und Planungstheorie kritisch reflektiert und auf ihre Zukunftsfähigkeit hin überprüft. Dabei sollen auch Erkenntnisse aus anderen Disziplinen einbezogen werden.

Theoretische Positionen und Projekte zu städtischem Wohnen werden in ihrem jeweiligen gesellschaftlichen Kontext situiert, analysiert und kritisch nachvollzogen. Unterschieden wird dabei zwischen gesellschaftlichen Wertsetzungen, räumlichen Bildern und Vorstellungen, theoretischen Lösungsansätzen und umgesetzten Maßnahmen in Architektur und Planung. In der Reflexion über beispielhafte Projekte gilt mein Interesse sowohl den Zielvorstellungen und planerisch-gestalterischen Ansätzen, die Architekten und Planer bei der Konzeptfindung und Umsetzung geleitet haben, als auch den konkret umgesetzten räumlichen, gestalterischen und formal-ästhetischen Merkmalen der Projekte.

Mein Interesse bezieht sich indessen ebenso auf die sozialen Wirkungsweisen der fertiggestellten Projekte. Bei deren Beurteilung ist es für die Aufarbeitung von Orientierungswissen in Architektur und Planung in der Tat höchst relevant zu wissen, inwieweit die Zielvorstellungen der Entwerfer und die Erwartungen der Bewohnerinnen und Bewohner sich decken oder im Gegenteil auseinanderklaffen.

Im Mittelpunkt der Darstellung steht das Wohnen in europäischen Städten. Die Stadt ist der Ort, wo seit jeher die als innovativ geltenden Wohnformen erbaut wurden, die für zukünftige Entwicklungen richtungsweisend waren. Dies trifft auch heute noch zu. Die Qualität des Wohnens wird – seit der Herausbildung der familienbezogenen Privatheit und des modernen Komforts in den bürgerlichen Schichten des ausgehenden 19. Jahrhunderts – durch eine sensible räumlich-gestalterische Formgebung des Privatbereiches wesentlich bestimmt.

Doch Wohnen bedeutet erwiesenermaßen viel mehr als das private Glück in den vier Wänden. Die private Wohnsphäre ist eingebettet in ein räumliches

10

Umfeld, zu dem Übergangsräume zwischen dem Innen und Außen, zwischen dem Privaten und dem
Öffentlichen sowie das nähere und weitere städtische Umfeld und die städtischen öffentlichen Räume gehören.

Daraus ergeben sich bei der Konzeption von städtischem Wohnen sehr unterschiedliche Fragen, denen
in den fünf Kapitel des Buches nachgegangen wird
und die die Vielschichtigkeit dieses Handlungsfeldes
von Planen und Bauen hervorheben.

Drei Interessen haben mich beim Verfassen dieses
Buches geleitet, die eine zentrale Bedeutung in der
Auseinandersetzung mit architektur- und planungs-
theoretischen Fragen haben:

1. Planen und Bauen unter das Zeichen eines ganzheitlichen gesellschaftlichen Anspruches stellen

Zeitgenössische Architekturtheorien sind oftmals
auf rein ästhetische und formale Kategorien und
Interpretationen fokussiert. Demgegenüber gehe ich
in meinen Ausführungen davon aus, dass Architek-
tur- und Planungstheorie dazu beitragen soll, die
Entwicklung von neuen, zukunftsweisenden Konzepten in Architektur und Planung unter das Zeichen eines ganzheitlichen gesellschaftlichen Anspruches zu setzen.

Dieser ganzheitliche und gesellschaftlich reflektierte
Ansatz setzt formal-ästhetische Dimensionen mit
sozialen, ökologischen und kulturellen Dimensionen
der Architektur in Beziehung, bricht enge Fachgren-
zen auf und ist mit fächerübergreifenden Herangehensweisen verbunden. Über diesen Ansatz können
die verschiedenen Sichtweisen der Architektur, des
Städtebaus, der Stadt- und Freiraumplanung miteinander verknüpft – und neu entwickelt werden.

Es ist nicht neu, Architektur und Planung unter dem
Vorzeichen eines ganzheitlichen sozio-kulturellen

Anspruches zu sehen und umzusetzen. Wie ich im zweiten Kapitel ausführe, knüpfe ich mit dieser Ausrichtung an die Debatten der Moderne an, die sich von Beginn an im Kontext gesellschaftlicher Fragen reflektierte und bestrebt war, in allen Bereichen und auf allen Maßstabsebenen der Planung und Gestaltung Qualität zu verwirklichen.

Ich halte es für eine der größten Herausforderungen an die Architektur- und Planungstheorie, diesen ganzheitlichen Anspruch der Moderne auf den heutigen gesellschaftlichen Kontext bezogen neu zu überdenken. Die sich wiederholenden ökonomischen und sozialen Krisen, die durch das weltweit wirkende Finanzkapital ausgelöst werden und gesellschaftliche Bindungen zu zerstören drohen, machen mehr als deutlich, dass in demokratischen Gesellschaften die Rückbesinnung auf ganzheitlich geplante Projekte sowie auf Visionen, die über eine reine Ökonomisierung der Weltwirtschaft hinausgehen, nicht verzichtet werden kann.

Es ist heute mehr denn je aktuell, folgende Fragen zu stellen: Wie kann eine nachhaltige Entwicklung gesichert werden, die die Lebenschancen heutiger und zukünftiger Generationen einbezieht? Und welchen Beitrag können Architektur und Planung dazu leisten?

2. Handlungsbezogenes Orientierungswissen in Architektur und Planung aufarbeiten

Eine Architektur- und Planungstheorie, die einem solchen ganzheitlichen Anspruch verpflichtet ist, wird ihrem Ziel entsprechend handlungsbezogen ausgerichtet sein und in Wechselwirkung mit der Berufspraxis stehen.

Architektur- und planungstheoretische Untersuchungen setzen sich immer mit Positionen, Handlungsansätzen und realisierten Projekten von Architekten und Planern auseinander. Es geht darum, das Besondere in diesen Ansätzen und Projekten in „das Verallgemeinerbare und zurück in das (verbesserte)

Besondere zu verwandeln, das ‚Lokale' in das Universale und zurück in ein (verbessertes) ‚Lokale' zu transformieren" (Nowotny, Scott, Gibbons 2004).

Mit anderen Worten: Geschriebenes, Geplantes, Gebautes wird untersucht, kritisch reflektiert, das Spezifische relativiert, um die Begrenztheit des Einzelfalles zu überwinden und verallgemeinerbare Ergebnisse und handlungsbezogenes Wissen daraus abzuleiten. Das aus diesen Untersuchungen gewonnene Wissen muss dann wieder in Handlungsansätze zurückübersetzt werden, die dem jeweiligen lokalen Kontext angepasst, sozial erwünscht und kulturell akzeptabel sind.

Die Architektur- und Planungstheorie thematisiert und begründet auf diesem Wege die Sinnhaftigkeit von Architektur und Planung sowie die kulturelle Verantwortung von Architekten und Planern vor der Gesellschaft – auch wenn diese im Auftrag eines einzelnen Bauherrn tätig sind.

Die Berufspraxis ihrerseits ist auf Architektur- und Planungstheorie angewiesen, um gegenwartsnah ihr Handlungsfeld neu zu bestimmen. Ohne theoriegestütztes, handlungsbezogenes Orientierungswissen läuft die Berufspraxis Gefahr, in der normativen Kraft von historisch überholten Regeln zu verharren oder sich in der Beliebigkeit von kurzlebigen Modeströmungen zu verlieren.

Für die einzelnen Architektinnen und Architekten, Planerinnen und Planer sind theoriegestützte Einsichten und Handlungsperspektiven ebenfalls von großer Bedeutung. Sie werden in die Lage versetzt, die eigene Arbeit kritisch zu überprüfen, persönliche Positionen klar zu definieren und eigenverantwortlich die kulturelle Sinnhaftigkeit von Architektur und Planung öffentlich zu vermitteln.

In diesem Zusammenhang möchte ich auf den vergeschlechtlichten Sprachgebrauch der deutschen Sprache hinweisen, den ich für grundsätzlich richtig halte. Trotzdem werde ich in diesem Buch darauf verzichten, an jeder Stelle neben der männlichen auch die weibliche Form zu verwenden, obwohl die letztere immer mit gemeint ist.

3. Geschichtlich Gewordenes mit der Zukunft verknüpfen

In Anlehnung an den Zivilisationssoziologen Norbert Elias (1969) und den Zivilisationshistoriker Fernand Braudel (1967) soll die Beschäftigung mit Geschichte erkennen lassen, dass die die Gegenwart prägenden Wertsetzungen, Raumvorstellungen und Architekturtheorien sich in einem langfristigen geschichtlichen Prozess herausgebildet haben. Im Mittelpunkt des Erkenntnisinteresses steht nicht, „wie die Geschichte gewesen ist", sondern „wie die Gegenwart geworden ist" und wie aus ihr sich in Zukunft wiederum Neues weiterentwickeln wird.

Gerade im Bereich von Architektur und Planung kann geschichtlich Gewordenes nur in einer langfristigen Perspektive erfasst werden. Die einzelnen Bauten und, mehr noch, die städtischen Räume werden weit über den Zeitpunkt ihrer Planung und Fertigstellung hinaus genutzt und von verschiedenen sich folgenden Generationen als Teil ihrer jeweiligen Lebenswelt wahrgenommen.
Architektur und Planung ist deshalb nicht als Essenz eines Ewig-Wahren zu verstehen, sondern als Quintessenz gesellschaftlicher Bedingungen, Zielvorstellungen und theoretischer Positionen in einer gegebenen historischen Situation, die sich über einen langen Zeitraum herausgebildet haben. Neue theoretische Konzepte, Handlungsansätze und Entscheidungen haben immer Bezug auf das Vorhergehende genommen, haben es weitergeführt oder sich davon bewusst abgesetzt.
Das geschichtlich Gewordene seinerseits liegt auf einer Zeitachse, die es mit der Zukunft verknüpft. Die Gegenwart ist mit der Zukunft „durch eine imaginäre Raumzeit verbunden, die von einem Potenzial durchdrungen ist, von dem angenommen wird,

es sei offen und reagiere auf menschliche Handlungen, Wünsche und Ängste", schreibt Helga Nowotny (1989).

Es sind diese vielschichtigen Beziehungen zwischen Vergangenheit, Gegenwart und Zukunft, die in den verschiedenen Kapiteln dieses Buches thematisiert werden, um Erklärungszusammenhänge und Handlungsperspektiven für künftiges Planen und Bauen zu gewinnen. Ziel ist dabei, geschichtlich Gewordenes kritisch zu hinterfragen, Bestehendes zu überschreiten und Neues zu erfinden.

1. Die bürgerliche Wohnform als sozial-räumliches Modell

1.1 Entwicklung bürgerlicher Wohnquartiere im Industriezeitalter

Historische Trennung von Wohnen und Arbeiten

Die uns heute vertraute Wohnwelt, in der wir uns alltäglich aufhalten, wirkt so selbstverständlich, dass uns ihre Entstehungsgeschichte mit ihren Wertsetzungen und Machtkonstellationen nicht bewusst ist und sie uns in diesem Sinne „wertfrei" erscheint. Tatsächlich ist diese „wertfreie" Selbstverständlichkeit eine Täuschung, „und eine folgenschwere dazu", wie der englische Kunsthistoriker Robert Evans hervorhebt, „denn sie verdeckt die Macht, die die gewohnte Gliederung auf unser Leben ausübt, und gleichzeitig verdrängt sie die Tatsache, dass dieses Arrangement einen Ursprung und einen Zweck hat" (Evans 1996).

Es ist vornehmlich die Aufgabe von Architektur- und Planungstheorie, über diesen Ursprung und Zweck aufzuklären. Um die soziale und kulturelle Bedeutung von heutigen Wohnformen zu erfassen, widmet sich dieses erste Kapitel dem Prozess der Herausbildung bürgerlicher Wohnformen. Diese schufen den stadträumlichen und baulich-gestalterischen Rahmen, in dem sich das Streben nach Privatheit und modernem Komfort erstmals entfaltete. Die bürgerliche Wohnform und Lebensweise festigten sich und wurden zu einem sozial-räumlichen Modell (Paravicini 1990) , das bis auf heute die Konzeption von zeitgenössischen Wohnformen beeinflusst.

Durch welche raum-gestalterischen Merkmale und gesellschaftlichen Wertvorstellungen waren die bürgerlichen Wohnformen im ausgehenden 19. Jahrhundert gekennzeichnet?
Welche Rolle spielten neue technische Bedingungen und Möglichkeiten bei der Konsolidierung der bürgerlichen Wohnform?
Bevor diesen Fragen nachgegangen wird, soll

Vorherige Seite [1] Bürgerliche Privatsphäre um 1880 (J. Tissot, Hide and Seek, Toronto, Sammlung Christie's).

zunächst der städtische Kontext beleuchtet werden, in dem nach und nach neue Lebensweisen und Wohnformen in den bürgerlichen Schichten Gestalt angenommen haben.

Europäische Städte befanden sich Ende des 19. Jahrhunderts in einem tief greifenden Umbruchprozess. In der Folge der industriellen Revolution, im Kontext des radikalen Strukturwandels von der Stände- zur Industrie-Gesellschaft wurde das räumliche Gefüge der Städte einschneidend verändert. Die bis dahin noch stark mittelalterlich geprägte, geschlossene Stadt wurde im wahrsten Sinne „aufgesprengt", die Ausdehnung von städtischen Peripherien über die alten Stadtmauern hinaus war unaufhaltsam. Die Entwicklung zur modernen Großstadt nahm ihren Lauf.

Erstmals in der Geschichte europäischer Städte entstanden Quartiere auf der grünen Wiese, die ausschließlich für bürgerliches Wohnen bestimmt waren. Bemerkenswert war dabei, dass diese Quartiere abseits von städtischen Arbeitsplätzen lagen. Diese neue räumliche Trennung von bürgerlichem Wohnen und Arbeiten stand im scharfen Gegensatz zur sozial-räumlichen und ökonomischen Struktur der vorindustriellen Stadt, wie alte Stadtpläne und Stiche von mittelalterlichen Städten belegen. Die mittelalterlichen Städte im Norden wie im Süden Europas waren durch eine kleinteilige Durchmischung von städtischen Nutzungen und zugleich durch eine enorme räumliche Verdichtung gekennzeichnet [Abbildungen 2-4].

Es war zu dieser Zeit keine Ausnahme, dass sich in bestimmten Stadtteilen verschiedene Handwerkszünfte oder kirchliche Institutionen konzentrierten. In den schmalen Stadthäusern der Handwerker und Händler war es die Regel, dass die Räume zum Arbeiten und zum Wohnen ineinander übergingen. Die Arbeitsstätten – wie zum Beispiel Werkstätten, Verkaufsauslagen, Krämerbuden, Handelskontore –

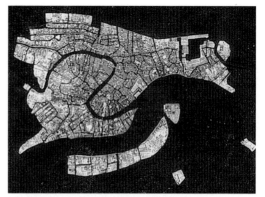
[2] Eine enorme räumliche Verdichtung war für die mittelalterliche Stadt kennzeichnend. Venedig um 1750 …

[3] … und Villingens (CH) enge, bis auf heute erhaltene Parzellen (Divorne 1991).

[4] Hohe Stadthäuser in Nürnberg (Zeichnung von A. Dürer, Nürnberg, Altstadtmuseum).

[5] Die uns geläufige Trennung zwischen Wohnen und Arbeiten war vor dem 19. Jahrhundert irrelevant. Stadthäuser in Rotterdam um 1740 (Bibliothèque de l'Arsenal, Paris).

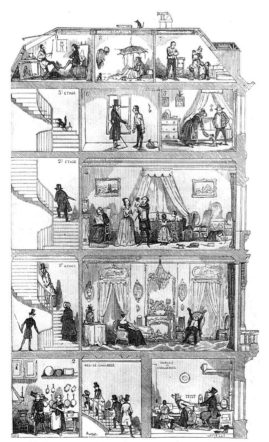

[6] Bürgerliches Wohnen in der Bel étage. Schnitt durch ein bürgerliches Pariser Miethaus um 1840 (L'Illustration, 1845).

lagen zwar meistens ebenerdig, aber klare Abgrenzungen zwischen den Nutzungen oder gar eine Aufteilung der Häuser in abgeschlossene Etagenwohnungen waren unbekannt [Abbildung 5]. Ähnlich wie in den Bauernhöfen auf dem Lande, gehörten auch in den Handwerkshäusern in der Stadt die Gesellen, die Bediensteten sowie entfernte Verwandte zum Haushalt, in dem alle Mitglieder an der Überlebenssicherung beteiligt waren und deren Zusammensetzung sich ständig veränderte. Diese Lebensform, bei der die Grenzlinien zwischen privat und öffentlich verschwommen blieben und in der die uns geläufige Trennung zwischen Arbeiten und Wohnen irrelevant war, bezeichnen Historikerinnen und Historiker mit dem Begriff „Ganzes Haus".

Als Gegenstück zu dieser Lebensform bildeten sich ab dem 18. Jahrhundert allmählich die bürgerliche Lebensweise und Wohnform heraus. Historisch einschneidend war, dass die Erwerbsarbeit aus dem Verband der Räume ausgelagert wurde [Abbildung 6]. Die Räume waren von dieser Zeit an ausschließlich dem „Wohnen" vorbehalten, in denen sich ein Familienleben entfaltete, in dessen Privatheit sich der eng gewordene Kreis von Haushaltsangehörigen zurückzog.

Vor allem Großhändler, Beamte und Bildungsbürger fungierten bei der Herausbildung einer gänzlich dem Wohnen gewidmeten Sphäre als Wegbereiter. In diesen Schichten war die räumliche Trennung zwischen der Berufswelt (in der sich so gut wie ausschließlich das männliche Familienoberhaupt bewegte) und der Wohnsphäre ökonomisch bedingt und ergab sich aus der Eigenart und den Erfordernissen der außerhäuslichen Erwerbsarbeit.

Diese Tendenz zeichnete sich schon in den letzten Jahrzehnten des 18. Jahrhunderts ab. Bereits zu dieser Zeit entstanden die ersten reinen Wohnquartiere, die gezielt für diese bürgerlichen Haushalte realisiert wurden. Dies geschah vorerst in Städten, die sich zu ökonomischen, politischen und kulturellen

Zentren herausbildeten und in denen diese wohlhabende Bürger eine wesentliche gesellschaftliche Rolle zu spielen begannen, wie zum Beispiel in London und Paris, Wien und Berlin. Während die großbürgerliche Wohnform zu einer sozialen und kulturellen Gegenwelt zur beruflichen und politischen Sphäre wurde, entwickelte sie sich zugleich zum Ort der hochstilisierten Familienintimität.

In den Industriestädten entstanden bürgerliche Wohnquartiere viel später. Meine Forschungsarbeiten zu der Herausbildung der bürgerlichen Wohnform weisen nach, dass in der frühen Phase der Textilindustrie im Norden Frankreichs die Verflechtung zwischen Gewerbebauten und den Wohnräumen der Fabrikanten und deren Familien weiterhin innerhalb des verdichteten, aus früheren Epochen erhaltenen Stadtgefüges bestehen blieb. Um die Entwicklungschancen des Unternehmens zu sichern, war es weithin üblich, dass in dieser ersten Phase der Kapitalakkumulation sowohl die heranwachsenden Söhne des Fabrikanten als auch seine Ehefrau im Familienbetrieb arbeiteten. Die doppelte Verantwortung für das Unternehmen und für den Haushalt konnten die Ehefrauen der Fabrikanten nur miteinander verbinden, wenn Werkstätten und Wohnräume in unmittelbarer Nähe zueinander lagen [Abbildung 7]. Aufschlussreich ist dabei – wie aus Inventaren bei Nachlässen nachvollzogen werden kann – , dass die Aufgaben im Haushalt noch nicht allzu anspruchsvoll gewesen sein konnten. Die Wohnräume waren verhältnismäßig eng dimensioniert und eher karg möbliert und ausgestattet. Behaglichkeit kannten diese Haushalte kaum.

Mit der Konsolidierung von kapitalstarken Unternehmen um die Jahrhundertwende und dem Bau von riesigen Fabriken [Abbildung 8], in denen Hunderte von Arbeitern zeitgleich tätig waren, wurde die vollständige Auslagerung der Erwerbsarbeit aus der Wohnsphäre auch bei den Familien der Fabrikanten unvermeidlich. Die Bewegung in städtische

[7] Die Wohnräume des Fabrikanten und seiner Familie befanden sich in unmittelbarer Nähe zu seinem Kleinunternehmen, um 1850 (Paris, Bibliothèque Nationale).

[8] Fabrikbau als Wahrzeichen der Großindustrie. Nord-Pas-de-Calais 1880 (M. Culot 1975, Textilfabrik in Loos).

[9] Die Ausbreitung von Industriezonen in der Peripherie der Städte war unaufhaltsam. Großindustrien in Le Creusot um 1880 (Le Creusot, Ecomusée).

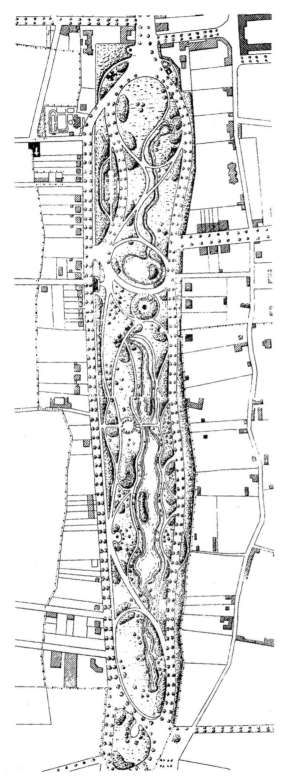

[10] Zunehmend entstanden bürgerliche Wohnquartiere
auf der grünen Wiese, weit entfernt von den Arbeitsstätten.
Bürgerliches Wohnquartier in Roubaix längs des Parc de
Barbieux, um 1870 (Roubaix, Kataster um 1900).

Peripherien nahm ihren Anfang, dorthin wo weitläufige, unbebaute Grundstücke zur Verfügung standen. Die Industriellen verlagerten ihre großdimensionalen Fabrikbauten aus den alten, einengenden Stadtstrukturen in die neu entstehenden, mit Infrastrukturen für den Güterverkehr ausgestatteten Industriezonen [Abbildung 9]. Da es zu dieser Zeit noch keine öffentlichen Personenverkehrsmittel gab, entstanden in Nähe der Industriezonen Siedlungen für die Arbeiter, die sich zu Fuß zu ihrem Arbeitsplatz bewegen konnten.

Zugleich kehrten auch die Fabrikanten mit ihren Familien den engen Wohnverhältnissen in den alten Städten den Rücken. Die zunehmende Industrialisierung bewirkte im Laufe der Jahre, dass die Fabrikanten, deren Unternehmen erfolgreich aus dem erbitterten Konkurrenzkampf hervorgegangen waren, zu Reichtum kamen. Sie konnten, dem Vorbild des Beamten- und Bildungsbürgertums folgend, ihren Wunsch nach häuslichem Komfort und Behaglichkeit verwirklichen. Zeitgleich veränderten sich damit in den wachsenden Industriestädten die Rolle der bürgerlichen Frau und die Wohnform der wohlhabenden Schichten. Die Ehefrauen der Fabrikanten konnten es sich nun leisten, sich aus der Berufswelt zurückzuziehen, um das Familienleben zu kultivieren.
Mit dieser Entwicklung ging der Bau von neuen, bürgerlichen Wohnquartiere auf der grünen Wiese einher, weit entfernt von den Arbeitsstätten [Abbildung 10]. In bürgerlichen Schichten setzte es sich zunehmend durch, dass das Wohnen von der Arbeitswelt räumlich getrennt und emotional anders als bisher besetzt wurde.

Erste Strategien der sozial-räumlichen Entmischung

Diese Entwicklungen vollzogen sich vor dem Hintergrund extremer sozial-räumlicher Widersprüche und Spannungen. Die Großstädte des 19. Jahrhunderts wurden zu glanzvoll inszenierten Bühnen der neu erworbenen politischen und kulturellen bürgerlichen Vormachtstellung sowie zu führenden Zentren der kapitalistischen Wirtschaft. Zugleich jedoch waren sie zu Orten der maßlosen Ausbeutung und des Elends wie auch zu Schauplätzen des proletarischen Widerstandes und der gewerkschaftlichen Organisation geworden. In diesem Spannungsverhältnis wurden die Großstädte zu Schmelztiegeln sozialer Auseinandersetzungen, durch die sich die soziokulturellen Werte veränderten und neue stadträumliche Konzeptionen notwendig wurden.

Dazu gehörte unter anderem die Entwicklung von Lösungsansätzen für die moderne Stadtplanung. Überlegungen zu Hygiene spielten dabei eine wichtige Rolle. Gesundheits- und Sozialreformer aus dieser Zeit beschrieben die katastrophalen sanitären Verhältnisse und die extreme Armut, die in den Arbeitervierteln herrschten. Sie sahen in den Elendsvierteln der Städte Brutstätten von tödlichen Krankheiten. Zugleich hielten sie diese Viertel auch für Orte, in denen Kriminalität und Verbrechen ihren Ursprung hatten – obgleich dies heute in keiner Weise historisch zu belegen ist. Tatsache jedoch war, dass immer wieder Cholera-Epidemien in der ganzen Stadt ausbrachen und auch vor wohlhabenden Häusern nicht Halt machten. Diese sich wiederholenden Epidemien führten dazu, dass sich die Menschen aus den bürgerlichen Schichten zunehmend und auf eine fast irrationale Weise vor Krankheiten zu fürchten begannen.

Die irrationalen Ängste nahmen im Alltag umso mehr zu, weil die Entstehungsursachen wie die Ausbreitung dieser Krankheiten lange unklar und unbekannt blieben. Bevor sich im ausgehenden 19. Jahrhundert durch Koch und Pasteur die Bakteriologie wissenschaftlich etablierte, wurde die Ansteckung durch den direkten körperlichen Kontakt mit einer bereits erkrankten Person erklärt. Im weiteren herrschte die Meinung vor, die Übertragung der Krankheitserreger

[11] Die „gefährlichen Klassen". Bergwerksarbeiter mit ihren Familien auf einer Straßendemonstration (Le Petit Journal, 1906).

erfolge durch die Luft, die von giftigen Ausdünstungen des Wassers verdorben wäre (Corbin 2005). Marianne Rodenstein (1988) hat dargestellt, wie in diesem Kontext die Parole „Mehr Luft, mehr Licht" allmählich zur Devise für Stadtplanung und Städtebau wurde. Das war jene Devise, die vor allem durch die internationalen Hygiene-Kongresse, die ab 1852 in Brüssel stattfinden, verbreitet wurde.

Wie von Louis Chevalier in seiner oft zitierten Schrift von 1958 anschaulich dargestellt wurde, spielte für die Umsetzung neuer stadtplanerischen Maßnahmen nicht nur die Furcht des Bürgertums vor Krankheiten und Epidemien eine Rolle, sondern auch die Angst vor „den gefährlichen Klassen" [Abbildung 11]. Seit der Französischen Revolution schürten die periodisch aufflackernden Aufstände und die politischen Unruhen die Angst der Bürger vor den bedrohlich erscheinenden, unberechenbaren proletarischen Menschenmassen in den Städten. Daher schien aus bürgerlicher Sicht eine räumliche Trennung zwischen den Schichten, eine Absonderung der bürgerlichen Haushalte von der Arbeiterklasse nicht nur erwünscht, sondern auch notwendig.
So bekam die damalige Stadtplanung die Aufgabe, die Abgrenzung der bürgerlichen Wohnquartiere zu den Wohn- und Arbeitsstätten der Arbeiter zu verwirklichen und die soziale Entmischung im Stadtgefüge voranzutreiben.

Die eigentliche Strategie der sozialen Entmischung, die vielerorts ihren Anfang nahm, verband sich mit neuen planerischen Lösungsansätzen bei der Realisierung von bürgerlichen Quartieren. Deren Ziele waren: eine einheitliche Ausgestaltung der öffentlichen Räume, die wohlproportionierte Formgebung der Häuserfronten, die Sicherstellung von Licht, Luft und Grün im Wohnumfeld – und nicht zuletzt die Integration von kulturellen Einrichtungen in den Wohnquartieren. Damit sollte ein angemessener städtischer Rahmen für bürgerliches Wohnen geschaffen werden.

Die umfassenden Pariser Arbeiten des Präfekten Georges-Eugène Haussmann [Abbildung 12] wurden im 19. Jahrhundert zum großen Vorbild eines Stadtumbaues, durch den diese Ziele umgesetzt worden waren. Im Auftrag von Napoleon III geplant, wurde der radikale Umbau der französischen Hauptstadt zwischen 1853 und 1870 durchgeführt. Haussmann war insofern ein Pionier der Stadtplanung, als er eine gesamtstädtische Strategie erarbeitete, in der er wohnhygienische, funktionale, verkehrstechnische und ästhetische Überlegungen mit machtpolitischen und militärischen Kriterien verband.

Die Stadttheoretikerin Françoise Choay (1969) interpretiert diesen Stadtumbau von Paris deshalb zu Recht als den eigentlichen Ausgangspunkt für die moderne Stadtplanung im Industriezeitalter.

Die Historikerin Jeanne Gaillard (1976) stellt in ihrem Werk über den Umbau von Paris dar, wie Haussmann seine Planungen gezielt in den Dienst des aufstrebenden Bürgertums stellte. Nach Haussmanns Auffassung ging es darum, den Erwartungen der bürgerlichen Schichten nach sozialer Sicherheit, wohnhygienischem Komfort, dem Wunsch nach politischer, ökonomischer und kultureller Vormachtstellung zu entsprechen und zugleich auch den Erfordernissen industriell-kapitalistischer Produktion und Konsumption zu genügen.

Das übergeordnete Ziel war, die Stadt als Ganzes zu modernisieren und der „Ordnungslosigkeit" des bestehenden Stadtgefüges eine neue Struktur aufzuerlegen. Die „Strategie der sozialen Entmischung" war dabei ein wichtiges Moment. Trennen, Ordnen, Kontrollieren und autoritär Disziplinieren waren Prinzipien, mit denen Haussmann die Umbau-Maßnahmen rücksichtslos durchsetzte. Er wollte, wie er schrieb, „die Stadt regularisieren" (Haussmann 1890).

Kernstück seiner gesamtstädtischen Strategie war die Schaffung eines Netzes öffentlicher Räume [Abbildungen 13-15], welches er als ein das ganze

[12] Haussmann zwingt der Stadt Paris – in Gestalt einer Frau – eine neue räumliche Ordnung auf. Karikatur von 1870 (S. Frank 2003).

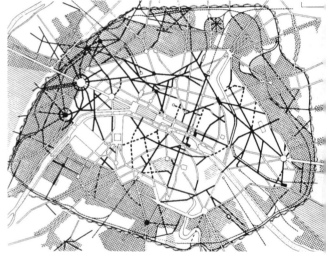

[13] Kernstück der gesamtstädtischen Strategie Haussmanns war die Schaffung eines Netzes öffentlicher Räume. Plan von Paris mit den ausgebauten Straßenräumen und Boulevards (schwarz ausgeführt) (P. Lavedan 1975).

[14] Haussmanns brutale Straßendurchbrüche durch das Pariser Stadtgefüge. Der Boulevard Richard Renoir um 1870 (S. Giedion 1941).

[15] Unterhalb der neugebauten öffentlichen Räume wurden städtische Infrastrukturen geschaffen. Projekt einer unterirdisch angelegten Eisenbahnlinie, um 1870 (P. Lavedan 1975).

Stadtterritorium umspannendes System konzipierte – auch wenn am Ende nur Teilstücke seiner Planungen baulich umgesetzt wurden. Mit diesem Netz öffentlicher Räume sollten eine neue städtische Ordnung und neue Hierarchien definiert werden. Eine zentrale Bedeutung für die Neuordnung der Stadt kam der Ausgestaltung der sogenannten „großen Kreuzung" (der grande croisée) [Abbildung 16] zu. Mit den zwei gradlinig angelegten, in ihrer Mitte sich schneidenden Nord-Süd und Ost-West-Achsen sollten die alten Arbeiterquartiere ausgemerzt und an ihrer Stelle eine neue bürgerliche Stadtmitte errichtet werden.

Wie viele seiner Zeitgenossen sah Haussmann in den verwinkelten Arbeiterquartieren Herde von Epidemien und revolutionären Bewegungen. Mit einer noch nie erreichten Radikalität setzte er in autoritärer Weise Kahlschlagsanierungen durch: 14% des Wohn-Bestandes, d.h. etwa 4 000 Häuser wurden abgebrochen. Zerschnitten durch breite Schneisen, entstellt durch einen großflächigen, brutalen Abriss, „ausgeblutet" durch die Verdrängung Tausender Handwerker- und Arbeiterhaushalte, musste das alte, rebellische Paris der neuen bürgerlichen Ordnung weichen.

Mit der Entstehung dieses Netzes öffentlicher Räume wurden weitere Hierarchien definiert: Zum einen zwischen der Stadt intra-muros und der banlieue, wohin Arbeiterhaushalte und emissionsreiche Industrien verdrängt wurden; zum andern zwischen dem wohlhabenden, bürgerlichen Westen und dem ärmeren, proletarischen Osten, in dem enge Mietshäuser in hoher Bebauungsdichte und städtische Einrichtungen zur Disziplinierung der Massen – Kasernen, Polizeiposten und Gefängnisse – erbaut wurden.

Im reichen Westen, nun von bedrängenden Menschenmassen „entleert", wurde ein Netz öffentlicher Räume mit ruhigen, von Bäumen umsäumten Wohnstraßen, prächtigen Alleen und geschwungenen Boulevards geschaffen, an denen öffentliche

[16] Haussmann wollte mit der Schaffung der „großen Kreuzung" die alten Arbeiterquartiere ausmerzen. Umbauarbeiten an der Rue de Rivoli um 1870 (P. Lavedan 1975).

Gartenanlagen und kleine Squares, gediegene Cafés und Theater angeordnet waren. Die Strategien der sozialen Entmischung wurden auf diese Weise konsequent durchgesetzt. Der städtische Rahmen war gegeben, in dem das bürgerliche Wohnen feste Konturen annehmen konnte [Abbildung 17].

1.2 Herausbildung neuer Lebensweisen und Wohnformen im Bürgertum

Gestaltungskonzepte für die Entfaltung bürgerlicher Privatheit

[17] Der neue städtische Rahmen für großbürgerliches Wohnen. Place Wagram in Paris um 1870 (Lavedan 1975).

Die Schriften von Norbert Elias und Peter Gleichmann beleuchten aus einer langfristigen kulturgeschichtlichen Perspektive die Veränderung des gesellschaftlichen Verhaltens, des Empfindens und der Normen, die zur Herausbildung der bürgerlichen Lebensweisen und Wohnformen maßgeblich beigetragen haben. Sie zeigen, wie in der abendländischen Gesellschaft der Prozess der sozialen Differenzierung und der zunehmenden Abhängigkeiten mit einem Prozess der Verfeinerung der Sitten und der Erhöhung der Scham- und Peinlichkeitsschwellen zusammenging. „Wie die wechselseitige Abhängigkeit, so wird auch die wechselseitige Beobachtung der Menschen stärker, die Sensibilität und dementsprechend die Verbote werden differenzierter und umfassender; vielfältiger wird gemäß der anderen Art des Zusammenlebens auch das, worüber man sich schämen muss, dies, was man an Anderen als peinlich empfindet" (Elias 1969).

Damit veränderte sich im Laufe der Generationen die Affekt- und Triebstruktur der Menschen. Die Zwänge, denen die Menschen unterworfen waren, entstanden nicht nur von außen, vom ökonomischen und sozialen Umfeld her kommend, sondern auch von innen, vom Individuum auf sich selbst ausgeübt. Die Selbstkontrolle nahm stetig zu. Elias zeichnet nach, wie ab dem 18. Jahrhundert der gewaltige Veränderungsschub der gesamten Peinlich-

[18] Adlige Dame auf Prunkbett liegend, empfängt Besuch.
Paris um 1680 (Paris, Bibliothèque Nationale) …

keitsempfindungen und -schwellen in der höfisch-aristokratischen Gesellschaft zu einer graduellen Verlagerung elementarer Körperfunktionen hinter die Kulissen des gesellschaftlichen Lebens führte. Das Peinlichkeitsempfinden betraf zunächst die körperlichen Verrichtungen; sie öffentlich zu erledigen, wie dies Jahrhunderte lang selbstverständlich erschien, wurde immer mehr als unzumutbar wahrgenommen. Die Handlungen, die mit dem Ausscheiden der Exkremente einhergingen, wie die Exkremente selbst mit ihrem Schmutz und Gestank, wurden als immer unerträglicher empfunden. Aber auch das Schamempfinden gegenüber dem eigenen Körper sowie der Sinnlichkeit und Sexualität wurde stärker als je zuvor. Es ging sogar soweit, dass nicht nur die Räume und die Möbel, sondern sogar die Türen als „peinlich" empfunden wurden, wenn sie Hinweise auf die entsprechenden Vorgänge selbst gaben.

In diesem Zusammenhang schien es schon einige Jahrzehnte später undenkbar, jemanden im Bett liegend zu empfangen, wie dies im adligen Haus noch im ausklingenden 18. Jahrhundert üblich war [Abbildungen 18,19].

Nicht nur beim Adel, sondern auch im Bürgertum erhöhten sich die Peinlichkeitsschwellen erheblich. Die Folge war, dass sich im Laufe des 19. Jahrhunderts neue Verhaltensnormen und Vorstellungen entwickelten. Die Menschen zogen sich freiwillig aus dem Kontakt zu anderen Menschen zurück, sie flohen sogar vor dem eigenen Körper und der eigenen Sinnlichkeit. Elias spricht von zivilisatorischen Verhaltensänderungen, die in bürgerlichen Haushalten zu einem „Verhäuslichungsprozess" führten. Menschliche Affekte, Sinnesempfindungen und körperliche Verrichtungen wurden aus der öffentlichen Sphäre verbannt und in die Abgeschiedenheit der häuslichen Sphäre verlagert.

Der Selbstzwang verband sich mit neu gesetzten Zwängen von außen. Im Unterschied zu der vorindustriellen Gesellschaft, in der die Menschen eine

Trennung in Berufs- und Privatsphäre nicht kannten, bildete die Industriegesellschaft die Berufssphäre heraus und machte sie zur Hauptursache für die von außen kommende Disziplinierung der Menschen. Es war für die Herausbildung der bürgerlichen Lebensweise bezeichnend, dass alles, was nicht in die Berufssphäre gehörte, in die Privatsphäre verwiesen und von neu aufkommenden Werten und Vorstellungen durchdrungen wurde. Privatheit wurde nun zu einem kostbaren Gut. Das französische Lexikon Littré von 1863-1872 stellte erstmalig fest: „Privates Leben braucht Wände um sich. Niemand darf ausspähen oder preisgeben, was in der Wohnung eines Privatmannes geschieht" (Ariès, Duby 1992).

Diese gesellschaftlichen Veränderungen hatten einschneidende Auswirkungen auf die Ausgestaltung der bürgerlichen Wohnform. Die neuen städtebaulichen und gestalterischen Lösungsansätze wurden in der Absicht entwickelt, den Rückzug in die Privatheit und Intimität des Familienlebens zu sichern und zugleich die Beziehungen zwischen Privatheit und bürgerlicher Öffentlichkeit stadträumlich zu inszenieren.

Die eindeutige räumlich-bauliche Abgrenzung der bürgerlichen Wohnform gegenüber dem öffentlichen Raum wurde zu einer Regel, die sich in allen europäischen Städten konsequent durchsetzte. Während vorindustrielle Stadthäuser, in ein weit verzweigten Netz sozialer Beziehungen eingebunden, jederzeit den zahlreichen Gästen, Kunden bzw. Gefolgsleuten weit offen standen, schottete man sich in den bürgerlichen Wohnformen unmissverständlich ab. Diese Wohnformen waren als eine nach außen abgegrenzte räumliche Einheit konzipiert, die jeweils für eine bürgerliche Familie bestimmt war.

Im nördlichen Europa zeigte sich diese Wohnform vor allem in allein stehenden Villen, wie z.B. in Glasgow, Hamburg oder Roubaix [Abbildung 20]; in

[19] … Leipzig um 1750 (London, British Library).

[20] Die eindeutige räumlich-bauliche Abgrenzung der bürgerlichen Wohnform gegenüber dem öffentlichen Raum wurde zur Regel. Roubaix, alleinstehende Villa aus dem ausklingenden 19. Jahrhundert, Foto im Jahr 1990 (U.P.) ...

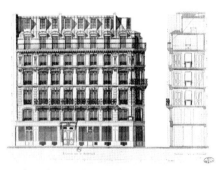

[21] ... Paris, mehrstöckiges Wohngebäude mit abgeschlossenen Etagewohnungen, Zeichnung um 1880. (P. Lavedan 1975).

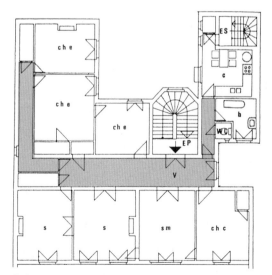

[22] Der Korridor (grau unterlegt) ermöglichte eine Grenzziehung zwischen Gesellschaftsräumen und Räumen für das intime Familienleben. Grundriss einer bürgerlichen Etagenwohnung, Paris um 1880. Auf der Zeichnung unten: Gesellschaftsräume, zur Straßenseite ausgerichtet.

anderen Großstädten Europas waren großzügige Etagenwohnungen [Abbildung 21], dem Beispiel Paris folgend, weit verbreitet, so z.B. in Mailand oder Barcelona. Die Haus- bzw. Wohnungstür symbolisierte die Absonderung der Privatsphäre. In allen Fällen mussten sich die in den häuslichen Familienbereich Zugelassenen am Eingang ausweisen und wurden dabei streng gefiltert. So war in französischen Städten die Portiersloge eine Art Institution der bürgerlichen Mietshäuser, von der aus neben dem Haupt-Hauseingang im Erdgeschoss die Pförtnerin das Ein- und Ausgehen ständig überwachte.

Diese räumliche Abschottung verband sich mit einer differenzierten Ausgestaltung der Beziehungen zwischen dem privaten und dem öffentlichen Raum. Die Konzeption der Wohnform wurde von der Konfiguration des öffentlichen Straßenraumes abgeleitet und erfolgte immer von außen nach innen, vom Öffentlichen zum Privaten. Während die Repräsentationsräume, entsprechend ihrem öffentlichen Charakter, zum öffentlichen Raum der Straße ausgerichtet waren, wurden die Räume mit privatem Charakter auf der Hof- bzw. Gartenseite angeordnet. Die Grenzziehung zwischen privaten und öffentlichen Räumen zog sich so bis in das Innere des Hauses und stellte ein strukturierendes Moment bei der Gliederung des Wohnungsgrundrisses dar [Abbildung 22].

Bei der Grundrissanordnung kam ein weiteres strukturierendes Gestaltungskonzept hinzu, das für die damalige Zeit gänzlich neuartig war: der Korridor. Er ermöglichte einen Zugang zu den einzelnen Zimmern, ohne dass diese, wie bisher, als Durchgang benutzt werden mussten. Wie Evans aufgrund seiner Untersuchungen von bürgerlichen Wohnhäusern im viktorianischen England [Abbildung 23] festhält, wurde damit eine vollkommen neue „Strategie konsequenter Separierung" angewendet, „die allerdings mit einer allgemeinen Zugänglichkeit der Räume kombiniert war" (Evans 1996).

Der zusammenhängende Bewegungs-, Verteilungs- bzw. Verbindungsbereich aus Korridoren, Fluren und Treppen wurde nun als eine Art Rückgrat des Grundrisses konzipiert, an dem zum einen die intimen Familien- und individuellen Rückzugsräume, zum anderen die Repräsentationsräume angeordnet waren. Auf diese Weise wurden die architektonischen Lösungen zielstrebig gegen Unruhe- und Störfaktoren eingesetzt und veränderten somit radikal die Form des häuslichen Zusammenlebens. Es wurde ohne weiteres möglich, Fremde auszuschließen, Geräuschübertragungen einzudämmen, Peinliches zu verbergen, Bewegungen auszudifferenzieren und kleinfamiliäre Intimität zu pflegen. Die räumlich-gestalterischen Voraussetzungen waren geschaffen, um den Bedürfnissen nach Privatheit in der bürgerlichen Wohnung gänzlich zu entsprechen.

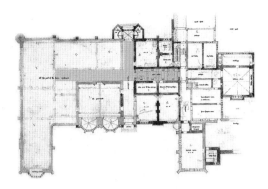

[23] Der Korridor kam erstmals im viktorianischen England zur Anwendung. Projekt (1837) für ein großbürgerliches Landhaus (Korridor grau unterlegt), Architekt A. Welby Northmore Pugin (London, Royal Institute of British Architects).

„Und drinnen waltet die züchtige Hausfrau ..."

Zu dieser Zeit wurden im Bürgertum bewusst Liebe und Zuneigung als emotionale Grundlagen für das Familienleben propagiert. Gefühle und Sexualität konzentrierten sich auf die Familiensphäre. Lediglich dem Mann wurden in der bürgerlichen Doppelmoral außereheliche Beziehungen zugestanden. Für die bürgerliche Lebensweise war dabei die Konsolidierung eines ideologischen Paradigmas der polaren Wesensbestimmung der Geschlechter prägend, die mit geschlechtsspezifischen Rollen- und Raumzuweisungen einherging: den Männern oblag die Berufswelt und die Politik – und somit die öffentliche Sphäre; den Frauen oblag [Abbildung 24] die Haus- und Familienarbeit – und somit die Privatsphäre.

Dieses ideologische Paradigma wurde schon im ausgehenden 18. Jahrhundert von Friedrich Schiller – im Lied von der Glocke – als Familienidyll besungen: „Der Mann muss hinaus / Ins feindliche Leben, / Muss wirken und streben / Und pflanzen und schaffen, / Erlisten, erraffen, / Muss wetten und wagen, /

[24] Münchner Bürgerfrau (A. Adam, Berlin, Bildarchiv Preußischer Kulturbesitz).

[25] Die Eherollen (F. W. Doppelmayr, Bürgerliche Familie, um 1820, Nürnberg, Deutsche Nationalmuseum)

Das Glück zu erjagen. / Da strömet herbei die unendliche Gabe, / Es füllt sich der Speicher mit köstlicher Habe, / Die Räume wachsen, es dehnt sich das Haus. / Und drinnen waltet / Die züchtige Hausfrau, / Die Mutter der Kinder, / Und herrschet weise / Im häuslichen Kreise, / Und lehret die Mädchen / Und wehret den Knaben, / Und reget ohn Ende / Die fleißigen Hände, / Und mehrt den Gewinn / Mit ordnendem Sinn."

Das gesamte 19. Jahrhundert hindurch trugen die (durchweg männlichen) Sozialreformer, Politiker und Schriftsteller dazu bei, diese Ideologisierung der Wesenszüge von Geschlechtern zu propagieren und damit zu manifestieren. So schreibt – als einer von vielen – John Ruskin 1865 im viktorianischen England: „Die Wesenskraft des Mannes ist aktiv, fortschrittlich gesinnt, abwehrend. Er ist primär der Macher, Schöpfer, Entdecker, Verteidiger. Sein Intellekt bestimmt ihn für die Spekulation und Erfindung, seine Energie für das Abendteuer, den Krieg, die Eroberung … Das Vermögen der Frau hingegen ist zu verwalten, nicht zu kämpfen, und ihr Intellekt ist nicht für die Erfindung oder Schöpfung gemacht, sondern um sanft zu koordinieren, zu arrangieren … Sie sieht die Qualität der Sachen, ihre Anforderungen, ihren Platz …" [Abbildung 25].

Während die hierarchischen Beziehungen zwischen den Geschlechtern auf diese Weise als naturgegeben erklärt wurden, erfolgte zugleich eine geschlechtsspezifische Kodierung von „öffentlich" – als männlicher Aktionsraum – und „privat" – als Reich der Frau [Abbildungen 26, 27], die bis heute eine hohe normative Kraft entfaltet. Dies führte dazu, dass in den städtischen öffentlichen Räumen die Frauen immer mehr marginalisiert wurden. Dieser Prozess des Marginalisierens und damit auch des Ausschließens der Frau wurde von Michelle Perrot und Susanne Frank treffend dargestellt (Perrot 1981; Frank 2003).

In bürgerlichen Haushalten wurde die Rolle der Frau als Nur-Hausfrau, die hingebungsvoll für das Wohl

[26] Weiblich kodierte Privatsphären in bürgerlichen Wohnformen. Frau im Familienzimmer um 1880 … (How to Furnish a Home, Philadelphia, The Athenaeum) …

der Familie waltet, verallgemeinert. Die geschlechts-spezifischen Rollen- und Raumzuweisungen schlugen sich nieder in der Kodierung der bürgerlichen Wohnform, längs der Grenzlinie in ihrem Innern, also zwischen Räumen mit öffentlichem bzw. privatem Charakter [Abbildung 28]. Die Repräsentations- und Gesellschaftsräume standen im Zeichen des beruflichen Prestiges und der Autorität des Mannes. Dieser besaß als alleiniger Geldverdiener und pater familiae die ökonomische und juristische Gewalt über die Familienangehörigen.

Die Ehefrau und die heranwachsenden Töchter hatten in diesen Räumen Repräsentationspflichten. Die Anmut der gut erzogenen Töchter, ihr artiges Klavierspiel, die kostspielige Kleidung der Frau, ihre weißen Hände, ja ihre ganze, Geldbesitz ausdrückende Erscheinung wurden sozusagen zum Dekor des Salons und zum Statussymbol des Hausherrn [Abbildung 29].

Die Räume mit privatem Charakter, die durch den Eingangsflur abgeschirmt waren und zu denen nur Familienmitglieder und engste Freunde Zutritt hatten, wurden, wie schon gesagt, als der eigentliche Aktionsraum der Frau angesehen. In ihnen waltete die bürgerliche Frau, die als liebende Ehefrau, verantwortungsvolle Hausfrau und selbstlose Mutter von Sozialreformern und Moralpredigern verherrlicht wurde. Sie war der Mittelpunkt des Familienlebens, das sich vor allem im behaglich eingerichteten, intim wirkenden Esszimmer abspielte, das zur Hofseite ausgerichtet war. In den vermögenden Familien konnte sie sich auf eine zahlreiche Dienerschaft stützen. Ihre Aufgabe war es, die Bediensteten zu organisieren und anzuleiten, ohne dass die Ruhe der Familie gestört wurde. Die Ausgestaltung der bürgerlichen Wohnform entsprach dieser neu aufkommenden Notwendigkeit, die Familie von der Anwesenheit der Bediensteten abzuschirmen. Im Gegensatz zu dem adligen Haus, in dem die Diener in den gleichen Räumen mit der Herrschaft lebten, verschwanden die „dienstbaren Geister" der

[27] … und junge Mädchen am Geburtstagstisch um 1900 (F. Brate, 1902, Stockholm, Nationalmuseum).

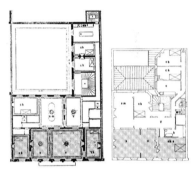

[28] Die Gesellschaftsräume standen im Zeichen des beruflichen Prestigs des Hausherrn. Grundrisse von bürgerlichen Wohnungen in Paris, Gesellschaftsräume zur Straße ausgerichtet (grau unterlegt). Links: um 1850; rechts: um 1910.

[29] Die elegante Kleidung der Ehefrau wird zum Dekor des Gesellschaftsraumes. Innendekoration einer Pariser Wohnung (F. Lepage, 1911, London, Victoria and Albert Museum).

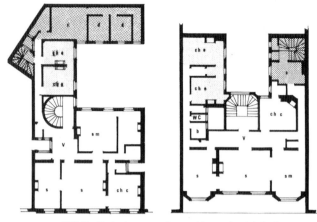

[30] Die Kinderzimmer entfernen sich von den Arbeitsräumen der Dienstboten (grau unterlegt). Grundrisse von bürgerlichen Wohnungen in Paris. Links: um 1850, Kinderzimmer neben Küche. Rechts: um 1890, Kinderzimmer auf der gegenüberliegenden Hofseite der Küche.

Bürgerlichen aus der Sichtweite der Familienmitglieder. Die Aufteilung der Wohnräume ermöglichte dies ohne jede Schwierigkeit. Jeder Raum verfügte über mindestens eine Tür, die auf den Korridor bzw. den Flur führte, die als Bewegungsräume der Bediensteten dienten. In Ergänzung dazu wurden Diensteingänge und -treppen geschaffen, so dass die Dienstboten ihren Tätigkeiten nachgehen konnten, ohne die Zimmer immer wieder durchqueren zu müssen. Dank dieser räumlichen Anordnungen blieb der Familienfriede ungestört.

Zu den vordringlichen Aufgaben der bürgerlichen Hausfrau gehörte nun die Erziehung der Kinder. Elisabeth Badinter zeigt anschaulich, wie im Laufe des 19. Jahrhunderts die Rolle der bürgerlichen Frau als Mutter und vorsorgliche Erzieherin in hohem Maße an Bedeutung gewann (Badinter 1980). Parallel dazu wurde der Einfluss der Dienstboten auf die Kinder als zunehmend unheilvoll eingeschätzt und wesentlich eingeschränkt. Auch diese „Umwertung" des Dienstpersonals drückte sich in den veränderten Grundrissanordnungen der Wohnungen aus. Am Anfang des 19. Jahrhunderts befanden sich die Kinderzimmer üblicherweise in unmittelbarer Nähe der Räume, in denen sich die Dienstboten aufhielten. Einige Jahrzehnte später befanden sie sich meistens entfernt davon [Abbildung 30]. Sie wurden nunmehr in nächste Nähe des Familienzimmers verlagert, dort, wo der alltägliche Aufenthaltsbereich der Mutter war [Abbildung 31].

Das Bild der Frau als liebende, umsorgende Mutter rückte in den Mittelpunkt der bürgerlichen Privatsphäre, die dementsprechend architektonisch angeordnet worden war.

Raumqualität, ein Erbe des architektonischen Wissens der höfischen Gesellschaft

Während im Zuge der Zeit gänzlich neue architektonische Anordnungen und Konzepte entwickelt wurden, die den Erwartungen des Bürgertums nach

[31] Mutter mit Kind im Familienzimmer in einer Pariser Wohnung (M. Munkascy, 1877, Nationale Galerie Budapest).

Privatheit und Familienleben Rechnung trugen, stand die Ausgestaltung bürgerlicher Wohnformen zugleich in der Kontinuität des architektonischen Wissens der höfisch-aristokratischen Gesellschaft.

Mehr als anderswo in Europa war dies in Frankreich der Fall, wo die Aristokratie für das Großbürgertum das tonangebende Vorbild in allen Fragen der Lebensgestaltung war. Vor allem die großbürgerlichen Schichten in Paris, deren ökonomischer und sozialer Aufstieg ab den letzten Jahrzehnten des 18. Jahrhunderts immer sichtbarer wurde, standen unter dem unmittelbaren Einfluss der höfisch-aristokratischen Gesellschaft. Seit dem Absolutismus, als sich der höfische Adel um den König als maßgebende Macht in Versailles und Paris zentrierte, hatte die höfisch-aristokratische Gesellschaft Frankreichs eine außerordentliche kulturelle Ausstrahlung.

Das Pariser Großbürgertum wollte mit seinen Wohnhäusern weder in der Auserlesenheit der Fassaden noch in der ästhetischen Vollkommenheit der Empfangsräume denjenigen des Adels nachstehen. Die Raumqualität, die die großbürgerliche Wohnform auszeichnete und die durch die Übernahme früherer Gestaltungskonzepte entstand, knüpfte daher direkt an das architektonische Wissen der aristokratischen Gesellschaft.

[32] Das adlige Stadthaus stand jederzeit für Besucher weit offen. Hôtel de Beauvais in Paris, 18. Jahrhundert (P. Kjellberg 1967).

Im Gegensatz zur Abschottung der bürgerlichen Wohnform stand das adlige Stadthaus – l'hôtel particulier – jederzeit für Besucher und Gefolgsleute weit offen [Abbildung 32]. Eine Privatheit im Sinne des Bürgertums gab es nicht. Im Mittelpunkt des höfischen Lebens standen die Repräsentation des Ranges und die Wahrung sozialer Differenzen. Elias schreibt dazu: „Die differenzierte Durchbildung des Äußeren als Instrument der sozialen Differenzierung, die Repräsentation des Ranges durch die Form, ist nicht nur für die Häuser, sondern für die gesamte höfische Lebensgestaltung charakteristisch" (Elias 1969).

Die Architektur hatte die Aufgabe, den Prestigewert des Hauses angemessen zum Ausdruck zu bringen

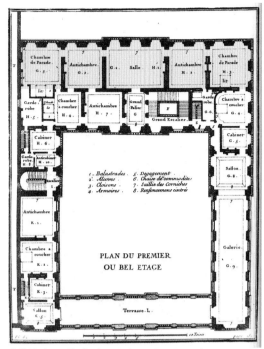

[33] Die lange Flucht der Repräsentationsräume (grau unterlegt) im adligen Stadthaus, Paris um 1690. Links oben: die Gemächer der Herrin. Rechts oben: die Gemächer des Hausherrn. In der Mitte: la salle d'apparat (A. Ch. D'Aviler 1690, London, Victoria and Albert Museum).

[34] Unterschiedliche Nutzungen fanden im gleichen Raum statt. Geselliges Zusammensein um einen aufgestellten Tisch, im Hintergrund ein Bettgestell, Pariser Stadthaus eines Adelgeschlechtes um 1630 (A. Bosse, London, Victoria and Albert Museum).

und zu steigern sowie das gesellschaftliche Leben zu inszenieren.

Dies hatte zu folgenden architektonischen Konsequenzen geführt:

Zum städtischen Raum hin wurde die Fassade als eine Schaufront mit repräsentativem Charakter ausgeformt, die die Macht des Adelsgeschlechts demonstrativ und von weitem sichtbar darstellen sollte.

Angelpunkt der räumlichen Gliederung im Innern waren die Repräsentations- und Gesellschaftsräume, die in einer langen Flucht – enfilade – aneinander gereiht waren [Abbildung 33]. Neben dem Großen Salon – la salle d'apparat – waren weitere Parade-Salons angeordnet, in denen Besuche empfangen wurden. Die herausragende Raumqualität dieser Prachträume beruhte vor allem auf der Weitläufigkeit der Blickfolgen und der Differenziertheit der Raumsequenzen. Gestalterisch wurde dies dadurch erzielt, dass von Raum zu Raum, an der Fensterfront entlang, Türen auf einer geraden Linie angebracht wurden, so dass der visuelle Effekt einer fliehenden Perspektive durch das gesamte Haus und zugleich beste Belichtungsverhältnisse entstehen konnten. Der Eindruck von Weitläufigkeit, Helligkeit und Pracht wurde zusätzlich noch dadurch gesteigert, dass über den Kaminen hohe, elegante Spiegel an gegenüberliegenden Wänden in jedem Raum angebracht waren, um die von der Decke herunterhängenden Kristallleuchter und das gesellschaftliche Geschehen ohne Ende widerspiegeln zu lassen.

Architektur wusste so nach ästhetischen und raumwirksamen Kriterien die Repräsentationsräume in einer Weise zu gestalten, dass der Glanz des Hauses hervorgehoben und dem Auge der Besucher geschmeichelt wurde.

Aus heutiger Sicht fällt in diesen Stadthäusern des Adels der Mangel an Möglichkeiten des Rückzuges und des Komforts auf. Das Nebeneinander unterschiedlicher Nutzungen im gleichen Raum

[Abbildung 34], in dem sowohl geschlafen als auch ein Tisch aufgestellt werden konnte, um ein Essen vor dem Kamin einzunehmen, war selbstverständlich. Der Alltag spielte sich in schlecht geheizten Zimmern ab, die alle untereinander durch Türen verbunden waren. Das Haus entsprach einer Matrix aus einzelnen Räumen, die untereinander durch unterschiedlich positionierte Türen verbunden waren und im Laufe des Tages vielfältige Bewegungsabläufe zur Folge hatten. Es war unumgänglich, dass die Wege der Menschen sich immer wieder kreuzten und die Tätigkeiten in den betreffenden Räumen ständig unterbrochen wurden. Die gewollte oder zufällige Nähe der Menschen zueinander war die Regel, das Alleinsein dagegen die Ausnahme.

Erst im 18. Jahrhundert tauchten in den Grundrissen von adligen Stadthäusern kleine, abgeschirmte Räume auf, die als boudoir bezeichnet wurden [Abbildung 35]. Stiche aus der Zeit zeigen, dass es sich um einen behaglich eingerichteten, hellen Raum handelte, in dem sich die Herrin des Hauses gern alleine zum Lesen oder in intimer Gesellschaft zurückzog. Dieses freundliche Damenzimmer, das kein Durchgangszimmer mehr war, zeugte von dem aufkommenden Bedürfnis nach Privatheit. Noch bezieht sich allerdings Privatheit auf die Intimsphäre einer Einzelperson und nicht, wie im späten Bürgertum, auf den Kreis der Familie.

Der Vergleich zwischen den Stadthäusern des Pariser Adels aus dem 17. bzw. 18. Jahrhundert und Wohnungen des Pariser Bürgertums aus dem frühen 19. Jahrhundert lässt eine auffällige Kontinuität in der Gliederung und Ausgestaltung der Repräsentationsräume erkennen [Abbildung 36]. Zwar ist in der bürgerlichen Wohnform die Zahl der Gesellschaftsräume und auch ihre Dimensionierung deutlich geringer. Doch sie übernahmen vom adligen Haus die gleiche Grundrissanordnung, die entlang einer langen Zimmerflucht ähnlich differenzierte Raumbezüge und -sequenzen, Blickfolgen und Perspektiven

[35] Die Hausherrin in ihrem Boudoir, Paris 1774 (London, Victoria and Albert Museum).

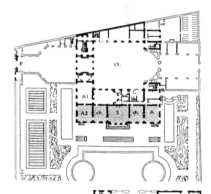

[36] Die enfilade der Gesellschaftsräume (grau unterlegt) in adligen Stadthäusern wird in bürgerlichen Pariser Wohnungen nachgeahmt. Oben: Adliges Stadthaus Mitte 17. Jahrhundert. Mitte: Adliges Stadthaus Ende 18. Jahrhundert. Unten: bürgerliche Wohnung Mitte 19. Jahrhundert (Grundrisse in unterschiedlichem Maßstab).

entstehen ließ. Auch die ohne Ende sich gegenseitig widerspiegelnden hohen Spiegel fehlten nicht, um wie in den Salons des Adels in den Repräsentationsräumen den Effekt von Weiträumigkeit und glanzvollem Luxus zu steigern [Abbildung 37]. Die Raumqualität, die so geschaffen wurde, ist ohne Zweifel ein Erbe des architektonischen Wissens der höflichen Gesellschaft.

Das Auffälligste an diesen bürgerlichen Wohnungen ist, wie ich meine, die geglückte Verbindung zwischen einer weitläufigen Kombination von Prachträumen mit ästhetischen und visuellen Qualitäten einerseits, und andererseits eine sorgfältige Abschirmung privater Bereiche, in denen die Familienintimität kultiviert werden konnte. Zwischen bürgerlichem Repräsentationsanspruch und Entfaltung einer bisher unbekannten Privatheit verortet, wurden die Umrisse der bürgerlichen Wohnform dementsprechend klar definiert. Noch fehlte jedoch die letzte Voraussetzung, um eine wichtige Erwartung bürgerlicher Schichten zu erfüllen: die Entwicklung neuer technischer Möglichkeiten und Lösungsansätze im Hygiene-Bereich.

[37] Effekt von Weiträumigkeit und glanzvollem Luxus in den Repräsentationsräumen der bürgerlichen Wohnung. Paris 1887 (London, Victoria und Albert Museum).

1.3 Die Eroberung des modernen Komforts

Die Umwälzung im Zugang zu Wasser in der Stadt

Die klinische Sauberkeit des heutigen Badezimmers, die nichts als weiße Kacheln, strahlendes Emaille und kalten Chrom zulässt; engster, phantasieloser Raum, in dem nur die standardisierten sanitären Einrichtungen Platz finden; eine künstliche Beleuchtung, meistens grell und unfreundlich, während das Sonnenlicht und der Kontakt mit der Außenwelt ausgeschlossen bleiben … . Wie sind wir zu einem solchen Badezimmer und den dazugehörigen Praktiken von Sauberkeit gekommen, die uns heute weitgehend selbstverständlich erscheinen?

Bevor die Hygiene und der moderne Komfort in die bürgerliche Wohnform Einzug halten konnten, musste der Zugang zu Wasser in der Stadt vollkommen neu geregelt werden. Während vieler Jahrhunderte lebten die Menschen in solch misslichen hygienischen Zuständen, die wir uns heute kaum vorstellen können. Der Schmutz und der Gestank waren im Haus und auf den Straßen allgegenwärtig. Zwar wurden Anfang des 19. Jahrhunderts die ersten Pläne zur Verteilung des Wassers an öffentlichen Brunnen ausgearbeitet, doch deren Zahl blieb angesichts der stetig anwachsenden Einwohnerzahl der Städte außerordentlich gering. In den Häusern gab es noch kein fließendes Wasser [Abbildungen 38,39], ausgenommen in einigen Innenhöfen, wo jeweils eine gemeinschaftliche Pumpe betrieben wurde.

Die Tatsache, dass es in privaten Räumen kein fließendes Wasser gab, hatte zur Folge, dass das Wasser, weil es nur mühsam beschafft werden konnte, nur „tropfenweise" verwendet wurde. Somit konnten keine wirksamen Maßnahmen gegen Kot, Dreck und übel riechende Ausdünstungen ergriffen werden. Dass aus diesem Grund insgesamt die Hygienestandards niedrig blieben, ist nicht weiter verwunderlich.

Umso bahnbrechender war die Realisierung einer modernen städtischen Infrastruktur von Wasserleitungs- und Abwassernetzen. Dies war das große Werk der Ingenieure des 19. Jahrhunderts, die nach wissenschaftlich-technischen Kriterien Pläne für den städtischen Untergrund erarbeiteten. Nach den Pionierleistungen in London sorgte das von Ingenieuren geschaffene Pariser Wasserversorgungs- und Entsorgungsnetz für weltweites Aufsehen. Nach jahrelanger Vermessung des bis dahin unüberschaubaren Labyrinthes von schlammigen Abzugskanälen und Tunneln im Pariser Untergrund während der ersten Hälfte des 19. Jahrhunderts, wurde zwischen 1854 und 1871 als integraler Teil des Stadtumbaus unter Haussmann eine umfassende städtische Infrastruktur ausgebaut. Der Oberingenieur für Kanalisa-

[38] Im Haus gab es lange kein fließendes Wasser. Mägde am öffentlichen Brunnen, Paris um 1750 (Le Magazine Pittoresque) ...

[39] ... und der Wasserhändler um 1740 (P. Lavedan 1975).

tion und Wasserversorgung, Eugène Belgrand, leitete die schwierigen unterirdischen Bauarbeiten, mit denen ein modernes Kanalisationsnetz unterhalb des Netzes öffentlicher Räume geschaffen wurde. Alte und neue Kanäle wurden koordiniert, gereinigt und auch beleuchtet, so dass die Abwasseranlagen zugänglich wurden. Das neue Kanalisationsnetz erregte ein solches Interesse, dass Besichtigungen für Experten und Besucher aus aller Welt organisiert wurden.

In den sechziger Jahren des 19. Jahrhunderts kam mit dem Bau eines städtischen Wasserreservoirs eine neue technische Errungenschaft hinzu. Erstmals konnte fließendes Wasser in alle Stockwerke geleitet werden. Nachdem nun durch das einfache Öffnen eines Hahnes Wasser nach Belieben zur Verfügung stand, waren die Ingenieure mit einem weiteren Problem konfrontiert. Es wurden nun viel größere Mengen von Wasser gebraucht und genutzt. Infolge dieses erhöhten Wasserverbrauchs setzte in allen europäischen Städten ein mehr oder weniger zügiger Ausbau der Wasser- und Abwassernetze ein. Allerdings konzentrierten sich die Arbeiten vorerst auf die bürgerlichen Quartiere, während die Menschen in den Arbeitervierteln noch lange auf diese moderne städtische Infrastruktur und den damit verbundenen Komfort warten mussten.

Mit der entscheidenden Verbesserung in der Wasserversorgung und Abwasserentsorgung in den bürgerlichen Quartieren wurde am Ende des 19. Jahrhunderts endlich die technische Voraussetzung geschaffen, um das heikelste Problem in Bezug auf Hygiene zu lösen: die Beseitigung der menschlichen Ausscheidungen. Noch zu Beginn des 20. Jahrhunderts gab es oft keine Aborte im Haus selber [Abbildung 40]; wie vor Jahrhunderten kannten die Städter gemeinschaftlich benutzte Latrinen, Sickergruben und Kotplätze in Gärten und Höfen. Abgesehen davon, dass die Menschen meistens die Exkremente in Nachttöpfen aus dem Haus in den Hof trugen, war

[40] Toilette-Möbel mit eingebauten Waschschüsseln und Nachttöpfen um 1800 (T. Sheraton, 1793, Paris, Musée des Arts Décoratifs).

es nicht selten, dass sie den Inhalt der Töpfe einfach aus dem Fenster auf die Straße schütteten.

Peter Gleichmann weist darauf hin, dass die Menschen im Laufe des 19.Jahrhunderts die ständige Gegenwart des Kot- und Uringeruchs anderer Menschen immer mehr als verletzende, ihre wechselseitigen Beziehungen störende Belästigung empfanden. Sie versuchten zunehmend, die Auswirkungen dieser Sitten zu vermeiden (Gleichmann 2006). Die alten Aborte wurden aus diesem Grund in dieser Zeit aus Gärten und Höfen näher an die Häuser, bald an Eingänge und Treppenhäuser angebracht. Meistens wurde ein Abort im Erdgeschoss, ein weiterer im obersten Stock eingerichtet. Die offene, verschmierte Schüssel, die selten dichten Fallrohre der „Plumpsklos" blieben jedoch abstoßende, übel riechende Einrichtungen, die mit den zunehmenden Peinlichkeitsempfindungen immer weniger vereinbart werden konnten.

Mit einer Vielzahl an experimentellen technischen Einrichtungen wurde nun auf unterschiedlichste und ausgefallenste Weise versucht, sowohl die Exkremente als auch die als vermeintliche Krankheitserreger gefürchteten Gerüche zu beseitigen [Abbildung 41]. Die Versuche blieben länger erfolglos. Erst um 1890 erfüllte das mit Wasserspülung betriebene, technisch perfektionierte Klosett – das englische watercloset von Humpersons Ltd. [Abbildung 42] – alle Wünsche und Erwartungen nach Sauberkeit und Intimität hinsichtlich der notwendigen, alltäglichen Verrichtungen.
Das Wasserklosett konnte nun ohne weiteres in die Privatheit der bürgerlichen Wohnform integriert werden [Abbildung 43] – und trat von da an seinen weltweiten Siegeszug an.

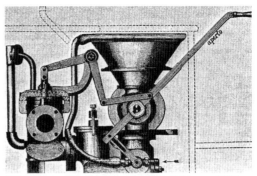

[41] Experimenteller Abort um 1870 (P. R. Gleichmann 2006)

[42] Das englische Wasserklosett wurde 1890 perfektioniert (S. Hellyer 1889, Paris, Traité de Salubrité, Librairie polytechnique Baudry) …

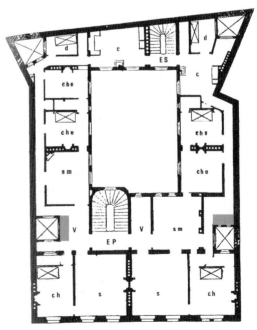

[43] … und wurde von da an zum integralen Bestandteil der bürgerlichen Wohnung. Pariser Wohnung um 1890 (WC grau unterlegt).

[44] Bei der Körperpflege wurde bis zu Anfang des
20. Jahrhunderts weniger auf Wasser als auf Parfum
gesetzt. Paris um 1740 (F. Boucher, La toilette, 1742,
Madrid, Sammlung Thyssen) …

Von der Sinnlichkeit des Boudoirs zur Hygiene des Badezimmers

Ab den letzten Jahrzehnten des 19. Jahrhunderts, im Zuge dieser infrastrukturellen und technischen Neuerungen, nahm der moderne hygienische Komfort in den bürgerlichen Wohnungen allmählich zu. Anstelle des mühseligen Wasserholens am Brunnen oder beim Wasserhändler genügte nun das Aufdrehen eines Wasserhahnes, um beliebig große Mengen von Wasser nutzen zu können. Grundrisse von bürgerlichen Etagenwohnungen aus den letzten Jahrzehnten des 19. Jahrhunderts zeigen, dass sich vorerst der sanitäre Komfort auf einen einzigen Wasserhahn in der Küche und ein einziges Wasserklosett beschränkte, das in einem engen Raum diskret im Verband der Wohnräume eingegliedert war.

Während bis zum Anfang des 20. Jahrhunderts der Abort integrierter Bestandteil der bürgerlichen Wohnung wurde, war das Vorhandensein eines Badezimmers in der Regel eine Ausnahme. Tatsächlich begnügte man sich weitgehend mit einer höchst elementaren Körperpflege. Es mag aus heutiger Sicht befremden, dass das Bürgertum des 19. Jahrhunderts die hygienische Aufmerksamkeit weniger auf die Sauberkeit des Körpers richtete als auf alles, was den Körper „umgab": zum einen auf die Bekleidung, deren makellose Frische ein Standeszeichen war; zum andern auf den häuslichen Raum, der durch die unablässigen Hausarbeit der Dienstboten einwandfrei sauber und in Ordnung gehalten wurde.

Mindestens so wichtig waren aber auch gezielte Grundrissanordnungen und Positionierungen von Fenstern und Türen, um eine bestmögliche Durchlüftung der Wohnräume zu gewährleisten. Die Raumhygiene wurde zu einem zentralen Anliegen bei dem architektonischen Entwurf und wurde immer mehr zu einem wesentlichen Merkmal der bürgerlichen Wohnform.

[45] … und um 1860 (Ch. Dugasseau, La toilette, 1864,
Le Mans, Musée de Tessé).

Die Körperpflege stand noch lange nicht im Zeichen der Hygiene. Das alltägliche Waschen beschränkte sich auf bestimmte Körperteile und gebadet wurde nicht mehr als ein Mal pro Monat – oder noch seltener. Als Grund dafür wurden moralische Bedenken und wohlgemeinte Empfehlungen der Ärzte geltend gemacht, die durch das Baden eine Schwächung des Organismus befürchteten und deshalb von häufigen Vollbädern abrieten.

In den großbürgerlichen Wohnungen fand die tägliche Körperpflege in behaglich ausgestatteten, elegant möblierten, intim wirkenden Räumen statt. Sie wurden in Frankreich boudoir oder cabinet de toilette genannt und waren eine Weiterentwicklung der ebenso bezeichneten intimen Damenzimmer der Aristokratie. In ihnen waren zwar Waschschüsseln untergebracht, aber sie verschwanden in kostbar verzierten Kommoden und Waschtischen. Bei der Körperpflege setzten Frauen weniger auf Wasser als auf Parfum und Schminke. Das Herbeizaubern einer sinnlichen Atmosphäre und nicht das Bedürfnis nach Sauberkeit und Hygiene prägte die Stimmung in diesen Räumen [Abbildungen 44, 45].

Die Badewanne gehörte normalerweise nicht zur Ausstattung des Hauses, oft nicht einmal in „besseren Kreisen" [Abbildungen 46, 47].

Noch zu Beginn des 20. Jahrhunderts war es weit verbreitet, dass die Badewanne bei Bedarf beim Wasserhändler gemietet wurde, der sie zunächst zusammen mit dem heißen Wasser ins Haus brachte [Abbildung 48]. Nur wirklich wohlhabende Familien besaßen eine eigene Badewanne, die beweglich war. Sie war aus Holz oder wurde, noch häufiger, aus Weißblech oder Zink angefertigt. Sie war ziemlich schmal und tief, damit das warme Wasser gut genutzt werden konnte. Diese bewegliche Badewanne wurde mehr als ein Möbelstück denn als ein Gefäß der Hygiene betrachtet. Das Baden verursachte beträchtliche Umstände, da die Badewanne je nach Bedarf von den Dienstboten von einem Zimmer ins andere getragen werden musste. Am liebsten wurde

[46] Die Badewanne gehörte normalerweise nicht zur Ausstattung des Hauses, nicht einmal in „besseren Kreisen". Füße waschen um 1820 (E. Lami, Les contretemps, 1824, Paris, Sammlung Debuisson) …

[47] … Baden in einer vor dem Kamin aufgestellten Badewanne um 1840 (P. Gavarni, Le Bain, 1840, Paris, E.N.S.B.A.) …

[48] … die Badewanne wird von Wasserhändler ins Haus getragen (P. Lavedan 1975).

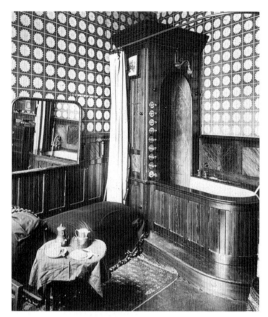

[49] Das behagliche, luxuriös ausgestattete Badezimmer war das Privileg einer reichen Minderheit. Frühes Beispiel in London um 1850 …

[50] … in Paris um 1890 (Photo R. Viollet) …

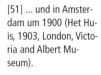

[51] … und in Amsterdam um 1900 (Het Huis, 1903, London, Victoria and Albert Museum).

sie vor den Kamin gestellt. Auch das Erwärmen des Wassers in der Küche, das Auf- und Abfüllen der Badewanne und das Entsorgen des verschmutzten Wassers waren mit einem erheblichen Aufwand verbunden.

Mit der Zeit wurde die Badewanne jedoch zum festen Bestandteil einer bürgerlichen Wohnungseinrichtung. Es entstand ein neuer Raum, der in den architektonischen Grundrissen als „Bad", „Badezimmer", „Bains", „Salle de bains", „toilette-bains", „bathroom" bezeichnet wurde. Aus der Untersuchung von Planmaterial aus dem 19. und frühen 20. Jahrhundert wird ersichtlich, dass der Prozess der Herausbildung des modernen Badezimmers, der sich über viele Jahrzehnte erstreckte, mit der Entwicklung neuer technischer Möglichkeiten im engen Zusammenhang stand.

Die ersten Badezimmer tauchten als Prestigeobjekte mit aufwendiger Ausstattung in städtischen Villen des gehobenen Bürgertums schon vor Mitte des 19. Jahrhunderts auf. Die Abbildung zeigt ein Beispiel aus England, in dem die Badewanne bereits vorhanden und in ein eigens dafür vorgesehenes Zimmer integriert ist, der Anschluss an das Wassernetz jedoch noch nicht stattgefunden hat [Abbildung 49]. Die Wände des Zimmers sind getäfelt, Einrichtung und Möblierung schaffen eine behagliche, luxuriöse Stimmung. Doch solche Badezimmer waren weitgehend eine große Ausnahme.

Mit dem Anschluss an die Wasser- und Abwassernetze wurden zusehends in großbürgerlichen Wohnungen Badezimmer eingerichtet [Abbildungen 50, 51]. Doch die Suche der Architekten nach einem planerischen und gestalterischen Ansatz, mit dem der neue Raum einen angemessenen Platz im Verbund der Wohnräume erhalten sollte, dauerte noch einige Jahrzehnte.
Sollte die Ausgestaltung von technisch-funktionalen Überlegungen bestimmt werden? Die Lösung be-

stand in diesem Fall darin, das Badezimmer in die Nähe der Küche, wo das Wasser aufgeheizt wurde, in Form eines engen, funktionalen Raumes anzusiedeln [Abbildung 52].

Oder sollte ein Lösungsansatz gewählt werden, bei dem die Kriterien von Wohnlichkeit entscheidend zu sein hatten? Der Akzent wurde in diesem Fall auf eine Verortung des Bades im privaten Bereich der Familie gesetzt. Das Badezimmer war nicht mehr in der Nähe der Küche, sondern wurde in die Nähe der Schlafzimmer verlagert, in Form eines großzügig dimensionierten, mit kostbaren Sanitäreinrichtungen und erlesenen Verzierungen ausgestalteten Raumes [Abbildung 53].

Welche Lösung auch gewählt wurde – das intime Toilette-Zimmer und die Boudoirs blieben in Ergänzung zum Badezimmer weiterhin erhalten.

Zwei weitere technische Entwicklungen waren noch erforderlich, bevor das Badezimmer seine moderne Ausformung erlangte. Zum einen wurde die Voraussetzung für die mühelose und bequeme Nutzung des Badezimmers erst in den 1920er Jahren erfüllt – durch die Bereitstellung von Warmwasser.

Mit dem Aufkommen eines perfektionierten Gas-Durchlauferhitzers, der oberhalb der Badewanne installiert wurde, konnte rasch und in beliebigen Mengen Warmwasser aufbereitet werden. Damit wurden die zeitaufwendigen Vorbereitungen für die Benutzung der Badewanne überflüssig. Zum anderen entwickelte sich rasch und in großem Umfang die industrielle Produktion von sanitären Einrichtungen – vorerst von Wasserbecken und Badewannen aus Porzellan. Diese wachsende Produktion hatte eine schnelle Preissenkung zur Folge. Das führte unter anderem dazu, dass das Badezimmer in bürgerlichen Wohnungen immer häufiger und selbstverständlicher zum wesentlichen Bestandteil wurde.

Während in den meisten Fällen Badezimmer und Wasserklosett zu einem einzigen Hygiene-Raum zusammengeschlossen wurden, verschwanden mit der

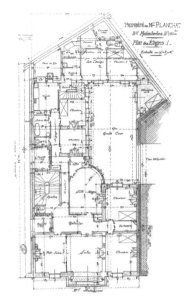

[52] Badezimmer werden um 1900 zum Standard in großbürgerlichen Wohnungen, doch ihre Verortung im Verbund der Wohnräume war nicht geklärt. Grundrisse von Pariser Wohnungen: Badezimmer und WC in Nähe der Küche (Paris, Archives de la Ville de Paris) …

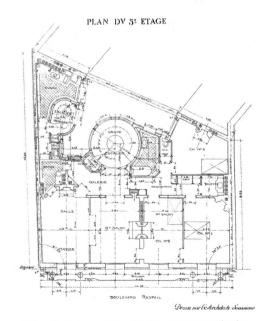

[53] … Badezimmer, WC und Toilette-Zimmer in Nähe der Schlafzimmer (Paris, Archives de la Ville de Paris).

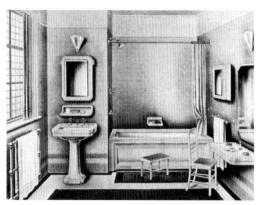

[54] Die kühle Hygiene des modernen Badezimmers wird zum allgemeingültigen Standard (S. Giedion 1941).

industriellen Produktion der sanitären Einrichtungen die reich verzierten Waschbecken und Badewannen, wie ebenso alle behaglichen Möbel, Vorhänge, Kissen und Zimmerpflanzen. Die sinnliche Atmosphäre des Boudoirs wich der kühlen Hygiene des Badezimmers, die sich zusehends als allgemein gültiger Standard durchsetzte [Abbildung 54]. Raum- und Körperhygiene wurden somit zu einem integrierten Bestandteil moderner, bürgerlicher Lebensweise.

Fazit

Über rund ein Jahrhundert hinweg wurden Schritt für Schritt planerische und gestalterische Lösungsansätze entwickelt, die zur Herausbildung der bürgerlichen Wohnform führten. Bürgerliche Lebensweise und Wohnform bedingten sich gegenseitig. Die bürgerliche Wohnform wurde von Architekten mit dem Ziel konzipiert, den aufkommenden Werten und Erwartungen des Bürgertums einen adäquaten stadträumlichen und architektonischen Rahmen zu geben.

Die Besonderheit der Wohnform, die die Architekten auf diese Weise definierten, trug ihrerseits in hohem Maße zur Konsolidierung einer bürgerlichen Lebensweise bei. Sie bewegte sich im Spannungsfeld zwischen familienbezogener Privatheit, bürgerlichem Repräsentationsanspruch und modernem Komfort. Es entstand ein sozial-räumliches Modell, das sich durch die Vernetzung von vier Dimensionen auszeichnete:

1. Stadträumlich:

- Abgrenzung zu Arbeitsstätten und Arbeiterquartieren
- Konzeption von außen nach innen
- Trennlinie zum öffentlichen Raum
- Fassade als repräsentative Schaufront

2. Gestalterisch:

- Privatheit und Rückzugsmöglichkeiten durch Flur, Korridor und doppelte Treppenhäuser
- Inszenierung der Repräsentationsräume durch differenzierte Raumfolgen und Perspektiven

3. Technisch:

- Raumhygiene (Belüftung, Belichtung)
- Hoher hygienischer Komfort (Badezimmer, WC)

4. Sozial und kulturell:

- Spannungsfeld zwischen Privatheit des engen Familienkreises und bürgerlichem Repräsentationsanspruch
- Geschlechtsspezifische Rollen- und Raumkodierungen
- Ort hierarchischer Beziehungen (Mann – Frau, Eltern – Kinder, Herrschaften – Bedienstete)

Die historische Tragweite dieses sozial-räumlichen Modells kann gar nicht genügend betont werden. Es entfaltete eine ausnehmend hohe normative Kraft, die das häusliche Zusammenleben der Menschen radikal veränderte und sich bis heute auf die Konzeption von moderner Wohnarchitektur auswirkt.

2. Die Theorie der funktionalen Stadt

2.1 Die Architekturmoderne: Ein ganzheitlicher soziokultureller Anspruch

Aufbruch in eine neue Zeit

Le Corbusier veröffentlichte 1933 den utopischen Stadtplan der Ville radieuse. Sein Entwurf zeichnete sich durch eine blendende Klarheit, Einfachheit und Stringenz aus, die ihm eine außerordentliche suggestive Kraft verlieh. Damit gelang es Le Corbusier, die in den 1920er und 1930er Jahren ausführlich diskutierten funktionalistischen Prinzipien einer neuartigen Stadtplanung einer breiten Öffentlichkeit vorzulegen und zudem in einer eindrucksvollen und zugleich leicht verständlichen Form zu kommunizieren. Er trug somit maßgeblich dazu bei, die „Theorien der funktionalen Stadt" zu einem weltweit anerkannten „Dogma" der modernen Stadtplanung zu machen, das bis weit in die 1970er Jahre seine Gültigkeit behielt [Abbildungen 1, 2].

Sein Entwurf „war so ordentlich, so einleuchtend, so leicht zu begreifen. Wie eine gute Reklame war er mit einem einzigen Blick ablesbar. Diese Vision und ihr kühner Symbolismus waren so gut wie unwiderstehlich für Planer, Wohnungsbauspezialisten, Architekten, für Entwickler, Finanziers und auch für Bürgermeister", schrieb Jane Jacobs 1961. Und sie fügte hinzu: „Wie ein großes, personifiziertes Ego erzählen diese Gebilde von den Leistungen des jeweiligen Schöpfers. Aber über die Funktionsfähigkeit der Stadt erzählen sie … nichts als Lügen."
Jane Jacobs heftige Kritik der funktionalistischen Prinzipien bedeutete einen Wendepunkt in der Stadtplanung. In ihrem viel gelesenen Buch „Tod und Leben großer amerikanischer Städte" war sie die erste, die auf die verheerenden Folgen der „Theorien einer funktionalen Stadt" für die Entwicklung städtischer Lebenswelten aufmerksam machte: Zunehmende räumliche Fragmentierung der Lebenszusammenhänge, soziale und räumliche Entmischung

Vorherige Seite: [1] und [2] Le Corbusier hat mit seinen Schriften, utopischen Stadtplänen und ausdruckstarken Zeichnungen entscheidend darauf Einfluss genommen, die funktionalistischen Theorien in der Stadtplanung weltweit in die Öffentlichkeit zu tragen. Zeichnungen zu der durchgrünten Stadt der Gegenwart von 1922 (Le Corbusier 1933).

des städtischen Gefüges, Tendenzen der Ghettobildung ganzer Quartiere.

Wie ist es zu diesen „Theorien der funktionalen Stadt" gekommen, die wir aus heutiger Sicht so sehr kritisieren? Welche Fragestellungen und Wertsetzungen, welche theoretischen Positionen und planerischen Lösungsansätze standen im Mittelpunkt der planungstheoretischen Debatten der 1920er und 1930er Jahre?
Welche Fehlschlüsse liegen aus heutiger Sicht vor? Welche Anknüpfungspunkte sind trotz aller Kritik heute noch zu finden, die für eine aktuelle Debatte bereichernd sein können?

Im Mittelpunkt dieses Kapitels stehen die theoretischen Positionen und die dementsprechend umgesetzten Projekte derjenigen Architekturströmungen, die in Deutschland als das „Neue Bauen" verstanden wurden. Die damit verbundenen Themen subsumiere ich unter dem Begriff „Architekturmoderne". In diesem Kontext will ich natürlich darauf verweisen, dass bereits in einer Vielzahl von Veröffentlichungen die unterschiedlichen architektonischen Ausdrucksweisen der Moderne (z.B. rationale, organische, konstruktivistische Architektur) erörtert worden sind. Hier hingegen sollen die verschieden gewichteten Zielvorstellungen und theoretischen Positionen der Architektinnen und Architekten der Moderne sowie verschiedenartige Lösungsansätze bei der Planung des Massenwohnungsbaus – im Maßstab der Großwohnsiedlungen und der ganzen Stadt – aus architektur- und planungstheoretischer Sicht untersucht werden:

- Als erstes werden die Architektinnen und Architekten der Moderne in ihrem gesellschaftlichen Kontext verortet.
- Im Weiteren wird nachgezeichnet, wie sich die theoretischen Debatten und Pilotprojekte gegenseitig beeinflussten, bevor eine „funktionalistische Theorie" der Stadtplanung feste Konturen annahm.

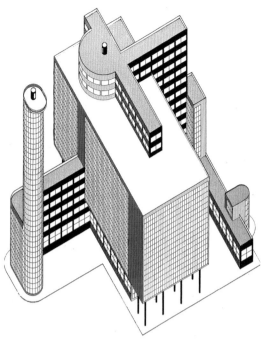

[3] Die Architekten der Moderne wollten einen radikalen Bruch mit der bisherigen Formensprache initiieren. Entwurf von Alberto Sartoris in Metall und Stahlbeton 1931 (A. Sartoris 1986) …

[4] … Sie waren bestrebt, den Aufbruch in eine neue Zeit, die sie als „Maschinenzeitalter" bezeichneten, mit zu gestalten. Kabriolett 1932-33 (H. Hirdina 1984) …

[5] … und Bild aus dem Film von Charlie Chaplin Modern Times 1936.

Die Architekten der Moderne verstanden sich in keiner Weise als passive Zeugen der stattfindenden Umwälzungen. Sie waren vielmehr von der Begeisterung beseelt, den Aufbruch in eine neue Zeit mit zu gestalten. Wie die Künstler auch sahen sie sich als eine Avantgarde, die auf die Ordnung und Werte einer von Kriegen und revolutionären Unruhen erschütterten Gesellschaft reagierte.

Ein neues Weltbild wollten sie entstehen lassen und althergebrachte Konventionen über den Haufen werfen. So initiierten sie einen radikalen Bruch mit der bisherigen Formensprache und Ästhetik [Abbildung 3] und ebenso eine gänzliche Abkehr von den vorausgegangenen Architekturtheorien und - konzepten.

Die Architekten der Moderne waren davon überzeugt, am Anfang einer neuen Epoche zu stehen, die sie als das „Maschinenzeitalter" bezeichneten [Abbildungen 4, 5]. Es schien ihnen unzweifelhaft, dass der wissenschaftliche und technische Fortschritt gänzlich neue Mittel zur Verfügung stellen konnte, mit denen sie ihre Zielvorstellungen in eine neue Form zu bringen gedachten. „Es herrscht ein neuer Geist", schrieb enthusiastisch Le Corbusier 1923. „Die Industrie schwoll an wie ein Strom, der seinem Schicksal entgegeneilt; sie bringt uns neue Mittel, welche dieser Zeit entsprechen und von ihrem Geist geprägt ist" (Le Corbusier 1957).

1925 fuhr er fort: „Wir merken, dass überall auf der Welt gewaltige industrielle und soziale Kräfte gären; wir stellen fest, dass aus diesem Tumult eindeutige und logische Absichten folgen; wir fühlen, dass diese mit den Verwirklichungsmitteln, die wir haben, übereinstimmen. Neue Formen entstehen, die Welt erkämpft sich eine neue Lebenshaltung."

Wie viele ihrer Zeitgenossen waren die Architekten der Moderne von dieser Aufbruchsstimmung fasziniert und interessierten sich demzufolge für die neue Arbeitsorganisation in den Fabriken, die auf den Rationalisierungsprinzipien von Taylor und Ford beruhten [Abbildung 5]. Auf der Basis dieser Prinzipien wurde während der 1920er und 1930er Jahre in ganz Europa die industrielle Produktion gewaltig angekurbelt. In dieser Zeit wurden die wirtschaftlichen wie technologischen Grundlagen geschaffen, die nicht nur die Massenproduktion, sondern konsequenterweise auch den Massenkonsum ermöglichte. Ab den 1960er Jahren konnten sich breite Bevölkerungsschichten erschwingliche Produkte und Waren kaufen.

Es zeichnete sich bereits zu dieser Zeit ab, dass die allmählich sinkenden Konsumgüterpreise zu gleichzeitig steigenden Löhnen führten. Der ökonomische und soziale Fortschritt schien auf lange Dauer gesichert zu sein.

Doch niemand konnte übersehen, dass die anbrechende Epoche ein dramatisches Wohnungselend für die breiten Bevölkerungsmassen in den Städten mit sich brachte [Abbildung 6-7]. Der stürmische Industrialisierungsprozess und die zunehmende Konzentration von industriellen Arbeitsplätzen in Großstädten erzeugten einen rasanten Bevölkerungszuwachs. Diese Entwicklung wiederum führte zu einer kontinuierlichen räumlichen Verdichtung von innerstädtischen Quartieren und zur unkontrollierten Ausbreitung der Städte in das Umland.

Die Lebens- und Wohnbedingungen der arbeitenden Schichten verschlechterten sich so sehr, dass diese ausufernden Großstädte zusehends bedrohlich wirkten.

Le Corbusier kritisierte (1925) diese sich so ausbreitende Großstadt als Räumlichkeit, „die alle, welche sich in sie gestürzt haben, die in ihr arbeiten müssen, einengt, erdrückt, erstickt, lähmt … Ihre Peripherie ist eine Zone des bedrängenden Durcheinanders geworden, vergleichbar einem riesigen Zigeunerlager, um das herum die Wohnwagen in der improvisierten Unordnung stehen" (Le Corbusier 1957).

Statistiken aus dieser Zeit geben über das Ausmaß des Bevölkerungszuwachses und die Geschwindig-

[6], [7] Die anbrechende Epoche des „Maschinenzeitalters" brachte in den Städten ein dramatisches Wohnungselend mit sich. Arbeiterquartiere in Roubaix, Fotos aus den 20er Jahren (Roubaix, Stadtarchiv).

[8] Zwischen 1920 und 1930 nahm die Pariser Agglomeration fast eine Million neue Einwohner auf. Die Zersiedelung am Stadtrand nahm chaotische Ausmaße an. Haus im Selbstbau ohne Anschluss an Wasser- und Abwasserleitungen, Stains 1925 …

[9] … Verkaufsangebot eines Grundstücksmaklers, der „wunderbare Aussichten" und „eine Luftkur" im Nordosten der Pariser Agglomeration vorgaukelte, 1920 (Stains, Sammlung Bordes).

keit des Verstädterungsprozesses eine beredte Auskunft: Waren es im Jahre 1910 erst knapp 13 Millionen Menschen, die in Deutschland in Großstädten mit mehr als 100.000 Einwohnern lebten, so stieg ihre Zahl sprunghaft auf rund 20 Millionen im Jahre 1933. Die Zahl der Einwohner nahm am schnellsten in den aufstrebenden Industriestädten zu; in Hannover zum Beispiel wuchs sie von 250.000 im Jahre 1905 auf etwa 445.000 im Jahre 1933 an; das heißt, dass sie sich in weniger als 30 Jahren fast verdoppelte.

In ganz Europa war die rasante Entwicklung von Großstädten kennzeichnend für die 1920er und 1930er Jahre. Die Pariser Stadtregion zeichnete sich in dieser Hinsicht wohl als der extremste Fall ab. Die Niederlassung einer Vielzahl von industriellen Unternehmen in städtischen Peripherien hatte den Zustrom von immer mehr Menschen zur Folge, die in der Stadt Arbeit finden wollten.
In knapp 10 Jahren, zwischen 1920 und 1930, nahm die französische Hauptstadt fast eine Million neue Einwohner auf; laut Jean Bastié (1964) ließen sich ungefähr 700.000 Menschen, also die Mehrheit, in unkontrolliert wachsenden Siedlungen auf der grünen Wiese vor der Stadt nieder [Abbildung 8].

Diese Entwicklung wurde durch den Ausbau des Schienenverkehrs und die Verbilligung der Tarife erst möglich gemacht. Durch diese Tatsache waren die Arbeiter nicht mehr darauf angewiesen, in fußläufiger Entfernung zu den Arbeitsplätzen zu wohnen.
Nicht nur die zunehmenden Überbauungen, sondern auch die Verkaufsstrategien skrupelloser Immobilienmakler trugen erheblich zu der chaotischen Zersiedelung des Pariser Umlandes bei. Die Makler wussten den Traum der Menschen nach einem eigenen Haus im Grünen, mit dem sie verständlicherweise dem Wohnungselend der verdichteten innerstädtischen Quartiere entrinnen wollten, geschickt auszunutzen [Abbildung 9].

Die großen Ländereien, die die Makler nach dem ersten Weltkrieg der verarmten Aristokratie abkauften, wurden in kleine Parzellen für den Selbstbau unterteilt und mit hohen Profitraten an kleine Angestellte und Arbeiter weiterverkauft [Abbildung 10]. Jedoch: die versprochenen Erschließungsstraßen und die technische Infrastruktur – Wasser, Abwasser, Elektrizität – sowie die in Aussicht gestellten Schulen wurden nie bereitgestellt.

Die von Bastié erstellten Karten des Pariser Umlandes veranschaulichen den ungeplanten Zersiedelungsprozess [Abbildung 11]. Die chaotischen Überbauungen entlang den Eisenbahnlinien und rings um die Haltestellen nahmen immer mehr zu und breiteten sich bis ins Umland aus. Das Wohnungselend an diesen Standorten war dramatisch: Die Wohnverhältnisse waren äußerst unhygienisch, Schulen und soziale Einrichtungen gab es nicht, die sich ausbreitende Tuberkulose sowie Epidemien sorgten in der nationalen Presse für Schlagzeilen. Diese extremen Missstände führten dazu, dass die Bewohner selbst in spektakulären politischen Aktionen die bürgerliche Ordnung in Frage stellten.

Die architektur- und planungstheoretischen Debatten der Architekturmoderne wurden ganz wesentlich von diesen zwei Aspekten des gesellschaftlichen Umbruches beeinflusst:
• Zum einen die neuen wissenschaftlichen und technischen Möglichkeiten des „Maschinenzeitalters".
• Zum anderen das Wohnungselend und die chaotische Stadtentwicklung.

Neue Lebensformen mitgestalten

Im Gegensatz zu heutigen Positionen, in denen die formalen Interpretationen der Architektur im Vordergrund stehen, sehe ich die herausragende Bedeutung der Architekturmoderne in ihrem ganzheitlichen soziokulturellen Anspruch.

[10] Unfertige Häuser an unwegsamen Strassen im Norden von Paris, Foto um 1925 (Stains, Sammlung Bordes).

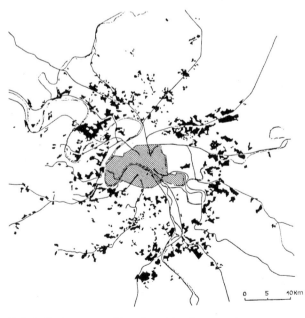

[11] Die Überbauungen auf der grünen Wiese drangen entlang der Eisenbahnlinien immer weiter in das Umland der Stadt vor. Karte der Pariser Agglomeration um 1945 (J. Bastié 1964).

Aus einem einfachen Grund: Die Architekturmoderne reflektierte sich von Beginn an im Kontext gesellschaftlicher und sozialer Fragen und bezog sich mit ihren theoretischen Positionen und den Entwicklungen neuer Ansätze in Architektur und Planung auf gesamtgesellschaftlich gedachte Projekte.

Im Sinn einer Architekturtheorie der Moderne hatten die Architektinnen und Architekten die Aufgabe, auf der Grundlage einer umfassenden gesellschaftlichen Zielvorstellung, Handlungsansätze für die Gestaltung der Zukunft zu erarbeiten. Mit aller Klarheit widersetzten sie sich der Idee von unveränderlichen Konstanten in Architektur, die sich in formalen Konzepten erschöpft und historistische Repertoires in Szene setzt. Wolfgang Welsch (1993) fasst es treffend zusammen: „Die Moderne verspricht sich von der Kunst und der Architektur, statt der Darstellung eines Ewigwahren, die Wahrnehmung des Kommenden, eine Erschließung gangbarer Wege, Entwürfe von Lebensformen."

Dieser zukunftsgerichtete, ganzheitliche soziokulturelle Anspruch, der zu einem gemeinsamen Nenner aller europäischen Architekten der Moderne wurde, veranlasste die Architekten der Moderne, Architektur und Planung als Ganzheit in der komplexen Gestaltung menschlichen Lebens zu interpretieren. „Bauen bedeutet Gestaltung von Lebensvorgängen", schrieb Walter Gropius 1927. Er setzte diese Idee auf innovative Weise im pädagogischen Programm des Bauhauses um, das er von 1919 bis 1928 leitete.

Das Bauhaus, zuerst in Weimar, von 1925 an in Dessau angesiedelt, wurde zu einem Laboratorium, in dessen experimentellen Rahmen alle Künste mit der Technik eine Synthese eingehen sollten. Ziel war dabei, Qualität in jeden Bereich der Lebenswelt hineinzutragen, um auf allen Maßstabsebenen des planerisch-gestalterischen Entwerfens zukunftsgerichtete Lösungsansätze zu entwickeln.

Diese Programmatik wurde von bedeutenden Persönlichkeiten, von Künstlern, Architekten und Technikern, in einer interdisziplinären Zusammenarbeit umgesetzt. Auf diese Weise nahm das Bauhaus – weit über die Grenzen Deutschlands hinaus – einen enormen Einfluss auf die damals geführte architektur- und planungstheoretische Debatte.

Die Mehrheit der Architekten der Moderne entsprach diesen Ideen. Doch ihre Vorstellungen von der zukünftigen Gesellschaft und den Mitteln, mit denen sie geschaffen werden sollte, waren grundlegend verschieden. Die extremsten Positionen vertraten Protagonisten der italienischen Avantgarde, die sich als „Rationalisten" bezeichneten und in der facettenreichen italienischen Architekturmoderne eine zentrale Rolle spielten. Ihre Begeisterung für die Ideen des Faschismus kollidierte mit den humanistischen, sozial-reformerischen oder gar sozial-utopischen Vorstellungen der meisten Architekten aus anderen europäischen Ländern.

Die Rationalisten bekannten sich unmissverständlich in ihren Manifesten zu faschistischen Positionen. Bereits im Manifest von 1931 erklärten sie nachdrücklich, ihr Ziel sei, „der Revolution zu dienen, wir wollen die faschistische Idee ausdrücken". Sie brachten ihre Faszination für die Dynamik und die technischen Möglichkeiten des anbrechenden „Maschinenzeitalters" in Schriften und wirkungsvollen Zeichnungen zum Ausdruck – zwar glichen sie in dieser Hinsicht den anderen Architekten der Moderne, doch im Gegensatz zu ihnen sollte aus der Sicht der Rationalisten die neue Epoche unter Gewalt und Krieg zu einer faschistischen Gesellschaftsordnung führen. Sie waren der Ansicht, dass Italien aufgrund der faschistischen Revolution dazu bestimmt sei, den von der internationalen Avantgarde verkündeten „neuen Geist" zur Vollendung zu bringen; von Italien aus müsse dann die neue Kunst und Architektur den anderen Nationen – wiederum unter Gewalt, wenn nötig – vorgeschrieben werden.

[12] Die Konzeption der Casa del Fascio in Como verband Giuseppe Terragni mit der Zielsetzung, die Beziehungen zwischen der faschistischen Partei und der katholischen Kirche im Stadtraum symbolisch zu inszenieren (Zeichnung von V. Timofeer 2007).

[13] Das Bauhaus galt als die Musterschule für die Gestaltung einer demokratischen Lebenswelt. In ihrem experimentellen Rahmen sollten alle Künste und die Architektur eine Synthese mit der Technik eingehen. Plakat des Bauhauses 1923 (Berlin, Sammlung E. Neumann).

Guiseppe Terragni war einer der führenden Rationalisten. Zeitlebens war er von der Kulturmission des Faschismus durchdrungen. Sein ganzes Schaffen zielte, wie Winfried Nerdinger (2004) hervorhebt, „auf eine Verbindung von Faschismus und Kunst auf der Ebene einer neuen Architekturordnung". Nerdingers schlüssige Analyse von Terragnis formvollendeten Bauten – wie z. B. die Casa del Fascio in Como [Abbildung 12] – ist vielsagend. Mit aller Deutlichkeit weist Nerdinger nach, dass Terragni planerische und architektonische Ansätze zu entwickeln und umzusetzen wusste, die der Inszenierung und Konsolidierung der faschistischen Gesellschaftsordnung dienten.

Im übrigen Europa setzten sich die Architekten der Moderne bis auf wenige Ausnahmen für demokratische Prinzipien ein. Das Bauhaus galt als die eigentliche Musterschule für die Gestaltung einer demokratischen Lebenswelt [Abbildungen 13 - 15]. Insbesondere in den ersten Jahren nach der erfolgreichen Oktoberrevolution von 1917 in Russland und der Novemberrevolution in Deutschland vertraten viele Avantgardisten stark links orientierte Positionen. Kapitalismuskritik und sozialistische oder sozialutopische Ideen waren keine Seltenheit; später überwogen sozial-reformerische oder apolitische, humanistische Betrachtungsweisen, die nicht an den Grundpfeilern bestehender Ordnung rüttelten.

Es war bezeichnend, dass die Avantgarde durchweg architektonische und planerische Ansätze mit den Zielvorstellungen von Emanzipation des Individuums und der Demokratisierung der Gesellschaft verband und artikulierte.
Architektur und Planung waren für sie immer durch ein soziales Anliegen bestimmt.
„Die Architekten des ‚Neuen Bauens' eint über alle Grenzen der Länder hinaus", schrieb Ernst May 1928 in der Zeitung „Das Neue Frankfurt", „ … ein warm empfindendes Herz für alle Menschen in Not, sie sind ohne soziales Empfinden undenkbar, ja man

kann geradezu sagen, dass diese Schar die sozialen Momente bewusst in den Vordergrund des Neuen Bauens stellt" (Ungers 1983).

Die meisten Architektinnen und Architekten der Moderne verknüpften die Zielvorstellung von Emanzipation mit einem letztlich romantischen Glauben an die ästhetische Erziehung der Menschen durch Kunst und Architektur.
Viele Architekten glaubten an die schöpferischen Kräfte der Menschen. Sie sahen es als ihre Aufgabe an, die schöpferischen Potenziale mit Hilfe der Architektur freizulegen und zur Entfaltung zu bringen. Die Architektur zu erneuern bedeutete zugleich auch, die menschliche Gesellschaft umzugestalten. Ein „neuer Mensch" sollte auf diese Weise herangebildet werden.

Die Architekten der Moderne gehörten indessen ausnahmslos, ihrer Herkunft und Erziehung nach, zu der Schicht der bürgerlichen Intelligenz. Zwar versuchten sie, einen Bruch mit vorangegangenen Konventionen zu vollziehen, gleichwohl lag in ihrem planerischen und architektonischen Schaffen ihre Referenz implizit im Bereich des bürgerlichen Wohnens.
Die Lösungsansätze für neue Wohnsiedlungen, mit denen sie arbeitende Menschen zu einem besseren, freieren Leben erziehen wollten, orientierten sich in unterschiedlicher Gewichtung an bürgerliche Wertevorstellungen: Bürgerliches Familienleben, abgeschlossene Privatsphäre, Ordnung und Hygiene. Das waren die sozusagen selbstverständlich erscheinenden Zielvorstellungen bei der Erarbeitung von theoretischen Richtlinien und der Umsetzung von experimentellen Projekten. Doch diese Ziele wurden nie über einen demokratischen Beteiligungsprozess mit den zukünftigen Bewohnern entwickelt, sondern wurden den betroffenen Menschen „verordnet".

Wie werten wir dies aus heutiger Sicht? Ist nicht hier ein unlösbarer Widerspruch mit dem emanzipa-

[14] Ausschnitt der Bauhaus-Fassade in Dessau, von Walter Gropius 1925-26 erbaut …

[15] … und Plakat des Bauhauses in Dessau 1928 (Berlin, Bauhaus Archiv).

torischen Anspruch der Moderne zu finden? Diese wichtigen Fragen werden uns in diesem wie auch in den weiteren Kapiteln beschäftigen.

Eine Internationale Debatte über Architektur und Planung

Die Congrès Internationaux d'Architecture Moderne – allgemein CIAM genannt – war die einflussreichste Organisation für die westeuropäische Moderne. Sie hat die theoretischen Konzepte in Architektur und Planung entscheidend geprägt. Schon im Gründungskongress, 1928 in La Sarraz bei Lausanne durchgeführt, zeigte sich unmissverständlich der internationale Charakter der CIAM.

24 bedeutende Architekten aus acht westeuropäischen Ländern, Frankreich, Belgien, der Schweiz, Holland, Deutschland, Österreich, Italien und Spanien, kamen zusammen. In den fünf Kongressen, die zwischen 1928 und 1937 stattfanden, nahm die Zahl der vertretenen Länder durch nord-, süd- und osteuropäische Architektendelegationen zu.

Diese internationale Organisationsstruktur der CIAM hatte dauerhafte Nachwirkungen: Die von der CIAM erarbeiteten Theorien und Handlungsansätze stießen auf außergewöhnliche Resonanz und bestimmten die Architektur- und Planungskonzepte nach dem zweiten Weltkrieg.

Durch die Radikalität und die Neuheit der gemeinsamen Veröffentlichungen und Wanderausstellungen hatte die CIAM in den zwanziger und dreißiger Jahren, und darüber hinaus ab den fünfziger Jahren des letzten Jahrhunderts, eine weitreichende Ausstrahlungskraft. Im Weiteren erklärt sie sich aber auch ganz wesentlich dadurch, dass in verschiedenen europäischen Ländern angesehene Architekten im gleichen Sinn gewirkt haben, um sich dem herrschenden Akademismus zu widersetzen.

Die gegenseitige Stärkung und die dadurch erzeugten Synergien übertrafen bei weitem die Einflussmöglichkeiten von Architekten oder Organisationen, die ausschließlich auf nationaler Ebene agierten. Die internationale Zusammensetzung der CIAM war aber auch aus einem weiteren Grund von Bedeutung. In den Kongressen traten Persönlichkeiten mit unterschiedlichen kulturellen und politischen Hintergründen auf, die verschiedene theoretische Positionen vertraten. Vielfältige Ideen und Erfahrungen wurden ausgetauscht. Die Meinungsunterschiede waren zwar oft gravierend und manchmal nur schwer zu überbrücken, die gegenseitige Bereicherung war gleichwohl außergewöhnlich.

Mit immer häufiger stattfindenden Tagungen sowie mit Ausstellungen und Publikationen trat die CIAM verstärkt an die Öffentlichkeit und förderte somit in hohem Maße einen intensiven internationalen Austausch.

Zwischen den Persönlichkeiten unterschiedlicher Nationalitäten entwickelten sich fruchtbare kollegiale Beziehungen. Hier nur einige Namen: die Deutschen Walter Gropius und Ernst May, die Holländer Cornelius van Eesteren und Mart Stam, die Schweizer Hannes Meier, Hans Schmidt und Siegfried Gideon (Generalsekretär der CIAM), der Belgier Victor Bourgeois, der Spanier José Luis Sert oder der Wahlfranzose Le Corbusier. Dieser galt als der aktivste Provokateur. Mit seiner wirkungsvollen Rednerkunst und seinen kompromisslosen Pamphleten hat er für Irritation unter den Kongressteilnehmern gesorgt und zugleich die Außenwirkung der CIAM wesentlich mitbestimmt.

In den 1920er und 1930er Jahren wurden fünf Kongresse mit folgenden Themen durchgeführt: 1. Kongress, La Sarraz 1928: Gründung der CIAM; 2. Kongress, Frankfurt 1929: „Die Wohnung für das Existenzminimum"; 3. Kongress, Brüssel 1930: „Rationelle Bebauungsweisen"[Abbildung 16]; 4. Kongress, Paris/Athen 1933: „Die funktionelle Stadt"; 5. Kongress, Paris 1937: „Wohnung und Erholung". Die verschiedenen europäischen Städte, in denen die Kongresse stattfanden, dokumentieren den internationalen Charakter der CIAM.

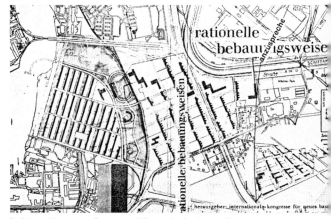

[16] Umschlagentwurf von Max Bill zum Buch „Rationelle Bebauungsweisen" 1931 (Zürich, CIAM Archiv des IGT-ETHZ)

Die Themen, unter die die jeweiligen Kongresse gestellt wurden, geben ihrerseits Aufschluss über Inhalt und Ausrichtung der Debatten: Während im 2. Kongress die Konzeption von kostengünstigen Wohnungen im Mittelpunkt stand, wurden darüber hinaus in den Debatten schrittweise Richtlinien für die Quartier- und Stadtplanung entwickelt.

Dank der bereits erwähnten internationalen Zusammensetzung der CIAM konnten die Innovationen im Bereich des Wohnungs- und Städtebaus, die zu dieser Zeit in verschiedenen europäischen Städten entwickelt wurden, untereinander verglichen und den Kongressteilnehmern nahe gebracht werden.

Systematische Analysen und einheitliche Vorgehensweisen wurden gezielt ausgewählt, die dazu dienten, vergleichbare Fakten zusammenzutragen; aus diesem Material wollten die Kongressteilnehmer wissenschaftlich begründete Richtlinien und Lösungsansätze in Architektur und Planung ableiten. Die architektur- und planungstheoretischen Debatten der CIAM erhoben damit Anspruch auf eine wissenschaftlich begründete Methodik; sie sollte der wissenschaftlichen Herangehensweisen der Ingenieur- und Naturwissenschaften gleichwertig sein und ein neues Berufsbild der Architekten und Planer konstituieren.

Vor dem Hintergrund des extremen Wohnungselends in den Städten standen zwei Themen unter jeweils zwei Fragestellungen im Zentrum der Debatten. Sie sollten zur Erarbeitung von Lösungsansätzen für die Gestaltung einer menschenwürdigen Lebenswelt anregen:

Das Thema „moderner Massenwohnungsbau" unter den Fragestellungen:

- Mit welchen Mitteln konnte die Wohnungsnot der arbeitenden Massen, die immer dramatischere Ausmaße annahm, überwunden werden?
- Welche gestalterischen und planerischen Konzepte waren zu entwickeln, um einen modernen

Wohnungsbau für Menschen mit dem geringsten Einkommen zu schaffen?

Das Thema „zukunftsfähige Stadtentwicklung" unter den Fragestellungen:
- Wie konnte die stürmische Entwicklung der Städte gemeistert werden?
- Welche stadtplanerischen Ansätze waren geeignet, eine zukunftsfähige und menschengerechte städtische Lebenswelt zu realisieren?

2.2 Experimente mit Wohnwelten

Ein neues Aufgabenfeld für Architektinnen und Architekten

Die architektur- und planungstheoretische Debatte der Moderne stand in enger Wechselwirkung mit der Konzeption experimenteller Projekte des Massenwohnungsbaues. Theorie und Berufspraxis wurden in einem beispielhaften Dialog aufeinander bezogen und die daraus resultierenden Ergebnisse bereicherten in hohem Maße die gesamte Entwicklung.

Das war neu in der Geschichte der Architektur. Es gab wohl bereits eine Diskussion über die Behebung der Wohnungsnot, die viel früher begonnen hatte. Die ersten wohnungsreformerischen Ansätze wurden schon ab Mitte des 19. Jahrhunderts ausgearbeitet. Eines der ersten Wohnmodelle für Arbeiterfamilien, das anhand von Veröffentlichungen in ganz Europa bekannt wurde, war das Musterprojekt des englischen Architekten Henry Roberts, das im Jahr 1857 auf der internationalen Industrieausstellung in London vorgestellt wurde [Abbildung 17].

Es handelte sich dabei um Etagenwohnungen mit eigener Haustür, die, dem Beispiel des bürgerlichen Wohnens folgend, sowohl abgeschlossene Einheiten für Kleinfamilien boten als auch Querlüftung und sanitären Komfort ermöglichten und sich eben-

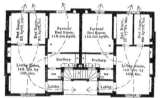

[17] Das europaweit bekannte Wohnmodell für Arbeiterfamilien, das Henry Roberts 1867 in der Weltausstellung in London vorstellte, besaß Querlüftung und sanitären Komfort (R. - H. Guerrand 1981).

so als große Innovationen für kostengünstige Wohnformen erwiesen.

Doch bis zum ersten Weltkrieg blieben Planung und Bau von Wohnungen für arbeitende Menschen fast ausschließlich der Verwertungslogik des privaten Kapitals überlassen. Erst ab den zwanziger Jahren, angesichts der unhaltbaren Wohnungsmissstände, kam es zu einer grundsätzlichen Veränderung der bisher unsozialen Wohnungs- und Siedlungspolitik. In vielen europäischen Städten wurden neue Programme für Großsiedlungen initiiert, in denen öffentlich finanzierte Wohnungen für Arbeiter- und Angestelltenfamilien konzipiert wurden. So wurden in Frankreich von 1919 bis 1933 ungefähr 300.000 Wohnungen – d. h. jede fünfte Neubauwohnung – von der öffentlichen Hand realisiert.

Auch in Deutschland, während der Weimarer Republik, nach der Währungskonsolidierung und der zum Teil für den sozialen Wohnungsbau zweckgebundenen Hauszinssteuer, sahen sich Länder und Kommunen in der Verantwortung, den arbeitenden Menschen einen modernen Wohnraum zur Verfügung zu stellen.
Ab Mitte der zwanziger Jahre kam in verschiedenen Städten der Bau von Großsiedlungen mit Sozialwohnungen in Gang, allen voran in Berlin und Frankfurt [Abbildung 18]. Zum ersten Mal in der Geschichte wurde der Wohnungsbau für die arbeitenden Massen als eine öffentliche Aufgabe wahrgenommen. Auch wenn angesichts der damaligen äußerst defizitären Wohnverhältnisse das gesamte Bauvolumen relativ bescheiden ausfiel, so bedeutete es doch, wie Gerd Kähler (1989) hervorhebt, „… für die Masse einen gewaltigen emanzipatorischen Schritt, ein ‚Recht auf Wohnung' zumindest theoretisch eingeräumt zu bekommen".

Bis zu diesem Zeitpunkt hatten sich die Architekten auf die Konzeption repräsentativer Bauten für den Staatsapparat und die vermögenden Schichten

[18] Ab Mitte der 1920er Jahre kam der Bau von Großsiedlungen mit Sozialwohnungen in europäischen Städten in Gang, allen voran in Berlin und Frankfurt a. M. Titelseite der Monatsschrift für die Probleme moderner Gestaltung ‚Das neue Frankfurt', Nr. 23, März 1930.

konzentriert. Nun eröffnete sich ein neues Aufgabenfeld. Für die Architekten der Moderne, die ein soziales Anliegen verfolgten, ergaben sich ganz neue Rahmenbedingungen und Möglichkeiten für die Umsetzung ihrer Ideen.

Durch die Planung und Durchführung der Großsiedlungen, für die sie beauftragt wurden, konnten sie ihre Leitvorstellungen erproben und mit Architektur- und städtebaulichen Konzepten erstmals in größerem Umfang experimentieren.

In der kurzen Zeitspanne zwischen Mitte der zwanziger Jahre und den frühen dreißiger Jahren, bevor der Nationalsozialismus und der Weltkrieg den Projekten der Moderne ein jähes Ende bereiteten, stand das Schaffen vieler Architekten im Zeichen einer großen Kreativität, mit der sie innovative Lösungsansätze in Architektur und Planung schufen.

Einige dieser neuen Lösungsansätze, die die Architekten der Moderne in dieser Zeit umgesetzt haben, werden im Folgenden vorgestellt. Der Fokus wird dabei, wie schon am Anfang des Kapitels erwähnt, auf die stadtplanerische bzw. städtebauliche Konzeption gerichtet. Innerhalb der großen Bandbreite an Wohnsiedlungen werden hier einzelne Projekte beispielhaft besprochen.

Dabei werde ich auf jeweils zwei Aspekte näher eingehen, die in allen Projekten gleichermaßen eine entscheidende Rolle spielten, jedoch mit entsprechend unterschiedlichen Auswirkungen:

Zum einen wird die Kontinuität in der städtebaulichen Konzeption zwischen den bürgerlichen Wohnformen und den Großwohnsiedlungen beleuchtet, die sich in den Projekten folgendermaßen konkretisiert:

• Durch auf sich bezogene Großsiedlungen, die von den Arbeitsplätzen und städtischen Nutzungen getrennt werden.
• Durch hygienische Prinzipien, die bei der städtebaulichen Anordnung eine wichtige Rolle spielen.
• Durch neue „familiengerechte" Wohntypologien, die den bürgerlichen Wertsetzungen von Familien-

leben entsprechen und in Form von abgeschlossenen, modern ausgestatteten Etagenwohnungen oder Reihenhäusern errichtet werden.

Zum anderen geht es um das hier darzustellende Neue, das sich auf das soziale Anliegen begründet, eine demokratische, moderne Lebenswelt zu gestalten. In bezug auf dieses Neue führen indessen unterschiedliche gesellschaftliche Zielvorstellungen zu zwei grundsätzlich verschiedenen planerischen Ansätzen:

• Der eine Ansatz geht von den öffentlichen Räumen der Siedlungen aus, die als Rahmen für das soziale, gemeinschaftliche Leben eine zentrale Rolle spielen.

• Der andere geht, im Gegenzug dazu, von der Privatsphäre und der einzelnen Wohneinheit aus, die als geschützter Rückzugsraum die Entfaltung des Familienlebens und des Individuums unterstützen soll.

Wohnwelten als Orte des sozialen Lebens entwerfen

Die Großsiedlung Britz im Süden Berlins steht beispielhaft für ein Projekt, das als ein Ort des sozialen Lebens konzipiert wurde. Größte Aufmerksamkeit wurde im Entwurfsprozess den öffentlichen und halböffentlichen Räumen gewidmet, in denen die Entfaltung des gemeinschaftlichen Handelns und der sozialen Interaktion gefördert werden sollte.
Die 1.072 Wohnungen umfassende Siedlung wurde 1925-1926 von Martin Wagner und Bruno Taut realisiert. Mit diesem Projekt begann in Deutschland der eigentliche Bau von Wohnsiedlungen der Moderne [Abbildungen 19, 20].

Wagner, der 1926 zum Stadtbaurat Berlins ernannt wurde, war der Initiator einer Planungspolitik der Stadt Berlin, mit der er den Urbanisierungsprozess wie ein Unternehmen durch und durch rational organisieren wollte. Schon 1925 meinte er, man könne

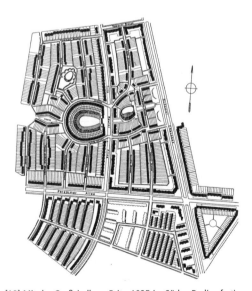

[19] Mit der Großsiedlung Britz, 1925 im Süden Berlins fertiggestellt, begann in Deutschland der Bau von Wohnsiedlungen der Moderne. Bruno Taut schuf eine differenzierte Abfolge von öffentlichen Räumen, die die Siedlung strukturieren. Städtebaulicher Gesamtplan ...

die Stadt mit „… einem wirtschaftlichen Unternehmen gleichstellen. Der Städtebauer ist ein Generalverwalter und bevollmächtigter Pfleger stadtwirtschaftlicher Produktionskraft" (Scarpa 1986).

In dieser Neuorganisation des Stadtwachstums folgte Wagner dem handlungsleitenden Prinzip, die städtischen Funktionen und die Realisierung von monofunktionalem Wohnen in der städtischen Peripherie in Form von Trabantensiedlungen im Grünen zu trennen. Die Großsiedlung Britz war das erste Beispiel seiner Planungspolitik und wurde so zum Modell einer neuen, seriell betriebenen wohnungswirtschaftlichen Produktion und Organisation. Mit der Dewog (Deutsche Wohnungsfürsorge AG für Beamte, Angestellte und Arbeiter) und ihrer Berliner Tochtergesellschaft Gehag (Gemeinnützige Heimstätten Spar- und Bau-AG), die 1924 gegründet wurden, gewann Wagner einen seinen Vorstellungen entsprechenden Bauherrn.

Taut, der zu dieser Zeit schon ein angesehener Architekt war, wurde auf Empfehlung von Wagner zum Hausarchitekten der Gehag. Mit dem Entwurf der Wohnsiedlung Britz gelang es ihm, seine bisherigen Ideen und Gestaltungserfahrungen in eine neue, prägnante städtebauliche und architektonische Konzeption umzusetzen.

Wagner und er waren sich in Bezug auf zwei Leitideen einig: die städtischen Nutzungen von monofunktionalem Wohnen im Grünen zu trennen und einen seriell konzipierten Wohnungsbau anzustreben. Im Mittelpunkt von Tauts Bemühungen stand zudem das soziale Anliegen, das gemeinschaftliche Handeln der Bewohner zu stärken, ohne die Möglichkeit des individuellen Rückzugs einzuschränken. Für ihn durfte „…das Problem nicht lauten: Wie werden die Wohnungen kleiner gemacht? sondern: Wie wird das Leben der Gesamtheit und des Einzelnen reicher und produktiver?" (Bollerey, Hartmann 1980).

In seinen theoretischen Schriften prägte Taut 1927 den Begriff „Außenwohnraum": „Wenn man schon

[20] … sowie Ansicht der vorgefundenen Teichmulde und der hufeisenförmigen Bebauungen, die sie einrahmen. Fotos 1927 (L. Ungers 1983).

[21] Die schwungvolle Hufeisenform mit dem zentralen öffentlichen Garten bot sich als Ort des Zusammenkommens der Bewohner an. Luftaufnahme der 90er Jahre …

[22], [23] … und Fotos im Jahr 2000 (U.P.).

bei der einzelnen Wohnung von einer Wohnlichkeit sprechen kann, deren Wesen über die individuellen Bedürfnisse der einzelnen Familien hinausgeht und umfassender, überpersönlicher Art ist, so gilt dies viel mehr vom Außenwohnraum … .

Hierbei ist mit dem Außenwohnraum nicht etwa nur der eigentliche Wohngarten oder die Loggia der Stockwerkswohnung gemeint, sondern mehr noch im städtebaulichen Sinne der Raum, den die Hauswände der Siedlungen im Wesentlichen in sich schließen. Wie dieser Raum zur Sonne, zum Wind und in seinen Dimensionen angelegt ist, wie er sich zum Schall verhält, das ist nicht allein hygienisch von Bedeutung, sondern übt auch den größten Einfluss auf die Gefühle von Behaglichkeit, Beschaulichkeit, Stille harmonischer Ruhe, Gemütlichkeit."

Taut war kein Mitglied der CIAM, verfolgte aber mit Interesse die in diesem Kontext geführten theoretischen Auseinandersetzungen. Er kritisierte mit aller Schärfe städtebauliche Konzeptionen, die allein auf hygienischen Überlegungen zur bestmöglichen Besonnung und Belüftung gründen und „als abstrakte Forderung brutal über die Gegebenheiten der Landschaft und des Gebäudes hinwegsehen".

Er forderte, dass die Entwicklung der städtebaulichen Anordnung aus der vorgefundenen Bodengestalt und Vegetation, aus früheren Straßenführungen und natürlichen Begrenzungen abgeleitet wurde. Diese Gegebenheiten betrachtete er schon 1931 als „allerwertvollste Hilfe des Architekten".

„Diese Möglichkeiten zur Variation sind Gestaltungselemente allerhöchsten Grades, weil sie das Räumliche der städtebaulichen Anlage in höchstem Maße beeinflussen, also wohl am stärksten dazu beitragen, das hervorzurufen, was hier der Außenwohnraum genannt wird. Selbstverständlich kann es sich auch hier nicht um ein willkürliches Phantasiespiel handeln, sondern um eine organische Ableitung des ästhetischen aus den praktischen Voraussetzungen oder, richtiger gesagt, um eine Gestaltwerdung der praktischen Elemente selbst."

Diese theoretischen Überlegungen setzte Taut in der städtebaulichen Konzeption von Britz um. Als Zentrum der Siedlung, rings um eine bestehende Teichmulde, schuf er einen großzügigen öffentlichen Garten, der durch eine dreigeschossige, hufeisenförmige Bebauung gefasst ist. Er entwickelte aus der vorgefundenen Bodengestaltung eine Hufeisenform mit kraftvollem Schwung und realisierte hierbei einen einprägsamen öffentlichen Raum, der zum Symbol der Siedlung wurde [Abbildungen 21-23].

In Ost-West-Richtung wurde die Achse des Hufeisens als Hauptachse der städtebaulichen Anordnung weitergeführt. Die von dieser Hauptachse aus sich öffnenden, in Nord-Süd-Richtung verlaufenden Straßen, die von zweigeschossigen Reihenhäusern eingerahmt sind, spielen abwechslungsreich mit Vor- und Rücksprüngen sowie Eckbetonungen der Bebauungen.

Gegen Osten hin schließt eine eindrucksvoll gestaltete Straßenfront die Siedlung ab; es handelt sich dabei um einen viergeschossigen Zeilenbau, der wegen seiner wehrhaften Architektur und seiner roten Farbgebung [Abbildungen 24, 25] als „rote Mauer" bezeichnet wird. Gemeinschaftliche Einrichtungen, Wäscherei, Café, Geschäfte und eine Stadtteilschule, die sich auf die öffentlichen Räume hin öffnen und diese aktivieren, ergänzen die Wohnbebauungen.

Mit dieser städtebaulichen Anordnung schuf Taut eine differenziert kombinierte Abfolge von öffentlichen und halböffentlichen Räumen, die wie ein Netz die Siedlung strukturieren; ebenso gestaltete er sensible Übergänge zwischen privat und öffentlich. Bemerkenswert ist die Variationsbreite an „Außenwohnräumen": Zentrale öffentliche Gärten, mit Bäumen bepflanzte Alleen und Straßen, von Grün umsäumte Wohnhöfe sowie Gärten für den individuellen Rückzug. Die üppige Vegetation in öffentlichen Anlagen und Gärten, die spannungsreiche Gliederung und Farbgebung der Fassaden, die sorgfältige Ausführung der Ziegelmauerung ergeben eine Vielfalt an

[24], [25] Die „rote Mauer": Zur Straßenseite eine einprägsame architektonische Gestaltung (oben). Zur Gartenseite ein attraktiver „Außenwohnraum" (unten).

[26] Taut schuf in Britz eine Vielfalt an sinnlich erfahrbaren Räumen mit großen Aufenthaltsqualitäten. Der zentrale öffentliche Garten im Jahr 2000 (U.P.).

[27] Gesamtplan der Siedlung Vieusseux, deren Zeilenbauten sich fächerförmig den Niveaukurven anpassten. Die Wohnzeilen A und F wurden 1931 von Maurice Braillard erbaut. Sie wurden in den 70er Jahren abgerissen (Genf, Fondation Braillard Architectes).

[28] Ansicht der prägnanten Bauten von Braillard, die sich zu beiden Seiten ...

sinnlich erfahrbaren Räumen mit großen Aufenthaltsqualitäten, die sich für die Bewohner als Orte des Zusammenkommens anbieten [Abbildung 26].

Noch heute lebt Britz von den außergewöhnlichen Umfeldqualitäten, den attraktiv gestalteten öffentlichen Räumen und den Bemühungen um das in ihnen stattfindende soziale Leben.

Die Cité Vieusseux im Norden Genfs ist ein weiteres signifikantes Projekt, dessen städtebauliche Konzeption sich auf die gestalterische Koordinierung der öffentlichen und halböffentlichen Räume der Siedlung konzentriert.
Maurice Braillard, der bedeutendste Westschweizer Architekt der Moderne, konzipierte 1930 den städtebaulichen Entwurf im Auftrag der Coopérative d'Habitation de Genève (Wohnungsgenossenschaft Genfs). Die Siedlung, die in den 1970er Jahren zum Teil abgerissen wurde, bestand aus 410 Wohnungen, darunter 244 Wohnungen für Familien und 166 Wohnungen für Seniorinnen und Senioren. Die Gebäude wurden von verschiedenen Architekten ausgeführt, Braillard realisierte zwei Zeilenbauten (A und F) mit insgesamt 96 Wohnungen [Abbildung 27].

Im Gegensatz zu Taut war Braillard kein Theoretiker, sondern ein pragmatischer Realist mit einer bemerkenswerten zeichnerischen Vorstellungskraft. Sein architektonisches Werk bringt ein starkes soziales Anliegen und ein kontinuierliches experimentelles Vorgehen zum Ausdruck (Paravicini 1993, 1994) – und in dieser Hinsicht ähneln sich Taut und Braillard in ihren Ansichten und Ansätzen.

Bemerkenswert ist, dass Braillards gesellschaftskritische Position für ihn selbst weiterreichende Folgen hatte. Auf dem Höhepunkt seiner Architektenlaufbahn führte ihn sein politisches Engagement in der konservativen Schweiz dazu, politische Ämter anzunehmen: 1931 wurde er als sozialistischer Abgeordneter in den Großrat des Kantons Genf gewählt, 1933 übernahm er als sozialistischer Regierungsrat in der linken Regierung von Jean Nicole die Leitung des Hoch- und Tiefbaudepartements des Kantons.

Braillard war, wie im Übrigen auch Taut, bestens über die theoretischen Ansätze informiert, die in den CIAM-Kongressen zur Diskussion standen. Doch Braillard wahrte immer Distanz zu deren Theorien und lehnte jedes doktrinäre Vorgehen grundsätzlich ab. Jedes größere Projekt wurde für ihn zum Experimentierfeld, in dem er neue Konzepte weiterentwickelte.
In der Cité Vieusseux wurde sein Bemühen offensichtlich, ein wirtschaftlich tragbares Bauvorhaben zu verwirklichen, das den Menschen mit niedrigem Einkommen zugute kommen konnte. Mit der Übernahme des mehrgeschossigen Zeilenbaus und der Standardisierung der Wohnungen sowie der seriellen Produktion von Bauelementen versprach er sich – wie auch die anderen Architekten der Moderne – eine Senkung der Baukosten.

Jedoch war es nie Braillards Hauptanliegen, nach kostengünstigen, rationellen städtebaulichen und architektonischen Wohnungsansätzen zu suchen, wie dies bei anderen Architekten der Moderne der Fall war – wie wir im Folgenden sehen werden. Er behielt immer sein Ziel im Auge, Räume als Erweiterung des Privatbereichs zu schaffen, die ein reiches gemeinschaftliches Leben ermöglichen sollten. In der Cité Vieusseux richtete er mehr denn je seine ganze Aufmerksamkeit auf die Gestaltung gemeinschaftlich genutzter Räume.
Braillards Hauptanliegen war außerdem, die Monotonie, zu der die Standardisierung in den modernen Wohnsiedlungen zu führen drohte, aufzuheben: durch eine Komposition der Baumassen, durch differenzierte Gestaltung der Fassaden und der Außenräume [Abbildungen 28, 29].
Wie Taut war Braillard überzeugt, dass sensibel gestaltete öffentliche und halböffentliche Räume die

[29] …der zentralen Siedlungsallee befanden, …

[30] … und der großzügig dimensionierten Fußgängerstraßen im Erdgeschoss, die als Eingangsbereiche zu den Wohnungen und Orte der Begegnung konzipiert waren. Fotos Boissonas 1932 (Genf, Fondation Braillard Architectes).

sozialen Beziehungen der Menschen fördern konnten. Seiner Meinung nach war dieses Ziel allerdings in keiner Weise mit einer starren Anwendung des in den CIAM-Kongressen diskutierten Grundsatzes des Lichteinfalls in Einklang zu bringen.

Seine in diese Richtung gehenden Ideen werden in der Planung der Siedlung von Vieusseux deutlich. Nicht die Sonne und deren Lichteinfall diktierten die Ausrichtung der Gebäude, sondern die Gegebenheiten des Geländes. Diese Gegebenheiten führten dazu, die sechs Zeilen in Fächerform anzuordnen, die sich den Niveaukurven anpasste. Die organische Einheit des von Braillard entworfenen Quartiers zeichnete sich durch die besondere Qualität der öffentlichen und halböffentlichen Räume aus.
Eine zentrale Baumallee, welche die Achse der Gesamtkomposition bildete und von der Heizzentrale und den gemeinschaftlichen Waschküchen abgeschlossen wurde, war als Zentrum der Siedlung gedacht. Eingerahmt von Geschäften, begrünt und bepflanzt, wurde diese Allee als öffentlicher Raum entworfen, der für die Kohärenz des Wohnquartiers bestimmend war und die halböffentlichen Räume gliederte, die sich an die Wohnungen anschlossen.

Braillard verwirklichte hier ein doppeltes „Zugangssystem" zu den Wohnungen. Auf der Gassenseite wurden Nebeneingänge geschaffen, die als Teil einer vertikalen Komposition von Öffnungen sowohl das Treppenhaus als auch die Wohnungseingänge charakterisierten. Auch hier stand er Taut nahe, der ebenfalls in der Fassade des Gesamtbaus das Treppenhaus als einen halböffentlichen Raum konzipierte.
Die Haupteingänge ordnete Braillard jedoch auf der anderen Gebäudeseite an; sie öffneten sich zu einer breiten, überdachte Fußgängerstraße, die er im Erdgeschoss der Zeilen unterbrachte und räumlich mit den Gemeinschaftsgärten verband [Abbildung 30]. Diese Fußgängerstraße, die einen Raum bildete, welcher die Wohnungen nach außen erweiterte und

den Kindern erlaubte, im Trockenen zu spielen, über-
rascht durch ihre großzügigen Dimensionen (Breite
3,67 m, bei einer Gebäudetiefe von 8,75 m).
Im Gegensatz zu dieser Großzügigkeit steht die
sparsame Flächenverwendung für den Privatraum
und zeugt von der Priorität, die er den gemeinschaftlich genutzten Bereichen zugestanden hatte.

Die Standardisierung der Bauelemente (Fenster und
Fensterrahmen, Loggien etc.) verhinderte im Übrigen nicht die Entwicklung eines ausdrucksvollen
architektonischen Vokabulars: eine rhythmische
Komposition der freien und der bebauten Räume,
eine Hierarchisierung der Fassaden zur Gassen- und
zur Gartenseite und die Aufstockung der Gebäude-
Enden, die die Zentralachse einrahmten.

Taut und Braillard nahmen auf diese Weise die heutigen Debatten über städtische Architektur vorweg,
indem sie aus den vorgefundenen Bedingungen des
Geländes und der Gliederung der öffentlichen Räumen die städtebauliche und architektonische Konzeption entwickelten. Insofern orientierten sie sich
von „außen nach innen" in ihren Entwürfen.
Die Schaffung eines Netzes öffentlicher Räume, die
Beziehungen zwischen öffentlichem und privatem
Raum, die Anordnung zwischen dem Außen und
dem Innen, zwischen Organischem und Anorganischem standen im Mittelpunkt dieser spezifischen
Gestaltung. Diese Architekten bezeugten den
Willen, eine Umwelt zu schaffen, die eine harmoni-
sche Beteiligung des Individuums am Gemein-
schaftsleben begünstigen sollte.

Vom möglichen Rückzug ins Innere des Privatraums
über den Austausch zwischen Nachbarn in den Ein-
gangsbereichen der Gebäude und den gemeinschaftlich genutzten Gärten, bis zum regen gesellschaftlichen Treiben in der Nähe der Geschäfte und
in den öffentlichen Räumen des Quartiers boten die
von ihnen entworfenen Wohnquartiere einen differenzierten Rahmen, in dem komplexe, soziale Ereig-

nisse stattfinden konnten. Vor allem unter diesen eben genannten Aspekten begreift man heute die Aktualität ihrer Positionen.

Wohnwelten als Orte der individuellen Entfaltung und des Familienlebens durchrationalisieren

Das soziale Anliegen jedoch, das die Architekturmoderne in den Planungen vieler Siedlungen bestimmte, war anders gewichtet als das eben beschriebene Ansinnen von Taut und Braillard. Das oberste Ziel vieler Architekten der Moderne war nicht so sehr darauf ausgerichtet, mit den Mitteln der Architektur ein harmonisches, gemeinschaftliches Leben zu begünstigen, sondern vielmehr die Emanzipation des Einzelnen zu unterstützen. Jedem Menschen sollte eine neue Lebensqualität in der modernen Welt eröffnet werden.

Siegfried Giedion, Generalsekretär der CIAM, forderte 1929 in einer Schrift mit dem Titel „Befreites Wohnen", dass jedermann „... von der dunklen Mietskaserne und dem unhygienischen Vorstandshaus, vom Haus mit den teuren Mieten, vom Haus mit den dicken Mauern, vom Haus, das uns durch seinen Unterhalt versklavt, vom Haus, das die Arbeitskraft der Frau verschlingt ...", befreit werden sollte. Im Mittelpunkt der baulichen Entwicklung müsse deshalb die Gestaltung der Massenwohnung stehen [Abbildung 32].

Für die Avantgarde bildete die Familie – ganz nach bürgerlichen Vorstellungen – die Grundlage der Gesellschaft. Die Wohnung, genannt „Einzelwohnzelle", wurde als Ort des Rückzuges in die Geborgenheit der Kleinfamilie und des Privaten bezeichnet, und damit als Ort der Entfaltung und Freiheit des Individuums interpretiert.

Diese Zielvorstellung führte zu einer „Umwertung" im Entwurfsprozess: Statt einer Konzeption von „aussen nach innen" ging es nun darum, eine

[32] Das Anliegen vieler Architekten der Moderne bestand darin, jeder Familie ein „befreites Wohnen" in einer Kleinwohnung zu sichern. Titelbild von Giedions Schrift „Befreites Wohnen", das 1929 veröffentlicht wurde.

Wohnsiedlung von der „Einzelwohnzelle" ausgehend zu konzipieren, also von „innen nach aussen".

Die Suche nach Lösungen, durch die die städtische Architektur in Beziehung zu qualitätsvoll gestalteten öffentlichen Räumen gesetzt wurde, trat in den Hintergrund der planerischen Bemühungen. Es war nicht die städtebauliche Konzeption, der sich die Wohnungszuschnitte unterzuordnen hatten; vielmehr war es die standardisierte Wohnung, aus der die städtebauliche Gliederung nach hygienischen, verkehrstechnischen und wirtschaftlichen Kriterien abgeleitet wurde. Im Mittelpunkt der architektur- und planungstheoretischen Auseinandersetzung und des Experimentierens stand die Gestaltung der Privatsphäre.

Diese veränderte Gewichtung des sozialen Anliegens bei der Konzeption des modernen Wohnungsbaus und die damit einhergehende Umwertung des Entwurfsprozesses war eine Folge der architektur- und planungstheoretischen Debatten im Rahmen des 2. und 3. Kongresses der CIAM, die 1929 und 1930 stattfanden. Ziel beider Kongresse war es, Optimierungen der sogenannten. „Einzelwohnzelle" zu finden. Es ging darum, so May 1930, für jeden Menschen, auch für den „...minderbemittelten...", eine Wohnung, „...wenn auch klein, doch gesund und wohnlich... und vor allem zu tragbaren Mietsätzen..." zu garantieren (Steinmann 1979).

Im 2. Kongress zum Thema „Die Wohnung für das Existenzminimum" konzentrierte sich die Diskussion vorerst auf die Rationalisierung aller Wohnabläufe in der Privatsphäre; diese Rationalisierung sollte als Grundlage für die Typisierung der Einzelwohnzelle dienen, wie im 3. Kapitel näher beleuchtet wird. Im 3. Kongress unter dem Thema „Rationelle Bebauungsweisen" ging es um Wohnungshygiene und wirtschaftliche Aspekte, mit dem Ziel, die bestmöglichste Besonnung und die kostengünstigste Bauweise zu erreichen.

[32] Die Frankfurter Siedlungen zeigen beispielhaft die Veränderung der städtebaulichen Konzeption unter dem Einfluss der CIAM-Kongresse: Die Siedlung Römerstadt, 1927-28 erbaut, zeichnet sich durch einen feinfühligen „Dialog" zwischen Architektur, städtebaulicher Gliederung und Landschaft aus. Luftaufnahme der Siedlung …

[33] … und Foto der Reihenhäuser um 1928 (Frankfurt a.M., Historisches Museum) …

Die Stadt Frankfurt a. M. bot für diese Lösungsansätze der städtebaulichen Konzeption ein ideales „Experimentierfeld". Hier entstanden, unter der Leitung des als Stadtbaurat berufenen Ernst May, Großsiedlungen der Architekturmoderne, in denen die Theorien der CIAM beispielhaft ihren Niederschlag fanden. Ein auf zehn Jahre angelegtes Wohnungsbauprogramm – von einer sozialdemokratischen Mehrheit regierten Stadt Frankfurt im Jahre 1925 beschlossen – schuf die politischen und finanziellen Rahmenbedingungen für die Realisierung von Großsiedlungen in einer neuen Größenordnung. In der Zeit von 1925 bis 1933 wurden im Rahmen dieses Programms 15.000 Wohneinheiten gebaut. Dies entsprach 90 Prozent aller in dieser Zeit in Frankfurt neu gebauten Wohnungen.

Neben dem Amt des Stadtbaurates wurde May auch die Leitung der Stadt- und Regionalplanung, des Siedlungs-, Hoch- und Tiefbauamtes, der Abteilung der Bautypisierung u. a. mit übertragen. Die ungewöhnliche Konzentration von Ämtern und Kompetenzen in einer Person führte dazu, dass May und seine Mitarbeiter die städtebauliche und architektonische Konzeption der Wohnsiedlungen kontrollieren konnten. Eine Mehrheit von Siedlungen entstand nach den Plänen des städtischen Siedlungsamtes. Für die weiteren Siedlungen zog May Architekten heran, die Mitstreiter der CIAM waren – wie Gropius und Stam – und deren Positionen mit den seinen übereinstimmten.

Wie in den meisten Wohnsiedlungen der Moderne wurde in Frankfurt die Trennung von Wohnen und Arbeiten als eine Voraussetzung dafür angesehen, um sowohl nach wirtschaftlichen Überlegungen (aufgrund des in peripheren Lagen günstigen Baulandes) kostengünstige Wohnungen als auch nach hygienischen Prinzipien gesunde Wohnverhältnisse realisieren zu können. Es handelte sich dabei um Großsiedlungen, die für Familien mit geringen Einkommen als monofunktionale Wohnquartiere im

Grünen in einer einheitlichen Formensprache erbaut wurden. In der kurzen Zeitspanne zwischen Mitte der 1920er Jahre – vor dem Gründungskongress der CIAM 1928 – und nach dem zweiten bzw. dritten Kongress 1930 lässt sich die „Umwertung" des Entwurfsprozesses und die Veränderung der städtebaulichen Konzeption beispielhaft anhand der beiden Großsiedlungen Römerstadt und Westhausen verfolgen.

Die Siedlung Römerstadt, die in den Jahren 1927-28 nach den Plänen von May unter Mitarbeit von Herbert Boehm und Wolfgang Bangert entstand, umfasst 1.182 Wohneinheiten und ist ein Vorzeigebeispiel der frühen Frankfurter Großsiedlungen der Moderne. In ihrer städtebaulichen Gliederung lassen sich ähnlich umgesetzte Lösungsansätze erkennen wie in den zuvor analysierten Siedlungen von Taut und Braillard: Zum einen größtmögliche Sorgfalt bei der Gestaltung des Wohnumfeldes, dessen hohe Qualität auf den variationsreichen Abfolgen von öffentlichen Räumen und differenzierten Übergängen zwischen öffentlich und privat beruht. Zum anderen ein feinfühliger „Dialog" zwischen Architektur, städtebaulicher Gliederung und Landschaft.

Diese Sorgfalt und dieser Dialog schlugen sich in einem Entwurfsprozess nieder, in dem die Architekten von der vorgefundenen Bodenbeschaffenheit und den landschaftlichen Potenzialen ausgingen und ihre Planungen von „außen nach innen" entwickelten. Während die sanft kurvenförmig schwingenden Straßenräume und Flachbauten sich dem Verlauf des Hanges des Niddatales anschmiegen, ergibt sich der Zuschnitt der Reihenhäuser und Wohnungen in Mehrfamilienhäusern aus der städtebaulichen Konzeption [Abbildungen 32, 33]. Die Anlage grenzt sich mit einer bastionartig gestalteten Stützmauer gegen den weiter unten liegenden Talgrund ab, öffnet sich aber gleichzeitig mit allgegenwärtigen Ausblicken auf die Weite der Landschaft. Es entsteht eine große Spannbreite an sinnlich-erfahrbaren Situationen zwischen Organischem und Anorganischem,

[34] ... Differenzierte Übergänge zwischen dem Öffentlichen und dem Privaten. Ansicht der Reihenhäuser: die Straßenseite ...

[35] ... und die Gartenseite, die von einer fußläufigen öffentlichen Wegebeziehung mit Ausblick auf die Nidda abgeschlossen wird. Fotos im Jahr 2002 (U.P.).

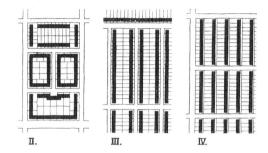

II.   III.   IV.

[36] Die Ausrichtung nach besten Besonnungsverhältnissen wurde zur städtebaulichen Doktrin erhoben. May zeichnete schematisch die dadurch bewirkte Entwicklung zum konsequenten Zeilenbau nach (Das neue Frankfurt 1930).

Schnitt durch zwei Wohnzeilen

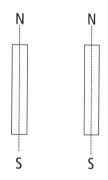

schematischer Grundriss
zweier Wohnzeilen, genordet

[37] Der Außenraum wurde zum Abstandsgrün zwischen zwei Zeilen. Schematische Zeichnung von zwei Nord-Süd-ausgerichteten Zeilen, deren Abstand durch den Sonneneinfall im Winter bestimmt ist.

Hartem und Weichem, Engem und Weitem, die dieser Siedlung eine bemerkenswerte atmosphärische Qualität verleiht [Abbildungen 34, 35].

Aufgrund der Diskussionen der CIAM, in denen neue Schwerpunkte gesetzt wurden, veränderte May im weiteren Verlauf seiner Arbeit seine Planungsprinzipien.

Die Siedlung Westhausen wurde nur 2-3 Jahre später, in den Jahren 1929-1931, nach den Plänen der gleichen Architekten erbaut. Ihre Konzeption erfolgte aber nach grundsätzlich anderen Lösungsansätzen. Es handelte sich zwar auch um eine Großsiedlung im Grünen mit 1.532 Kleinstwohnungen (40-45 m² Grundrissfläche der Wohneinheiten für 4-Personen-Haushalte), die in Form von 2-stöckigen Reihenhäusern und 4-stöckigen Laubenganghäuser mit Etagenwohnungen errichtet wurde. Der Fokus lag jedoch nicht mehr, wie in der Römerstadt, auf der Schaffung einer städtischen Architektur, die von den Potenzialen des Ortes ausgeht und als Fassung von einprägsamen öffentlichen Räumen dienen sollte. Im Zentrum des Entwurfsprozesses stand in Westhausen vielmehr die Gestaltung der Privatsphäre, bei der hygienische Kriterien ausschlaggebend waren.

So wurden in der Folge der CIAM-Kongresse Luft, Licht, Sonne und Grün zum „absoluten Wert" erklärt, die Ausrichtung der Zeilen nach dem „Gesetz der Sonne" (Le Corbusier 1933) zur Doktrin erhoben. Die städtebauliche Anordnung ergab sich als Summe der Einzelwohnungen und führte konsequenterweise zum systematischen Zeilenbau, der für jeden Haushalt einen gleich günstigen Sonneneinfall gewährleisten sollte [Abbildungen 36, 37].

In Westhausen fand dieses zweckrationale Vorgehen von innen nach außen eine systematische Anwendung: Die Zeilen mit Reihenhäusern wurden in strenger Nord-Süd-Ausrichtung, die Zeilen mit Laubengangerschließung in Ost-West-Ausrichtung angelegt. Damit wurde sichergestellt, dass Morgensonne die Schlafzimmer und die Abendsonne die Wohnzimmer erreichen konnte [Abbildungen 38, 39].

Neben den hygienischen Kriterien spielten technisch-konstruktive Überlegungen zur Rationalisierung des Bauprozesses ebenfalls eine wesentliche Rolle. Ziel war die Senkung der Baukosten, um tragbare Mieten für Familien mit niedrigen Einkommen bereit zu stellen. Die technisch-konstruktiven Überlegungen gründeten auf dem Glauben an den Fordismus und an die Übertragung seiner Prinzipien einer industriellen Rationalisierung auf die Wohnbauproduktion. Entschieden bekannte sich May, wie die meisten CIAM-Teilnehmer auch, zu der Nutzung des wissenschaftlich-technischen Fortschrittes für die Architektur: Typisierung der Wohnungsgrundrisse, Normierung der Bauelemente, serielle Vorfabrikation einzelner Bauteile bis hin zur Bestimmung der Zeilenordnung aufgrund der Schienenführung des Baukranes standen in den CIAM-Kongressen zur Diskussion.

In Westhausen wurde die Vorfertigung der Bauteile und die Mechanisierung der Produktion viel weiter getrieben als bisher. Folgerichtig ging der Entwurfsprozess von einer standardisierten, seriell produzierten „Einzelzelle" aus. Um diese – der Rationalisierung entsprechenden – Bedingungen für den Bauprozess zu sichern, führte die horizontale Aneinanderreihung bzw. vertikale Stapelung der Zellen zu einem strengen Zeilenbau.

Diese hygienischen und technisch-konstruktiven Überlegungen, die in den CIAM-Kongressen zur Debatte standen, hatten weitreichende Folgen für die städtebauliche Konzeption des Massen-Wohnungsbaus: Der systematische Zeilenbau, der laut May (1930) „die gleiche Ration Wohnen für jedermann" gewährleisten sollte, wurde zum Dogma erhoben. Anpassungen der Zeilen an die Gegebenheiten des Ortes wurden ausgeschlossen, die Außenräume

[38] Die Siedlung Westhausen, 1931 fertiggestellt, zeichnet sich durch einen systematisch angelegten Zeilenbau aus, der den neuen planerischen Prinzipien entspricht. Luftaufnahme der Siedlung ...

[39] ... und Ansicht der Zeilenbauten mit Laubengangerschließung. Fotos um 1930 (Frankfurt a. M., G. Leistikow).

verwandelten sich in ein „Abstandsgrün". Diese doktrinären Lösungsansätze, mit denen in Westhausen experimentiert wurde, trugen als wesentlicher experimenteller Beitrag zur Definition einer eigentlichen „Theorie der funktionalen Stadt" bei.

2.3 Trennen und Ordnen
Le Corbusiers französische Vorbilder in der modernen Stadtplanung

Le Corbusier zählt zu den bedeutendsten Persönlichkeiten der Architekturmoderne. Als herausragender Architekt, Künstler, Intellektueller und Verfasser von Pamphleten hat er ein vielseitiges und international anerkanntes Werk hinterlassen.

Mit seinen theoretischen Schriften und utopischen Stadtplänen, die radikale Kontrastbilder zur Stadt seiner Zeit darstellten, hat er entscheidend Einfluss genommen, die funktionalistische Konzepte in der Stadtplanung theoretisch zu fundieren und in prägnanter Form weltweit in die Öffentlichkeit zu tragen. Sein Beitrag zur Definition einer „Theorie der funktionalen Stadt", an der sich die Stadtplanungen und große Bauvorhaben der Zeit nach dem 2. Weltkrieg ganz wesentlich orientiert haben, ist jedoch aus heutiger Sicht der umstrittenste Aspekt seiner Arbeit.

Le Corbusiers theoretische Positionen in der Stadtplanung stehen in engem Zusammenhang mit den Debatten der CIAM und den experimentellen Projekten der Architekturmoderne. Aber auch die Herangehensweisen und Regelwerke früherer Pioniere der Stadtplanung haben die Herausbildung seines theoretischen Gerüstes beeinflusst. Für Le Corbusier, ein Wahlfranzose – von Geburt indessen ein Westschweizer –, waren insbesondere der Präfekt Haussmann und Tony Garnier, zwei französische Vorläufer der modernen Stadtplanung, explizit benannte Vorbilder.

Es war die Kühnheit, mit der Haussmann im Auftrag

von Napoléon III die radikale Neuordnung von Paris konzipierte, die Le Corbusier restlos begeisterte. „Kühnheit von Paris. Diese gradlinige Kanoneneinschläge, von Napoléon – Haussmann auf ein Jahrhundert altes wurmstichiges Stadtsediment gerichtet", schrieb er 1931. Aber auch die Autorität, mit der Haussmann die Pariser Planungen in entscheidenden Bereichen durchzusetzen wusste, hielt Le Corbusier für vorbildlich. Im Jahre 1930 rief er aus: „Städtebau? Autorität."

Wie Haussmann, der die alten verwinkelten Quartiere der Stadt als Krankheits- und Unruheherde betrachtete und geradezu angeekelt als „Kloaken" bezeichnete, sah Le Corbusier in den bestehenden Stadtgefügen ein Bild der unerträglichen Unordnung und Willkür. Haussmanns Beispiel folgend, galt es für Le Corbusier, dieses städtische „Magma" unerschrocken zu zerschlagen und, auf eine vollkommen neue Basis gestellt, zu disziplinieren: „Das ist das Ergebnis unserer Analyse der heutigen Stadt: Sie ist ein Schauspiel des wilden Individualismus, übersteigert, unvermeidlich, verhängnisvoll abgeschwächt: Sie ist ein lärmendes Durcheinander. Es fehlt und es fehlt noch immer der gemeinsame Maßstab. Dass doch endlich die Zeiten der Disziplin, der Klugheit in der Kunst kämen!"
So formulierte 1925 Le Corbusier seinen Wunsch und fügt im gleichen Text hinzu: „Ich denke ganz ernsthaft daran, dass man soweit kommen muss, das alte Zentrum der Städte niederzureißen und es wieder neu aufzubauen, dass man diesen lausigen Gürtel" (er bezeichnet damit die chaotischen Überbauungen im Pariser Umland) „einbaggern und das Weichbild weiter hinausschieben soll, und dass an dieser Stelle allmählich eine freie Schutzzone zu errichten ist, die im notwendigen Augenblick die völlige Begegnungsfreiheit garantiert" [Abbildung 40].

Le Corbusier bewunderte nicht nur die Autorität und radikale Konsequenz, mit der Haussmann die alte Stadt großflächig freilegte und den Erfordernissen

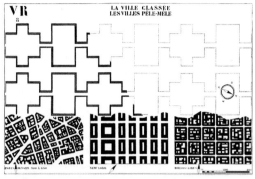

[40] Ähnlich wie Haussmann sah Le Corbusier in den gewachsenen städtischen Strukturen ein Bild der unerträglichen Unordnung – deshalb sollte der Bestand vollkommen abgetragen werden. Le Corbusier zeigt in einer Zeichnung von 1935, wie seinem Vorschlag entsprechend die durchgrünte Ville radieuse das Stadtgefüge von Paris, New York und Buenos Aires (in seiner Tafel von links nach rechts gezeichnet) ersetzen sollte (Le Corbusier 1933).

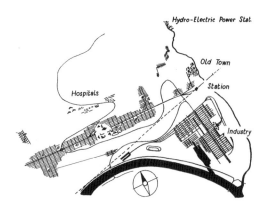

[41] Tony Garniers theoretischer Entwurf einer Industriellen Stadt enthält 166 Tafeln, auf denen er den Gesamtplan der Stadt, Ausschnitte der Stadtteile und alle vorgesehenen Gebäudetypologien detailliert aufzeichnete. Schematischer Gesamtplan der Industriellen Stadt, der die Trennung und Verteilung der Nutzungen im Stadtgebiet zeigt. Im Osten: Industriezone mit Hafen; in der Mitte: Sitz der Politik und Verwaltung; im Westen: Wohnquartiere (Zeichnung von D. Wiebenson 1979).

[42] Perspektive eines Stahlwerkes in der Industriezone …

[44] … und des Flußhafens mit dahinterliegenden Industrien …

der kapitalistisch-industriellen Gesellschaft anpasste. Auch auf konzeptioneller Ebene waren für ihn Haussmanns Arbeiten Vorbild. Insbesondere ist auf die strenge Geometrie hinzuweisen, mit der Haussmann die neuen Straßenzüge anordnete und die er als Ordnungsprinzip für die Neubestimmung des Stadtgefüges verwendete.

Damit stand Haussmann in einer spezifisch französischen Tradition der städtebaulichen und landschaftsplanerischen Kompositionsregeln. Seit dem Barock leiteten geometrische Prinzipien die Gestaltung von prachtvollen Plätzen und Gärten, von symmetrisch angeordneten Anlagen, weitläufigen Sichtfolgen und eindrucksvollen Perspektiven. Diese geometrischen Anordnungen sollten aufgrund ihrer Stringenz und Klarheit dazu dienen, in den städtischen Räumen und den höfischen Parkanlagen dem Machtanspruch des Fürsten Ausdruck zu verleihen. Auch Haussmann nutzte die Geometrie als städtebauliches Mittel, um die Macht der herrschenden Klasse – das Bürgertum – im Stadtraum zu inszenieren. Darüber hinaus war die Geometrie ein wichtiges Ordnungsprinzip für Haussmann. Le Corbusier knüpfte an dieses Prinzip an, mit dem das Stadtgefüge diszipliniert werden sollte.

Auch Garnier verfolgte das Ziel, mit Hilfe von neuen planerischen Ansätzen die Stadt den Erfordernissen des Industriezeitalters anzupassen. Während es jedoch bei Haussmann um den Umbau von alten Stadtstrukturen handelte, ging es in Garniers planerischem Hauptwerk um eine theoretische Abhandlung für die Schaffung einer Stadt der Zukunft für 35.000 Einwohner. Garnier veröffentlichte im Jahre 1917 „La cité industrielle – Die industrielle Stadt" – in Form eines Buches, das zugleich ein Manifest darstellte [Abbildung 41].

Im Buch waren Text und wirkungsvolle Zeichnungen eng aufeinander bezogen. Garniers ausdrucksstarke Perspektiven ganzer Stadtteile und ausgewählter

Gebäudeensemble machten seine theoretischen Ansätze in Stadtplanung und Architektur leicht verständlich. Mit dieser neuartigen Veröffentlichung erregte Garnier in weiten Kreisen großes Interesse.

Der wichtigste Zusammenhang zwischen dem theoretischen Stadtentwurf von Garnier und den Idealstädten von Le Corbusier liegt in den Planungsansätzen, die für den Gesamtentwurf leitend waren. Garnier war der erste, der die städtischen Nutzungen systematisch nach funktionalen Kriterien räumlich trennte und im Stadtgebiet rational verteilte. Diese konsequente Trennung städtischer Nutzungen und die Aufteilung des Stadtterritoriums in monofunktionale Bereiche wurde von Le Corbusier einige Jahre später in der Ville radieuse aufgenommen und weitergeführt. Für Garnier wie für Le Corbusier waren „Trennen und Ordnen" die maßgeblichen Ziele ihrer planerischen Gesamtkonzeption.

Wie im Folgenden gezeigt wird, siedelte jedoch Garnier – anders als Le Corbusier –- seine Industrie-Stadt nicht auf einer abstrakten, freigelegten Fläche an, sondern brachte sie in einen landschaftlich attraktiven Rahmen. Er ging von den topographischen Bedingungen eines sanft ansteigenden Talgrundes aus, um die städtischen Nutzungen im Stadtgebiet zu verteilen: Die Industrie in Nähe des Flusses und eines groß angelegten Hafens [Abbildungen 42, 43], die Wohngebiete auf einer besonnten Anhöhe [Abbildungen 44, 45], die zentralen städtischen Nutzungsräume – wie Versammlungsorte, kulturelle Einrichtungen und sportliche Anlagen – auf einem weitläufigen Plateau.
Er verband diese verschiedenen monofunktionalen Bereiche aufgrund eines Systems des öffentlichen Personenverkehrs, das er entlang differenziert ausgestalteter, öffentlicher Räume führte.

Es fällt auf, dass in Garniers Idealstadt keine Polizeistationen, Kasernen oder Gefängnisse zu finden sind, dafür aber eine Vielzahl an sozialen und kultu-

[46] … Vogelschau auf die Wohnquartiere und der zentralen Abfolge öffentlicher Räume …

[45], [46] … und Perspektiven auf fußläufige Verbindungen in zwei durchgrünten, kleinteiligen Wohnquartieren (Garnier 1917).

rellen Einrichtungen – Schulen, Spitäler, Theater, Bibliotheken, Clubräume. Diese Tatsache weist darauf hin, dass Garniers Positionen sich gänzlich von Haussmanns autoritär disziplinierenden Herangehensweisen unterschieden.

Garnier stand in einer spezifisch französischen, von Charles Fourrier geprägten sozial-utopischen Tradition. Er war von der visionären Vorstellung einer gänzlich neuen Gesellschaftsordnung geleitet, die zum einen aus den veränderten Produktionsbedingungen der industriellen Ära, zum anderen aus den neuen sozialen und kulturellen Möglichkeiten des Sozialismus hervorgehen würde. Für Garnier folgte daraus, dass seine Idealstadt sowohl rational durchplant als auch zu einem Ort ausgestaltet werden sollte, der das gemeinschaftliche Leben fördern würde.

Ein neues Ordnungsprinzip bei der Planung der modernen Stadt theoretisch begründen

Nach seinen utopischen Stadtentwürfen der 1920er und 1930er Jahre veröffentlichte Le Corbusier 1942 in Paris die Charta von Athen. Die Charta enthält die Resolutionen des 5. CIAM-Kongresses von 1933, der sich dem Thema der „funktionalen Stadt" widmete. Als Diskussionsbasis dienten die Untersuchungen von 33 Städten; diese wurden in Hinblick auf ihre stadtplanerischen Charakteristika und ihre Wohnungsbedingungen von den Kongressteilnehmern nach gemeinsam definierten Kriterien im voraus analysiert.

In Wirklichkeit hat Le Corbusier in dieser Schrift die Widersprüche in den theoretischen Positionen und Stellungnahmen der Kongressteilnehmer völlig unberücksichtigt gelassen. In der Charta hat Le Corbusier vielmehr die Positionen in seinem Sinn zusammengefasst und sie – neun Jahre nach der Durchführung des Kongresses – zu einer eigentlichen Programmatik der „funktionalen Stadt" weiter entwickelt.

[47] Keine der stadtplanerischen Entwürfe von Le Corbusier sind so radikal ausgefallen, wie diejenigen, die Paris betreffen. In seinem Planungsvorschlag für das sog. Elendsviertel Nr. 6, sollte das bestehende, räumlich verdichtete Stadtgefüge zugunsten einer Parklandschaft mit freistehenden Bauten weichen (Le Corbusier 1933) ...

[48] ... Schon im Plan Voisin von 1925 sollten nur symbolisch bedeutsame Bauten früherer Epochen beibehalten werden, wie Notre-Dame oder der Eiffelturm ...

Le Corbusier sah die Familie als Keimzelle der Gesellschaft an, die Wohnung als Basiseinheit der Stadt. Die „Wohnzelle", wie die Kleinstwohnung von den CIAM-Teilnehmern bezeichnet wurde, betrachtete er als das Refugium der Familie und als Entfaltungsort des Individuums. Die neu geordnete Stadt, die die bestehende chaotische städtische Unordnung ersetzen sollte, musste deshalb von der einzelnen Zelle aus geplant werden. Die serielle Addition uni-familiärer Zellen hielt er für den einzig gangbaren, rationalen Weg der modernen Stadtplanung. Das Prinzip der Serie wurde für ihn nicht nur zu der Grundlage einer neuen Wohnarchitektur (ähnlich den Experimenten der Frankfurter Pilotprojekte), sondern weit darüber hinaus zu einer Grundlage für die ganze Stadt.

Mit seinen utopischen Stadtbildern entwarf Le Corbusier die Vision „einer strahlenden Stadt", in der „die Sonne die Herrin des Lebens" ist, einer Stadt, „die Einzelzellen zusammenrafft und sie fern vom Boden, in Licht und Luft, zu einer neuen Ordnung zusammenfügt". Erst in dieser lichtdurchfluteten Wohnform war es möglich, in der modernen Welt dem Individuum eine neue Lebensqualität zu eröffnen. Das Ziel der architektonischen und städtebaulichen Projekte war letzten Endes, „...dem modernen Menschen die individuelle Freiheit zu verschaffen, die ihm heute immer mehr vorenthalten wird", erklärte Le Corbusier 1957.

Doch bevor die neue Ordnung Gestalt gewinnen konnte, musste die gewachsene Stadt, „dieser Nährboden für Revolten", „dieses Symbol des Verfalls", seiner Ansicht nach vollkommen abgetragen werden. Keine seiner Planungsvorschläge sind in dieser Hinsicht so radikal ausgefallen wie diejenigen, die Paris betreffen [Abbildung 47].
Im Plan Voisin für die französische Hauptstadt von 1925 verschwindet das gesamte alte Stadtgefüge. Nur herausragende Bauten früherer Epochen – wie Notre Dame, Sacré Coeur oder Eifelturm – werden

[49], [50] … An Stelle der vorgefundenen Stadtstruktur schlug Le Corbusier 1925 am rechten Seine-Ufer wuchtige Hochhäuser vor (Le Corbusier 1933).

beibehalten [Abbildungen 48-50]. Die dunkle, alte Großstadt hatte der neuen sonnendurchfluteten Metropole zu weichen. Le Corbusier war sich bewusst, dass dies nur – dem Beispiel Haussmanns folgend – durch äußerst konsequent ausgerichtete Maßnahmen durchzusetzen war. Im Plan Voisin wird deutlich, wie sehr seine autoritäre Position in ausgesprochenem Widerspruch zu dem emanzipatorischen Anspruch stand, den er den Menschen gegenüber geltend machte.

Auf der freigelegten Fläche des gesamten Stadtgebietes konnte nun eine neue Ordnung errichtet werden. Le Corbusier wurde dabei sowohl von den Planungsansätzen Garniers als auch von den Rationalisierungsstudien der US-amerikanischen Volkswirtschaftler Taylor und Ford inspiriert. Die für die industrielle Produktion entwickelten Prinzipien von „Trennen und Ordnen", von „Bewegung und Geschwindigkeit" der Arbeitsabläufe übertrug Le Corbusier auf die räumliche Planung und auf die Rationalisierung von Beziehungen zwischen den städtischen Nutzungen.

In der Charta von Athen legte er in diesem Sinn fest, dass die Trennung der städtischen Funktionen Wohnen, Arbeiten und Erholen – die Le Corbusier als „Schlüsselfunktionen" der Stadtplanung bezeichnete –, ihre rationelle Verteilung im Stadtraum sowie ihre Verbindung durch den Verkehr – den Le Corbusier zur vierten „Schlüsselfunktion" erklärte – die bestimmenden Ordnungsprinzipien der Stadtplanung seien.

Le Corbusier war überzeugt davon, dass Ordnung ein unverzichtbarer Bestandteil des menschlichen Lebens sei und dem Individuum Sinn und Orientierung für sein Handeln verleihen würde. Die Grundlage der Ordnung wiederum sei die Geometrie der geraden Linie und des rechten Winkels. „Der Mensch", so Le Corbusier 1925, „strebt in seiner Freiheit zur reinen Geometrie. Er schafft das, was man Ordnung nennt." Aus diesem Grunde benutzte er Geometrie als Gestaltungsmittel, um das neu definierte Ordnungsprinzip der Stadtplanung stringent umzusetzen.

In seinen utopischen Stadtentwürfen definierte er ein streng geometrisches Organisationsmuster, mit dem er die Trennung städtischer Nutzungen und ihre Verortung in monofunktionale Zonen eindeutig festlegte [Abbildung 51]. Von der Ville contemporaine – der Stadt der Gegenwart für 3 Millionen Einwohner –, die er 1922 entwarf und der er einen in sich geschlossenen radio-konzentrischen Plan zugrunde legte, ging er 1933 über zur Ville radieuse – der Strahlenden Stadt [Abbildung 52]. Beide Stadtpläne folgten dem gleichen Ordnungsprinzip. Doch im Unterschied zu der Ville contemporaine zeichnete sich die Ville radieuse nicht durch ein abgeschlossenes geometrisches System aus, sondern durch ein erweiterbares Raster. Le Corbusier erkannte, dass die unvorhersehbare Entwicklung der Städte flexibel gestaltbare Pläne notwendig machten.

In beiden Plänen handelte es sich jedoch gleichermaßen um Städte, die räumlich hoch verdichtet waren, obgleich die hohen, großformatigen Bauten auf einer parkähnlichen Grünfläche standen, die der Erholung dienen sollte.

Ein Hochhaus-Viertel war jeweils an dominanter Stelle angelegt, dort wo die Hauptachsen des geometrischen Systems sich kreuzten; laut Le Corbusier war hier „das Gehirn" der Stadt, das er als Sitz der Finanzmächte und aller leitenden ökonomischen und politischen Funktionen vorsah [Abbildung 53]. Daran schlossen sich zuerst die Wohn-, weiter entfernt die Industriezonen in einem gleichförmigen Raster an.

Das Ordnungsprinzip, nach dem Le Corbusier die Stadtpläne entworfen hatte, sollte bewirken, dass im Stadtraum sowohl alle menschlichen Tätigkeiten im Voraus verortet als auch die Bewegungen von

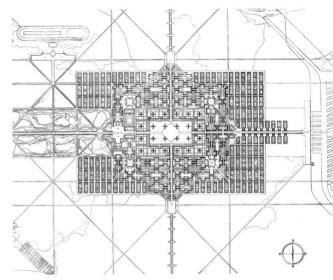

[51] In seinen utopischen Stadtentwürfen definierte Le Corbusier ein streng geometrisches Ordnungsprinzip, mit dem er die Trennung der städtischen Nutzungen eindeutig festlegte. Die in sich geschlossene, radio-konzentrische „Stadt der Gegenwart" von 1922 …

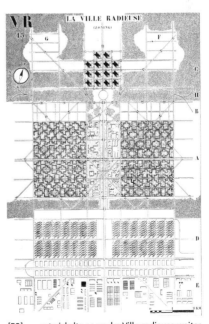

[52] … entwickelte er zu der Ville radieuse weiter, die entlang einem strengen Raster erweiterbar war (Le Corbusier 1933).

[53] Le Corbusier sah an dominanter Stelle, auf der Hauptachse des geometrischen Ordnungssystems, den Sitz aller leitenden ökonomischen und politischen Funktionen vor. Perspektive auf die zentrale Achse in der Stadt der Gegenwart (Le Corbusier 1933).

[54] Die 1952 fertiggestellte Unité d'habitation von Marseille verdeutlicht Le Corbusiers städtebauliche und architektonische Vorstellungen von Wohnen in einer funktionalen Stadt. Vorstudien zu freistehenden Solitären, die wie Skulpturen auf einer parkähnlichen, freigelegten Fläche aufgestellt sind. Zeichnungen um 1945 (Boesinger 1960).

Menschen wie von Produktionsgütern vorbestimmt werden konnten. Die Ökonomie der Zeit und des Raumes sollte auf diese Weise in der „funktionalen Stadt" zur Norm erhoben werden.

Auch bei der Planung im Maßstab einzelner Stadtteile und Gebäude setzte Le Corbusier die gleichen Lösungsansätze um. Das Projekt für ein Wohnviertel in Marseille zeigt dies beispielhaft, auch wenn von den sechs Wohneinheiten nur eine – die Unité d'habitation von Marseille – 1955 erbaut wurde. Bei seinem Entwurf geht Le Corbusier von der einzelnen Wohnzelle aus, die er aneinanderreiht, übereinander stapelt und zu Großbauten zusammenfügt.

Diese Großbauten sind in Form von Solitären konzipiert, und ihre Architektur folgt einer seriellen Ästhetik, die Le Corbusier vorbildlich zu gestalten weiß. Nach Licht, Luft, Sonne und dem weiten Horizont ausgerichtet, sind die Wohneinheiten wie riesige Skulpturen auf einer parkähnlichen Grünfläche aufgestellt [Abbildung 54]. Der fließende Raum, der dabei um die Solitäre herum entsteht, wird letztendlich zum hygienischen Abstandsgrün, losgelöst vom lokalen Kontext und von städtischen Lebensformen. Hier wurde das gesellschaftliche Projekt auf die Schaffung von seriell konzipiertem Raum in einem durchgrünten Wohnumfeld reduziert. Der Stadtraum als sozialer Raum und Träger des Öffentlichen verlor jegliche Bedeutung.

Fazit

Die Architekten der Moderne zeichneten sich in ihren theoretischen Positionen und planerischen Ansätzen durch einen ganzheitlich sozio-kulturellen Anspruch aus.
Die Vertreter dieser Bewegung verstanden sich als Avantgarde, die Konventionen über Bord werfen und neue Konzeptionen in allen Bereichen und Maßstabsebenen der räumlichen Planung erarbei-

ten wollte. Für die meisten unter ihnen war dies mit dem Ziel verbunden, in einer demokratisch-emanzipatorischen Perspektive eine neue Lebenswelt mitzugestalten.

Gleichwohl zeigt eine sorgfältige Analyse ihrer Stellungnahmen und Projekte, dass auf das bürgerliche Wohnen und die damit verbundenen Wertsetzungen zurückgegriffen wurde.

Trotz dieser gemeinsamen Zielvorstellungen haben die Architekten der Moderne verschiedene planerische Ansätze entwickelt:

Ein planerischer Ansatz (z. B. von May und Le Corbusier) geht von der Privatsphäre und der „Einzelzelle" aus. Die Kleinstwohnung wird als Basiseinheit der Stadt und als Rückzugsraum der Familie interpretiert, in der sich das Individuum entfalten kann. Ein funktionales Ordnungsprinzip bestimmt die serielle Addition der Zellen zu Zeilenbauten sowie die Trennung der städtischen Nutzungen in monofunktionale Zonen.

Dieser Ansatz wird in der Charta von Athen (1942) als die eigentliche „Theorie der funktionalen Stadt" ausformuliert. Die ganze Stadt wird – ähnlich einer riesigen Wohnmaschine – durchrationalisiert. Das Leben der Menschen soll nach den Zyklen von Wohnen, Arbeiten und Erholen im Voraus bestimmt werden. Die funktionalistischen Planungsprinzipien, die bis weit in die 1970er Jahre zu einer allgemein gültigen Doktrin der modernen Stadtplanung wurden, trugen wesentlich dazu bei, die Lebenszusammenhänge räumlich und zeitlich auseinander zu reißen und der Ausdruckslosigkeit der Wohnwelten Vorschub zu leisten.

Ein weiterer planerischer Ansatz (z.B. von Taut und Braillard) ging von den öffentlichen Räumen aus. Diese Räume sollten zu einem attraktiven räumlichen Rahmen ausgeformt werden, in dem mit den Mitteln der Planung und Gestaltung das soziale Leben und das gemeinsame Handeln gefördert und gestärkt werden. In diesem Lösungsansatz ergeben sich der Zuschnitt und die Anordnung der einzelnen Wohnung aus der planerischen Gesamtgliederung.

Aus heutiger Sicht ist die städtische Architektur, die in diesen Projekten der Moderne entwickelt wurde, von großer Aktualität:

Zum einen wird ein Netz öffentlicher Räume ausgestaltet, die die Wohnquartiere in abwechslungsreichen Abfolgen gliedern und zugleich einzelne Bereiche untereinander vernetzen.

Zum andern werden die Beziehungen zwischen privaten und öffentlichen, zwischen Innen- und Außen-Räumen, differenziert ausgeformt; dies schafft eine Balance zwischen den Rückzugsmöglichkeiten des Einzelnen und dem Zusammenkommen aller Bewohner im Quartier.

Noch heute leben die Wohnwelten, die auf diesem zweiten Ansatz beruhen von ihren außergewöhnlichen Umfeldqualitäten und vom sozialen Leben, das sich in ihnen entfaltet hat. Meiner Ansicht nach kann die zeitgenössische Planung an diese Qualitäten, die diese Architektur der Moderne hervorgebracht hat, anknüpfen und sie weiterführen.

3. Die Suche nach zukunftsfähigen Wohnformen

3.1 Die Architekturmoderne: Standardisieren und bevormunden

Kleinstwohnungen für die Massen

Nachdem im vorherigen Kapitel beleuchtet wurde, wie sich die funktionalistischen Prinzipien der Stadtplanung herausbildeten, geht es in diesem dritten Kapitel um die Entwicklung einer modernen Wohnform für die breite Masse der Bevölkerung.

Im Folgendem stehen die Darstellungen der Wohnungstypologien, der Grundrisszuschnitte und -anordnungen im Mittelpunkt, verknüpft mit den Debatten der Moderne.

Die zentralen Fragestellungen dabei sind:

• Welche raumgestalterischen Merkmale und Zuschnitte zeichnen die Kleinstwohnung der 20er und 30er Jahre aus?

• Welcher Vorstellung von Wohnen entsprechen diese Wohnformen?

• Inwiefern sind diese Wohnformen, die im Zeichen des Funktionalismus konzipiert wurden, mit heutigen Erwartungen vereinbar?

• Welche neuen Vorstellungen von Wohnen entstehen in der postindustriellen Gesellschaft?

• Können wir in zeitgenössischen Wohnprojekten innovative gestalterische Ansätze feststellen, die bei der Suche nach zukunftsfähigen Wohnformen richtungweisend sind?

Die Protagonisten der Moderne vollzogen den entscheidenden Schritt. Sie definierten, wie der Massenwohnungsbau zu gestalten war. Diese Definitionen hatten weitreichende Folgen: Die moderne Wohnform, die sie als Rückzugsbereich für die Familie konzipierten, wurde nach dem 2. Weltkrieg millionenfach in ganz Europa realisiert.

In den 20er und 30er Jahren wurden Grundrisszuschnitte und Innenausstattungen der „Einzelwohnzelle" in unzähligen typologischen Varianten gezeichnet, und es wurde baulich mit ihnen experi-

Vorherige Seite: [1] Wohnsilo in Amsterdam vom Architekturbüro MVRDV (a+t arquitectura + technologia 2002)

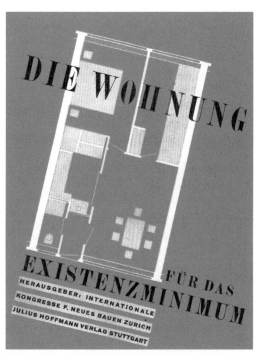

[2] „Die Wohnung für das Existenzminimum": Umschlag des Buches zu der Wanderausstellung, die anlässlich des 2. Kongresses der CIAM 1929 zusammengestellt wurde...

mentiert. Es handelte sich jeweils um abgeschlossene, kleinste Wohnformen mit eigener Eingangstüre;
darüber hinaus war jedoch die Variationsbreite in
Hinblick auf die Erschließung und die innenräumli-
che Grundrissanordnung außerordentlich groß.

Die bekannteste und ohne Zweifel maßgeblichste
Grundrisssammlung dieser Zeit wurde unter dem
Thema „Die Wohnung für das Existenzminimum"
anlässlich des 2. Kongresses der CIAM 1929 in einer
Wanderausstellung [Abbildungen 2-4] zusammen-
gestellt und diente den Kongressteilnehmern als
Diskussionsgrundlage.

Gropius stellte im Rahmen dieses Kongresses einen
Text vor, mit dem er die Minimalwohnung für die
Massen vom „biologischen und soziologischen
Standpunkt aus" rechtfertigte. Er argumentierte,
dass es in Anbetracht des stattfindenden sozialen
Wandels dringend erforderlich sei, mehr als bisher
abgeschlossene Wohneinheiten zu bauen sowie den
Wohnraum zu verkleinern. Die Kleinstwohnung dür-
fe nicht als eine Behelfsform betrachtet werden,
sondern könne als „ein sachlich begründetes Minimum" an Wohnraum durchaus die menschlichen
Bedürfnisse adäquat befriedigen: „Der Mensch, beste Belüftungs- und Besonnungsmöglichkeiten vorausgesetzt, benötigt vom biologischen Standpunkt
aus, nur geringe Menge von Wohnraum, zumal
wenn dieser betriebstechnisch richtig organisiert
ist."

Im Weiteren schlussfolgerte Gropius: „So lautet das
Gebot: vergrößert die Fenster, verkleinert die Räume." Dieser Ausspruch war programmatisch und
verband zwei Zielvorstellungen der Moderne. Bei
der Ausgestaltung der „Einzelwohnzelle" konnte
die Transparenz als Schlüsselbegriff auf diese Weise
wissenschaftlich fundiert werden. Doch auf diesen
Aspekt werde ich im nächsten Kapitel näher eingehen.

Unter dieser Programmatik konnte eine Wohneinheit, die auf die geringste Wohnungsfläche reduziert

[3] ... Foto der Wanderausstellung in Frankfurt a. M.
im Jahre 1929 ...

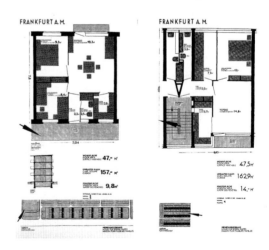

[4] ... zwei Ausstellungstafeln zu Frankfurter Kleinstwohnungen. Oben: Wohnungsgrundriss mit Treppenhauser-
schließung. Wohnfläche: 47,5 m², Fensterfläche: 9.8 m².
Unten: Wohnungsgrundriss mit Laubengangerschließung.
Wohnfläche 47 m², Fensterfläche: 9,8 m². In Ergänzung sind
auch immer die Ausrichtungen der Wohnzeilen gezeichnet
(M. Steinmann 1979).

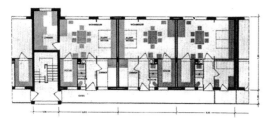

[5] Zuklappbahre Möbel trugen dazu bei, die Wohnfläche zu reduzieren. Grundriss von Familienwohnungen mit eingebauten „Frankfurter Betten" …

[6] … Foto von einem Wohnzimmer mit einem zugeklappten Doppelbett …

[7] … und danach mit einem aufgeklappten Bett: Das Wohnzimmer wird so zum Schlafzimmer verwandelt (H. Hirdina 1991).

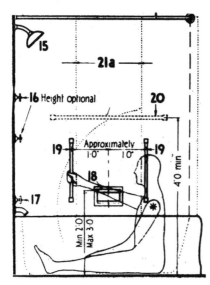

[8] Unter dem Einfluss von Taylor und Gilbreth erhielt „funktionalisierendes" Denken eine zunehmende Bedeutung. Rationalisierungsstudie in einer US-amerikanischen Architekturzeitschrift zu der „Funktion Baden" (American Architect, 1935) …

wurde, als gesellschaftliches Ideal für ein menschenwürdiges Wohnen für jedermann interpretiert werden.

Es gab mehrere Gründe dafür, warum die Wohneinheiten verkleinert werden sollten.

Neben den Überlegungen aus „biologischer und soziologischer Sicht" spielten wirtschaftliche Gründe eine wesentliche Rolle. Die Mieten der Kleinstwohnungen sollten auch für Haushalte mit niedrigem Einkommen erschwinglich sein. 1928 schlug Taut für „kleinste Kleinwohnungen für kinderlose Ehepaare" eine Fläche von 35 bis 40 m² vor. May ging noch weiter. Er war der Ansicht, dass das Maß von 38 bis 40 m² sogar für eine Familienwohnung „nicht wesentlich unterschritten" werden sollte [Abbildungen 5-7].

Mit der Reduktion der Fläche pro Wohneinheit erhielt das „funktionalisierende", „betriebstechnische" Denken eine zunehmende Bedeutung. Unter dem Einfluss von Taylor und Gilbreth, die für die Industrie bahnbrechende Rationalisierungsprinzipien entwickelten, verfolgte die Architektur-Avantgarde das Ziel, die sozialen und physischen Alltagsabläufe zu optimieren und die Wohnungen durchzurationalisieren. Sie gingen dabei von einer sogenannten „Standard-Familie" aus: der Mann (Vater und Familienoberhaupt), die Frau (die Mutter, verantwortlich für das Wohl der Familie und die Ordnung im Haushalt) und zwei bis drei Kinder.

Aus der Überzeugung, dass die Bedürfnisse und Handlungen der Menschen biologisch und sozial vorbestimmt seien, zerlegten die Architekten das Wohnen in „Einzelfunktionen" [Abbildung 8], die sie anschließend „nach arbeitswissenschaftlichen Methoden" wieder zusammenfügten.

Immer mehr Rationalisierungsstudien, die auf diesen Überlegungen gründeten, traten auf den Plan. Unter den Architekten war Alexander Klein einer der ersten, der die nötigen Flächen für die Bewegungsabläufe in der Wohnung systematisch untersuchte und sie ins Verhältnis mit den Stellflächen der Möbel setzte. Mit Hilfe einer von ihm entwickelten graphischen Methode variierte er den Grundrisszuschnitt und die Anordnung der Zimmer so lange, bis er für ein vorgegebenes Wohnungsprogramm sowohl eine funktionale räumliche Anordnung als auch die auf das Minimum reduzierte Wohnungsfläche erhielt [Abbildung 9].

Der sicherlich bekannteste unter den Autoren von Rationalisierungsstudien war Ernst Neufert. Seine 1936 erschienene Architekturlehre, die in viele Sprache übersetzt wurde, ist bisher weltweit die Publikation, die am häufigsten als Entwurfswerkzeug bei Planungen genutzt und zu Rate gezogen wird.
In seinen Zeichnungen unterscheidet und unterteilt Neufert die Handlungsabläufe in der Wohnung, ordnet ihnen Flächen für standardisierte Möbel zu und definiert um sie herum minimale Bewegungsflächen.
Peter Gleichmann (2006) hebt hervor, dass bei Neufert die Möbel zu universalen Bemessungseinheiten und die Bewegungsabläufe zu funktionalen Flächennormen für den architektonischen Entwurf werden.

Diese funktionalistische Herangehensweise bei der Planung von Wohnungen für die Massen verbanden die Architekten der Moderne mit den Prinzipien von Raumhygiene: Große Fenster, Querlüftung und Ausrichtung der Wohnung nach dem Lauf der Sonne [Abbildung 10] waren die drei Prinzipien, die eine optimale Raumhygiene ermöglichen sollten. Die in einzelne Handlungsabläufe zerlegten Wohnungsaktivitäten wurden in den Wohnungsgrundrissen so zusammengefügt, dass den Prinzipien von Raumhygiene entsprochen werden konnten: Die quer gelüfteten, mit großen Fenstern versehenen Kleinwohnungen wurden in einen Tages- und einen Nachtbereich unterteilt [Abbildung 11]. Kochen, Essen und Wohnen wurden als Tagesaktivitäten in einem gemeinsamen Bereich zusammengefasst und zur Nachmittags- bzw. Abendsonne hin ausgerichtet;

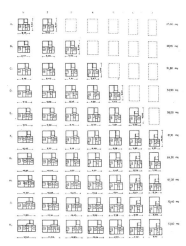

[9] … Alexander Klein variierte den Wohnungsgrundriss so lange, bis er sowohl eine funktionale räumliche Anordnung als auch die auf das Minimum reduzierte Fläche erhielt. Zeichnung seiner Rationalisierungsstudien von 1928 (Tafuri1976).

[10] Le Corbusier schrieb unter diese Zeichnung: „Der 24-Stunden-Lauf der Sonne rhythmisiert die Tätigkeiten der Menschen" (Le Corbusier 1957) …

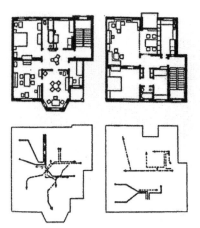

[11] Alexander Klein zeichnete die Entwicklung von einem gründerzeitlichen (links) zu einem rationalisierten, modernen Wohnungsgrundriss (rechts): Dieser ist in einen Nachtbereich und einen Tagesbereich unterteilt (Evans 1996).

[12] Die Protagonisten der Avantgarde betrachteten die Arbeiterquartiere als Orte eines unzumutbaren Wohnungselendes. Foto einer Wohnküche in einer Arbeiterwohnung der 20er Jahre (Roubaix, Stadtarchiv) …

Schlafen und Waschen dagegen wurden als nächtliche Aktivitäten definiert, zum Nachtbereich zusammengefügt und zur Morgensonne hin orientiert. Die Ausrichtung auf ein funktionalistisches Denken, auf hygienische Prinzipien und auf die zeitlich definierten Alltagsabläufe führte zu einem „Entwurfsdogma", von dem sich bis heute viele Architekten nicht verabschiedet haben.

Anzumerken ist, dass mit diesen Lösungsansätzen gestalterische Kriterien in den Hintergrund traten. Die Architekten der Moderne konzentrierten sich vielmehr darauf, quantitativen Ansprüchen (Verkleinerung und Vermehrung) zu genügen.

Erziehung zum „richtigen Wohnen"

Architekten und Bauträger des sozialen Wohnungsbaus wollten mit dem Bau von standardisierten Kleinwohnungen den einkommensschwachen Schichten der Bevölkerung den Zugang zu modernem Wohnen sichern. Zugleich wollte die Avantgarde den breiten Massen das aus ihrer Sicht „richtige Wohnen" vermitteln. So ging das emanzipatorische Ideal der Avantgarde einher mit einem erzieherischen Anspruch.

Die Architekten der Moderne hatten allerdings ein recht einseitiges Bild der damaligen Arbeiterquartiere in den ersten Jahrzehnten Anfang des 20. Jahrhunderts. Sie betrachteten diese als Orte, die von einem ungeheuren Wohnungselend gezeichnet waren und die es deshalb auszumerzen galt [Abbildung 12]. Doch es war keineswegs so, dass die Lebensbedingungen in den Arbeiterquartieren nur als katastrophal zu bezeichnen gewesen wären. Sie waren widersprüchlich. Obgleich die Wohnmisere unzumutbare Ausmaße annahm, bildeten diese Quartiere gleichwohl den Rahmen für eine eng vernetzte solidarische Gesellschaft [Abbildung 13]. Bedingt durch die räumliche Nähe zwischen den Fabriken und den Wohnquartieren, wurde die Solidarität am Arbeitsplatz, die sich in periodisch wiederkehrenden Streik-

3 Meyers Hof, Berlin-Wedding: Auch eine Wohngemeinschaft

[13] … Sie sahen nicht, dass diese Quartiere den Rahmen für eine eng vernetzte solidarische Gesellschaft bildeten. Blick auf die hintereinanderliegenden Höfe einer Berliner Mietskaserne, die „auch eine Wohngemeinschaft" war (Geist, Kürvers 1980).

bewegungen eindrücklich offenbarte, durch intensive soziale Netze im Quartier verstärkt.

Im Gegensatz zu den bürgerlichen Quartieren spielte sich der Alltag der Arbeiter in den halböffentlichen und öffentlichen städtischen Räumen ab und weit weniger in den (ohne jeglichen Komfort ausgestatteten) privaten Wohnräumen, die kaum Wärme, Licht oder Wasser boten.

Die Historikerin Michelle Perrot (1981) hat nachgezeichnet, wie die Frauen im Wohnhof, in der Wohnstraße und der öffentlichen Waschanlage ihren Tätigkeiten nachgingen und dabei eine angeregte Geselligkeit entwickelten [Abbildung 14]. Auch die Kneipe war der Ort eines Zusammenseins, die von den Arbeiterfamilien als ein zweites, warmes Zuhause angesehen wurde [Abbildung 15]. Die Männer trafen sich nach der Arbeit in der Kneipe, und sonntags kam dort die ganze Familie zusammen. Mit der Zeit bildete sich in den Arbeiterquartieren eine spezifisch proletarische Kultur heraus, die für die Menschen identitätsstiftend war.

Den Architekten der Moderne, wie allen anderen bürgerlichen Zeitgenossen, war jedoch diese proletarische Kultur fremd. Aus diesem Grund stand es für die Avantgarde nie zur Diskussion, eine moderne Wohnform zu definieren, die den tatsächlichen Lebensweisen und -interessen der Arbeiter Rechnungen tragen würde. Die meisten Architekten unter ihnen kritisierten vielmehr die bestehende Sozialordnung und orientierten ihre Arbeit – wie schon erwähnt – am Ideal einer humaneren Gesellschaft. Sie hielten es deshalb für ihre Aufgabe, die Menschen der „minderbemittelten" Schichten zu „neuen Menschen" und zum „richtigen Wohnen" zu erziehen. Doch sie verbanden, trotz ihrer gesellschaftskritischen Haltung, mit ihren Vorstellungen vom Wohnen letztlich bürgerliche Wertsetzungen von kleinfamiliärer Privatheit und Ordnung, von geschlechtlich kodierten Rollen- und Raumzuweisungen in einer abgeschlossenen Wohnung.

[14] Weibliche Geselligkeit in einer Waschanlage, Postkarte um 1900 (M. Cabaud, R. Hubscher 1985) ...

[15] In den Arbeitervierteln war die Kneipe ein zweites, warmes Zuhause. Geselliges Zusammensein nach der Arbeit in einer Kneipe, Roubaix 1895 (R. Logghe, Musée de Roubaix).

[16] Die Rationalisierung der Hauswirtschaft und die Neukonzeption der Küche wurden in den 20er Jahren zu einem breit behandelten Thema. Die Kritik betraf unhygienische Küchen wie diese fensterlose Berliner Küche, um 1915 (L. Binger, S. Hellemann 1996).

[17] Bruno Taut war einer der meistgelesenen Autoren zu der Rationalisierung des Haushaltes. Umschlag zu seinem Buch „Die neue Wohnung. Die Frau als Schöpferin" 1924 (Foto J. Molzahn) ...

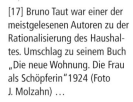

[18] ... und eine darin enthaltene Zeichnung Tauts zu den Bewegungsabläufen seiner Frau bei der Hausarbeit, die Taut mit der Aussage begleitete: „Die Befreiung der Frau wird durchgeführt sein, wenn sie von der Sklaverei der Küche erlöst ist" (B. Taut 1924).

Die Rationalisierung der Funktionsabläufe in der Kleinwohnung und die Ausdifferenzierung der Zimmergrößen und Grundrisszuschnitte waren aus Sicht der Architekten ein wirksames Mittel, um ihre Vorstellungen von Wohnen in der Konzeption der Privatsphäre räumlich festzuschreiben und als allgemein gültigen Standard zu verbreiten. Die räumlichen Anordnungen, die sie umsetzten, ließen den Bewohnern jeweils nur eine Möglichkeit der Nutzung offen. Die Avantgarde konnte so, ohne dass von den Wohnungsbaugesellschaften autoritäre Vorschriften in den neuen Siedlungen eingeführt wurden, das „richtige Wohnen" vermitteln und durchsetzen.

Im Folgenden will ich anhand der Debatten über die moderne Küche darstellen, wie die moderne Wohnform für die Massen definiert wurde und wie diese Definition zu einer allgemein anerkannten Norm wurde.

Für jede Hausfrau eine Laborküche

Seit Ende des 19. Jahrhunderts waren die Auseinandersetzungen über die moderne, rationale Küche eng an die Debatte über die Rolle der Frau gekoppelt. Während bürgerliche Sozialreformer die außerhäusliche Erwerbsarbeit der Frauen als Gefahr für ein geordnetes Familienleben auffassten, sahen Sozialisten wie z. B. August Bebel und namhafte Persönlichkeiten aus der sozialistischen Frauenbewegung in der Erwerbsarbeit eine Emanzipationschance.

Trotz dieser Kontroversen wurde in den 20er Jahren die Rationalisierung der Hauswirtschaft für notwendig gehalten. Die Debatte über die neue Küche wurde zu einem breit behandelten Thema von großer Aktualität [Abbildung 16], das Ulla Terlinden und Susanna von Oertzen (2006) im damaligen gesellschaftlichen Kontext situiert haben. Sie weisen nach, dass in Deutschland, während der Weimarer Republik, die Positionen der Vertreterinnen der

Frauenorganisationen und die Positionen von fortschrittlichen Architektinnen und Architekten zu diesem Thema zum Teil nicht weit auseinander lagen.

Bruno Taut, einer der zu seiner Zeit meistgelesenen Autoren zu der Rationalisierung des Haushaltes, schrieb in seinem 1924 erschienenen Buch: „Die Befreiung der Frau wird erst vollständig durchgeführt sein, wenn sie von der Sklaverei der Küche erlöst ist." [Abbildungen 17,18]

Diese programmatisch aufgeladene Forderung wurde indessen sehr verschieden ausgelegt. Sie führte bei der Konzeption einer modernen Küche zu zwei grundsätzlich unterschiedlichen Lösungsansätzen: Der eine Lösungsansatz bestand in der Vergesellschaftung der Hausarbeit unter Verwendung moderner Technik und der Schaffung von zentralisierten Einrichtungen, wie z. B. industriell betriebene Zentralwäschereien und -küchen [Abbildung 19]. Diese Idee eines zentralisierten Haushaltes war insbesondere in Deutschland bereits seit 1910 ein von der Frauenbewegung initiiertes und intensiv diskutiertes Thema, das in Form von Einküchenhäusern in Berlin vereinzelt umgesetzt wurde.

In den 20er Jahren kamen Anregungen aus der jungen Sowjetunion und dem roten Wien. Die Moskauer Kommune-Häuser [Abbildungen 20, 21] und die Wiener Großsiedlungen, die beide über eine weitgehende zentralisierte Hauswirtschaft verfügten, sorgten in ganz Europa für großes Aufsehen. In den Zentralküchen und -wäschereien wurde die Hausarbeit nach dem Vorbild der industriellen Produktion durchgreifend technisiert und neu organisiert.

Die Kleinstwohnungen, die in diesen Kommunalbauten realisiert wurden, besaßen nur minimal ausgestattete Küchennischen. Doch zudem gab es neben den technischen Einrichtungen eines zentralisierten Haushalts großzügige gemeinschaftlich nutzbare Räume, wie Leseräume, Bibliotheken, Festsäle, Kindertagesstätten und -gärten. Das Angebot wurde in den Moskauer Bauten durch gemeinsame

[19] Ein Lösungsansatz zur Rationalisierung des Haushaltes bestand in der Schaffung von zentralisierten Einrichtungen unter Verwendung von moderner Technik. Foto einer zentralisierten Küche …

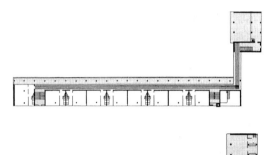

[20] … In den Moskauer Kommune-Häusern wurden die Kleinstwohnungen von einem Angebot an gemeinschaftlich nutzbaren Räumen ergänzt. Kommune-Haus (1928) von Moisej Ginzburg: (oben) Grundrisse von Maisonette-Wohnungen, (unten) Grundrisse des Erdgeschosses mit gemeinschaftlichen Räumen …

[21] … und Foto des Gebäudes, um 1970 (S.O. Chan Magomedov 1972).

[22] Ein zweiter Lösungsansatz für die Rationalisierung des Haushaltes bestand darin, den Arbeitsaufwand jeder einzelnen Frau im Rahmen einer modernen Wohnung zu verringern. Erna Meyer war in Deutschland maßgeblich an der Verbreitung dieses Ansatzes beteiligt: Umschlag zu ihrem Buch …

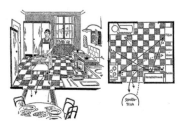

[23] … und Auszüge daraus (E. Meyer 1923).

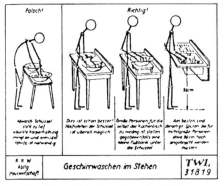

[24] Die sog. „Frankfurter Küche" von Margarete Schütte-Lihotzky wurde zum Prototyp späterer Einbauküchen. Studien von Lihotsky zur Reduzierung der Ermüdung beim Geschirrwaschen. Links: falsch, rechts: richtig …

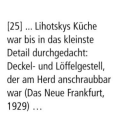

[25] … Lihotskys Küche war bis in das kleinste Detail durchgedacht: Deckel- und Löffelgestell, der am Herd anschraubbar war (Das Neue Frankfurt, 1929) …

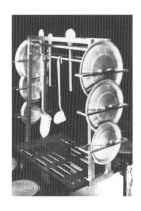

Speisesäle, in den Wiener Siedlungen mit weitläufigen Gärten und Sporteinrichtungen erweitert.

In diesen Projekten gehörte das Ziel die „Befreiung der Frau von der Sklaverei der Küche" zu der Vision einer egalitären Gesellschaft. Die neuen Wohnformen sollten durch ihre Konzeption einen Beitrag zur Veränderung der Geschlechterrollen und zur Emanzipation der Frauen leisten (Kopp 1988). In ihrer Radikalität regten zwar diese Wohnprojekte die Suche nach alternativen Wohnformen weiter an. Doch abgesehen von den genannten Projekten in der Sowjetunion und Österreich blieben in anderen Ländern diese Ansätze nur ein theoretisch diskutiertes Modell.

Der zweite Lösungsansatz für die Rationalisierung der Hausarbeit, der in den 20er Jahren diskutiert wurde, zielte im Rahmen einer für eine Kleinfamilie bestimmten Wohnform darauf, den Arbeitsaufwand jeder einzelnen Frau zu verringern. In diesem Lösungsansatz wurde Tauts Forderung nach der „Befreiung" der Frau als „Entlastung" der Frau interpretiert. Dieser Lösungsansatz impliziert bürgerliche Vorstellungen von geschlechtsspezifischen Rollen-Zuteilungen. Die Entlastung der Frauen schien auch deshalb notwendig, weil immer weniger (bürgerliche) Frauen über Dienstboten verfügten.

In dieser Wohnungskonzeption hatte die Gestaltung der Küche zentralen Stellenwert. Bereits die amerikanischen Feministinnen hatten sich mit Rationalisierungsstudien zur Haushaltsführung befasst. Die Publikationen der Schwestern Beecher (1869), die Bücher von Christine Frederick (1913) und die Veröffentlichungen von Lillian Gilbreth in den 20er Jahren waren auch in Europa bekannt.

Frederick war in ihrem Rationalisierungskonzept von der Methode Taylors inspiriert worden; sie unterteilte die verschiedenen Tätigkeiten der Hausarbeit in einzelne Phasen, denen die dafür notwendigen Einrichtungen und Gegenstände räumlich zugeordnet wurden. Mit dieser Herangehensweise entwickelte sie das sogenannte „Ganglieniensystem", aus dem heraus sie eine rationale Gestaltung und Organisation der Küche ableitete. Ziel war dabei, der Hausfrau sowohl kurze Wege als auch schnelle und mühelose Arbeitsvorgänge zu ermöglichen. Erna Meyer [Abbildungen 22, 23] in Deutschland und Françoise Barnège in Frankreich waren in ihren Ländern maßgeblich an der Weiterentwicklung und Veröffentlichung dieses Konzeptes beteiligt.

Die Architektinnen und Architekten der Moderne griffen diese Ideen mit großem Interesse auf. Es waren vor allem die Deutschen, die bei der Definition der neuen Küchen eine „Vorreiterrolle" in Europa spielten. Sie verstanden es, die Ideen der bürgerlichen Frauenbewegung mit gestalterischen Konzepten und ästhetischen Vorstellungen der modernen Architektur zu vereinen.

Unter den verschiedenen Musterküchen, die Ende der 20er Jahre in Bauausstellungen vorgestellt oder in unterschiedlichen Siedlungen realisiert wurden, war die so genannte „Frankfurter Küche" der Architektin Margarete Schütte-Lihotzky beispielhaft. Ich stimme Kerstin Dörhöfer (2004) zu, dass Schütte-Lihotzky „diejenige war, die den Wunsch nach Erleichterung der Hausarbeit, die Schritt-, Zeit- und Krafteersparnis am konsequentesten in eine Baulichkeit umsetzte" [Abbildungen 24-28].

Schütte-Lihotzkys Küche war bis in das kleinste Detail durchdacht und ausgefeilt, nicht nur in der Anordnung der Einrichtung, sondern auch in Farbe und Material der Schränke, Schubladen und Schütten. In einer Zeit, in der Haushaltsmaschinen für die meisten Haushalte unerschwinglich blieben, schien es umso wichtiger, dass die Küche wie ein kompakter Laborraum gestaltet war, in der alle Arbeitsflächen und -geräte in der ergonomisch richtigen Höhe angebracht und die Vorräte zweckmäßig und hygienisch einwandfrei verstaut waren.

Der emblematische Charakter der Frankfurter Küche

[26] ... Die Frankfurter Küche zeichnete sich nicht nur durch Zweckmäßigkeit, sondern auch durch eine hohe ästhetische Qualität aus. Grundrisse und Schnitte ...

[27], [28] ... und Fotos, die das moderne, schlichte Design der Frankfurter Küche zeigen.

[29] Die auf eine minimale Fläche reduzierte, technisch perfektionierte Küche wurde zum Reich der modernen Hausfrau proklamiert ...

[30] ... Reklame aus den 1960er Jahren.

[31] Zeichnung von Le Corbusier (1940), die die geschlechtsspezifischen Rollenzuteilungen in der Familie festhält: die Frau arbeitet in der Küche, während der Mann sich draußen auf der Terrasse untätig aufhält (Boesinger 1960).

zeichnete sich jedoch nicht nur durch Zweckmäßigkeit, sondern auch durch hohe ästhetische Qualität aus, die sich aus dem differenzierten Zusammenspiel zwischen einem modernen, schlichten Design, einer gelungenen Materialauswahl und einer durchdachten Lichtführung ergab.

Die auf diese Weise perfektionierte Laborküche wurde zum Reich der modernen Hausfrau proklamiert [Abbildungen 29, 30]. Sie konnte von der mühseligen Hausarbeit entlastet werden und – wie Taut 1924 verkündete – „ihre schöpferischen Leistungen" in der Mutterschaft und der Wahrung der Familienintimität entfalten. Sie erhielt einen Raum, in dem sie endlich sozusagen mühelos arbeiten konnte und dabei ungestört blieb – gezwungenermaßen, denn aufgrund der minimalen Fläche der Küche, die selten mehr als 6 bis 7 m² betrug, konnte weder ein weiteres Familienmitglied mit ihr die Hausarbeit teilen noch ein Kind neben ihr spielen.

Die Gestaltung der Laborküche schrieb so die geschlechtsspezifischen Rollenzuteilungen in der Familie fest; die Rolle der Frau als alleinige Verantwortliche der Haus- und Familienarbeit wurde langfristig in der Konzeption der Wohnung für die Massen verankert [Abbildung 31]. Ein interessanter Widerspruch wird hier sichtbar: die geplante Entlastung der Hausfrau, die als Schritt in die Emanzipation der Frau gedacht war, bewirkte genau das Gegenteil. Das Emanzipationsversprechen der Moderne wurde nicht eingelöst.

Mit der Frankfurter Küche, die zwischen 1926 und 1930 in den Siedlungen der Stadt Frankfurt in etwa 10.000 Sozialwohnungen eingebaut und zum eigentlichen Prototyp späterer Einbauküchen wurde, setzte sich der Lösungsansatz zur Rationalisierung der Hausarbeit in der abgeschlossenen Wohnform für die Kleinfamilie durch.

Die Verortung der Hausarbeit in die Privatsphäre hatte zur Folge, dass die früher gemeinschaftlich verrichteten Tätigkeiten der Frauen aus den öffent-

lichen und halböffentlichen städtischen Räumen
verschwanden. Damit gerieten sie gleichzeitig auch
aus dem gesellschaftlichen Blickfeld. Die Hausarbeit
verwandelte sich in eine „unsichtbare" Arbeit, die
im architektonischen Diskurs lange Zeit nicht mehr
wahrgenommen wurde.

Die rational durchgeplante, moderne Kleinwohnung
hatte nun feste planerische und gestalterische Umrisse erhalten und wurde von da an für die Realisierung des Massenwohnungsbaus der zweiten Hälfte
des 20. Jahrhunderts bestimmend. In allen europäischen Ländern basierte die moderne Wohnform – ob
Etagenwohnung oder verdichtetes Reihenhaus, ob
banale Architektur oder architektonisches Vorzeige-
projekt – auf drei raumgestalterischen Prinzipien:
Raumhygiene, Funktionalisierung, Familiengerech-
tigkeit.

Wie die hier abgebildeten Projekte – Halen von Atelier 5 (1955) [Abbildungen 32, 33] oder Gäbelbach
von Helfer & Reinhardt (1975) [Abbildung 34] – zeigen, weisen selbst so unterschiedlich scheinende
Wohnanlagen die gleichen konzeptionellen Merkmale auf: Abgeschlossene Familienwohnungen mit
eigener Haustür, mit optimierten Funktionsabläufen
und vorbestimmten Wohnnutzungen, mit kühlem
hygienischen Komfort, mit Räumen, die hierarchi-
sierte und geschlechtlich kodierte Setzungen vorga-
ben. Der Hauptakzent wurde auf die Privatsphäre
und den Einzelhaushalt, auf das kleinfamiliäre „Fa-
milienglück" und die damit einhergehende Rollen-
und Raumzuweisungen der Geschlechter gesetzt.

3.2 Die Privatsphäre als Vektor von Modernisierungsprozessen

Ausdifferenzierung der Lebensweisen in post-industriellen Gesellschaften

Post-industrielle Gesellschaften sind durch einen
ausnehmend schnellen gesellschaftlichen Wandel

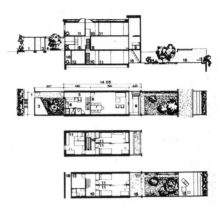

[32] In der zweiten Hälfte des 20. Jahrhunderts weisen die
modernen Wohnformen die gleichen konzeptionellen Merkmale
auf: Abgeschlossene Familienwohnungen mit optimierten Funktionsabläufen und vorbestimmten Nutzungen, mit modernem
hygienischem Komfort und mit Räumen, die geschlechtlich
kodierte Setzungen vorgeben. Dies ist der Fall z.B. in der Wohnsiedlung Halen bei Bern (1955) von Atelier 5: Grundrisse der
Reihenhäuser (Atelier 5, 2000) …

[33] … und Foto der Gartenseite (U.P.) …

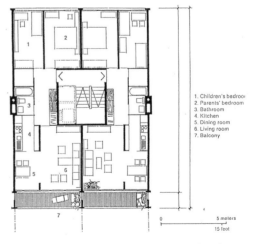

[34] … oder in der Siedlung Gäbelbach bei Bern (1975) von
Helfer + Reinhardt: Grundriss einer Etagenwohnung.

[35] Die sog. „Standardhaushalte" der Nachkriegszeit, Familien mit 2 bis 3 Kindern, machen in westdeutschen Städten mittlerweile nicht mehr als 10 bis 15% aller Haushalte aus. Familienfoto aus den 60er Jahren …

[36] … und Foto einer Hausfrau in einer Musterküche. Küchenreklame der 60er Jahre.

gekennzeichnet. Der wissenschaftliche und technologische Fortschritt revolutioniert die Arbeitswelt. Parallel dazu finden auch in der privaten Familiensphäre schnelle Veränderungsschübe statt, die die sozialen und räumlichen Organisationsmuster der Industriegesellschaft und der Moderne in Frage stellen. Welche gesellschaftlichen Vorstellungen von Wohnen müssen Architekten und Planer heute in ihren Lösungsansätzen berücksichtigen, um dem tief greifenden Wandel Rechnung zu tragen?

Eine Vielzahl von Autoren des 20. und 21. Jahrhunderts analysieren die sozialstrukturellen Veränderungen, die demographischen Entwicklungen und die zunehmenden Individualisierungstendenzen, die zu einer Ausdifferenzierung der Lebensweisen führen (Bourdieu 1997).
Aus diesen Untersuchungen geht u.a. hervor, dass die Anzahl der so genannten „Standardhaushalte" [Abbildung 35] der Nachkriegszeit, nämlich Familien mit Kindern, in den europäischen Großstädten ständig abnimmt; in westdeutschen Großstädten machen sie mittlerweile nicht mehr als 10 bis 15 % aller Haushalte aus (Siebel 2000). Seit Anfang der 80er Jahre entstehen immer mehr und verstärkt neue Haushaltsformen: Singles, kinderlose Paare – immer häufiger unverheiratet –, Alleinerziehende, Wohngemeinschaften und „Patchwork-Familien".

So wenig die Veränderungen der Beziehungen zwischen den Geschlechtern und zwischen Eltern und Kindern statistisch erfassbar sind, so relevant sind sie für die Planung des zeitgenössischen Wohnens. Diese qualitativen Veränderungen zeigen sich vor allem durch ein neues Rollenverständnis der Frauen. Ihre Erwartungen nach außerhäuslicher Berufstätigkeit und Autonomie, nach Gleichstellung in allen Lebensbereichen und partnerschaftlichen Lebensformen nimmt in allen europäischen Ländern zu. Immer mehr Frauen sind berufstätig, selbst wenn sie Mütter von kleinen oder schulpflichtigen Kindern sind. Während der 60er Jahre waren zwei Drittel der

Frauen Hausfrauen [Abbildung 36] und ein Drittel berufstätig. Heute ist es umgekehrt: Weniger als ein Drittel der Frauen sind „Nur-Hausfrauen", weit mehr als zwei Drittel sind außer Haus berufstätig.

Die zunehmende Berufstätigkeit der Frauen erklärt sich aus einer Vielzahl von Gründen. Eine erste Erklärung ist in der schrumpfenden wirtschaftliche Bedeutung der Hausarbeit zu suchen, die in den einzelnen Haushalten durchgeführt wird. Zunehmend wird der Privatbereich von industriell gefertigten Produkten durchdrungen: In einer ersten Phase, zur Zeit des Fordismus und der Massenproduktion, hielten die erschwinglich gewordenen Haushaltsmaschinen Einzug in die modernen Wohnungen. In einer zweiten Phase, die in den späten 70er Jahren begann, wurde allmählich ein Teil der Hausarbeit „ausgelagert". Leistungen, die früher im einzelnen Haushalt viel Arbeit in Anspruch nahmen, konnten immer häufiger durch verbilligte Produkte der Nahrungs- oder Bekleidungsindustrie ersetzt werden. So war es in den 60er Jahren für eine Familie von Vorteil, wenn das Einkommen des Mannes ausreichte, dass die Frau sich ganz den zeitaufwendigen Tätigkeiten im Haushalt widmete. Dies hat sich geändert: Heute ist eine Familie meistens finanziell darauf angewiesen, dass die Frau ebenfalls berufstätig ist.
Doch nicht nur die Arbeitsentlastungen im Haushalt sowie ökonomische Zwänge bringen die Frauen dazu, heute mehr denn je berufstätig zu sein.
Die selbstbestimmte Geburtenkontrolle wie auch der Zugang zu Bildung und Kultur, der heute in europäischen Ländern für junge Frauen zu einer Selbstverständlichkeit wird, ermöglichen eine neue Erwartungshaltung. Je höher die Ausbildung, desto stärker ist das Anliegen, berufstätig zu sein und in allen Bereichen am sozialen Lebens voll teilzunehmen. Es handelt sich hierbei um einen langfristigen zivilisatorischen Prozess der Frauenemanzipation, der mit der Forderung nach Gleichberechtigung verbunden ist – nicht nur in der Arbeitswelt, sondern auch im häuslichen Bereich [Abbildung 37].

[37] Mit der Ausdifferenzierung der Lebensweisen entstehen neue, partnerschaftliche Formen des Familienlebens ...

[38] … des Alleinelebens (Arch+ 2006) …

[39] … und des Zusammenlebens
(K. Spechtenhauser 2006).

Für eine Vielzahl junger Frauen ist die klassische Ehe und die Mutterschaft nicht mehr das Hauptlebensziel. Gewissen Voraussagen zufolge werden in Deutschland 50% der akademisch ausgebildeten jungen Frauen ihr Leben lang keine Kinder haben. Überall in Europa sind es vor allem die Frauen, die gut und gerne auf die patriarchalisch ausgerichtete Ehe verzichten können und neue Formen des Allein- und Zusammenlebens suchen und gestalten (Löw 1997) [Abbildungen 38, 39].

Das veränderte Verhältnis von individueller Autonomie und familiärer Solidarität, von persönlichem Rückzug und gemeinsamer Sozialität beeinflusst dementsprechend nachhaltig die Alltagskultur. Wie schon erwähnt entwickeln sich neue Lebens- und Wohnweisen wie z. B. „getrennt zusammenleben" – d. h. zwei Singles leben in zwei getrennten Wohnungen, die aber in räumlicher Nähe zueinander liegen – oder „Netzwerkfamilien" – d. h. zwei Paarhaushalte nehmen abwechslungsweise, nach einem abgestimmten Wochenrhythmus, Kinder ihrer verschiedenen Verbindungen in ihren Wohnungen auf.

Neu ist auch der Anspruch vieler Frauen nach einer veränderten und neu abgestimmten Arbeitsteilung zwischen den Partnern, sowohl in Hinsicht auf die Berufs- als auch auf die Hausarbeit (Hugentobler, Gysi 1996). Neben traditionellen Formen der Arbeitsteilung der Geschlechter in der Kleinfamilie – der Mann als Alleinverdiener, die Frau als Hausfrau –, die weiter existieren, entstehen partnerschaftliche Formen des Zusammenlebens, mit der Tendenz zu einer vermehrt egalitären Arbeitsteilung.

Diese Ausdifferenzierung neuer Lebensweisen fordern Architektinnen und Architekten heraus, ihre Vorstellungen von Wohnen zu hinterfragen und innovative Lösungsansätze bei der Konzeption von Wohnprojekten zu entwickeln.

Wohnen an der Schnittstelle zur Arbeitswelt

Ein weiterer Grund für die radikalen Veränderungen in der Privatsphäre und im Wohnen liegt in einer notwendig neuen Bestimmung des Verhältnisses zwischen Arbeiten und Wohnen. Wir leben in einer Gesellschaft exponentiell gestiegener Verflechtungen und gegenseitiger Abhängigkeiten. Die rasante Zunahme der Informations- und Kommunikationsflüsse durch die Verbreitung neuer Technologien erzeugen Beschleunigung, Rationalisierung und weltweite Vernetzung der Prozesse in allen Wirtschaftsbereichen. Es bildet sich eine globale Wirtschaft heraus, in der strategisch wichtige Aktivitäten als eine Einheit auf weltweiter Ebene agieren. Mit der Bezeichnung „network-society" weist Manuel Castells (1996) auf die Spezifizität zeitgenössischer, zunehmend vernetzter Gesellschaften hin, deren Ökonomien im wachsendem Maß wissensbasiert und einem tiefgreifendem Strukturwandel unterworfen sind.

Die Zunahme von Dienstleistungstätigkeiten und wissensbasierten Arbeiten, die wachsende Flexibilisierung und Durchlässigkeit der Arbeitsprozesse sind von eminenter Tragweite für das Verhältnis zwischen Arbeiten und Wohnen. Die Grenzen der Arbeit, die in Raum und Zeit bisher festgeschrieben waren, verwischen immer mehr; ebenso verändert sich die Vorstellung vom Wohnen. Der Wohnraum ist nicht mehr wie früher, das räumliche, zeitliche und emotional verschieden besetzte „Gegenüber" zum Arbeitsplatz und zur Arbeitswelt. Die starre räumliche Trennung von Arbeiten und Wohnen in der Industriegesellschaft wird mit der teilweisen Auslagerung und Nomadisierung der Arbeit langsam aufgehoben. Roger Perrinjaquet (1992) schreibt hierzu treffend: „Der Erfolg der Funktelefone, der tragbaren Geräte aller Art und einer ganzen Generation von hybriden Kommunikationsmitteln schafft nicht nur Brücken zwischen beruflichen und privaten

[40] Die Zeitrhythmen der Menschen verlaufen zusehends asynchron. Dies hat Auswirkungen auf das gesellige Zusammensein (Albers, Henz, Jakob 1988) …

[41] … wie auf das Alleinsein in den Wohnungen, auch von Kindern (K. Spechtenhauser 2006).

[42] Menschen werden heute beträchtlich älter als früher und verbleiben deutlich länger in ihrem gewohnten Wohnumfeld bei guter gesundheitlicher Verfassung.

Nutzungen, sondern auch zwischen formeller und informeller, zwischen sesshafter und mobiler Arbeit; diese Nutzungen tragen zur Auflösung der Grenzen der Arbeitswelt in jeder Hinsicht bei."

Die mobil gewordene Berufsarbeit, die zeitweilige Verlagerung in die Wohnung geht einher mit der Flexibilisierung der Arbeitszeit. Die in der Industriegesellschaft zeitlich synchron gestalteten außerhäuslichen Tätigkeiten, sei es am Arbeitsplatz, in der Schule oder in den Freizeiteinrichtungen, die eine für alle Menschen gleiche, im Voraus bestimmte Zeitstruktur des alltäglichen Lebens zur Folge hatten, gehören der Vergangenheit an. Die Zeitrhythmen der Menschen verlaufen zusehends asynchron. Es ist nicht mehr absehbar und planbar, wann sich welches Mitglied der Familie definitiv und regelmäßig in der Wohnung aufhält [Abbildungen 40, 41]. Diese Entwicklungen haben wesentliche Auswirkungen auf die Lebensgewohnheiten, insbesondere auf die Regelung der Hausarbeit und der Nahrungszubereitung, auf die Rituale des gemeinsamen Essens und des geselligen Zusammenseins.

Im Weiteren ist relevant, dass die Zeit, die Menschen in ihrer Wohnung und ihrem Wohnumfeld verbringen, erheblich zunimmt, die Zeit beim Arbeiten dagegen abnimmt. So macht für eine Vielzahl von Menschen die Berufsarbeit heute einen wesentlich geringeren Anteil ihrer Lebenszeit aus als vor 50 Jahren. Dies trifft weniger auf Frauen als auf Männer zu. Bei Männern ist der Anteil der Lebenszeit, die mit Berufsarbeit verbracht wird, von etwa 25% in den 30er Jahren auf etwa 10% heute zurückgegangen. Dazu kommt, dass sich tendenziell zum einen die wöchentliche Arbeitszeit verkürzt, und zum anderen sich die Ausbildungs-, Weiterbildungs- und Urlaubszeiten verlängern. Dies gilt für Frauen wie für Männer gleichermaßen.
Aber auch aufgrund der guten gesundheitlichen Versorgung und damit auch der guten gesundheitlichen Verfassung werden immer mehr Menschen

heute beträchtlich älter als früher und verbleiben deutlich länger in ihrer Wohnung [Abbildung 42]. Es ist nicht weiter überraschend, dass in Folge dieser Veränderungen die Menschen ihren Wohnungen eine zunehmend größere emotionale Bedeutung beimessen.

Die strukturelle Arbeitslosigkeit, der wachsende Stress am Arbeitsplatz und die prekären Anstellungsverhältnisse bewirken zudem, dass die Identitätsbildung der Menschen durch die Berufsarbeit langsam unterhöhlt wird. Aus diesem Grund wird die Identifikation mit der Wohnwelt immer wichtiger. „Das Wohnen ist Ausdruck seiner selbst", formuliert der Soziologe Lucius Burkhardt (1985) unter der Frage, was heute Wohnlichkeit bedeutet. Wohnwelten werden heute immer intensiver genutzt. Neben Erholung und Schlaf, Haus- und Familienarbeit sind interaktive und kreative Tätigkeiten, Medienspiele und Internet-Recherchen, Basteln und Eigenbau, Kochen und Gartenarbeit usw. nicht mehr aus der Wohnung und dem Wohnumfeld wegzudenken [Abbildung 43]. Wohnwelten sind mehr denn je Orte, in denen Menschen danach trachten, sich als Individuen oder als Gruppe ausdrücken und darstellen zu können.

Die Pluralität der alltagskulturellen Erwartungen, die Variationsbreite an Lebensentwürfen und die Komplexität stattfindender Veränderungen weisen darauf hin, dass die Privatsphäre nicht mehr der uns überlieferten Tradition verhaftet ist. Sie ist vielmehr als ein Vektor von gesellschaftlichen Modernisierungsprozessen zu bewerten.
Was bedeutet dies für die Konzeption von Wohnwelten? Wie kann Architektur der Aktualisierung dieser neuen Lebensweisen und den vielfältigen Erwartungen der Menschen Rechnung tragen und sie unterstützen?

[43] Wohnwelten sind mehr denn je Orte, in denen Menschen danach trachten, sich ausdrücken oder darstellen zu können. Kreatives, interaktives Kochen gewinnt in vielen Haushalten an Bedeutung. Küchenreklame des Jahres 2003.

3.3 Zuhause in der Stadt: Lösungsansätze für städtische Wohnformen

Vielfältige Erwartungen berücksichtigen

Bei neueren Wohnprojekten setzt sich generell die Tendenz durch, die Erwartungen und Bedürfnisse der zukünftigen Bewohnerinnen und Bewohner zu berücksichtigen. Dies trifft sowohl für die privatwirtschaftlich finanzierten Projekte zu als auch für den öffentlich geförderten Wohnungsbau. Dabei ist unübersehbar, dass der öffentlich geförderte Wohnungsbau stark zurückgeht. Vor dem Hintergrund einer in Europa sich durchsetzenden neoliberalen Politik ist der Anteil des sozialen Wohnungsbaus im gesamten jährlichen Bauvolumen je nach Land von bis zu 60% in den 60er und 70er Jahren auf weniger als 10% seit Ende der 90er Jahre zusammengeschrumpft.

Die Zielsetzungen der gemeinnützigen Bauträger haben sich in dieser Zeit ganz wesentlich gewandelt. Das erzieherische Anliegen gegenüber den Bewohnern, das noch weit in die 70er Jahre Wohnungsbaugesellschaften und Architekten ideologisch motivierte, ist heute weitgehend verschwunden. Vielmehr haben Planer und Architekten ein neues Interesse nicht nur für quantitative, sondern auch für die qualitativen Bedürfnisse, für größere Freiräume und das Mitspracherecht der Bewohner.

Auf einem expandierenden Wohnungsmarkt sind die privatwirtschaftlich initiierten Wohnprojekte zu Immobilienobjekten geworden. Auf diese Weise hat sich der Wohnungsmarkt von einem angebotsorientierten zu einem Nachfragemarkt entwickelt. Wohnungen sind zunehmend zur Ware geworden; für den Erfolg der Kapitalinvestition ist dabei entscheidend, bei dem Planungsprozess der Wohnform den besonderen Wünschen der Käufer bzw. Mieter Rechnung zu tragen. Ob dabei Emanzipationschancen eröffnet werden, wie Sabine Kraft (2006) erhofft, bleibt zu hinterfragen: „Die Befreiung des Wohnens aus der Bevormundung bringt zugleich seine vollständige Subsumption unter die Mechanismen der Ökonomie mit sich. Das ist eine ziemlich vertrackte Dialektik, um das emanzipatorische Potenzial aufzuspüren, das sich in dieser Situation versteckt."

Bei der Konzeption von Wohnformen ist heute eine weitere Entwicklung in allen europäischen Ländern von Bedeutung: die zunehmende Wohnfläche, die eine einzelne Person beansprucht. Von etwa 15 m^2 in den 30er Jahren ist die Durchschnittsfläche pro Person auf etwa 40 m^2 z.B. in Deutschland und Frankreich gestiegen, ja sogar auf mehr als 50 m^2 z.B. in der Schweiz und in Griechenland. In der Angabe dieser Durchschnittswerte sind jedoch die erheblichen Unterschiede zwischen einkommensschwachen bzw. -starken Bevölkerungsgruppen ausgeblendet oder zwischen Menschen, die in Sozialwohnungen oder in Luxusvillen leben.

Doch unabhängig davon ist zu beobachten, dass durchschnittlich mehr Wohnfläche den Bewohnern heute zugestanden wird. Diese Entwicklung zu mehr Wohnraum ist strukturell bedingt: Die Zahl der Personen, die in einem Haushalt zusammenleben, hat im Vergleich zu früher abgenommen, die Berufsarbeit hat Einzug in die Wohnwelt gehalten und der Bedarf nach Stauraum wächst.

Für Architekten hat dies zur Folge, dass sie nicht wie in den 20er Jahren des letzten Jahrhunderts mit der schwierigen Aufgabe konfrontiert sind, Kleinstwohnungen zu konzipieren, sondern dass sie Entwürfe für eher geräumigere Wohnformen zu entwickeln haben. Ihre gestalterischen Spielräume sind dadurch zweifellos größer geworden.

Diese Tendenzen tragen dazu bei, dass zunehmend Wohnprojekte mit neuen Lösungsansätzen realisiert werden. Mit unkonventionellen Grundrissen, neuartigen technischen Ausstattungen und ungewohnten Raumkonfigurationen wird angestrebt, auf die Erwartungen der Bewohner einzugehen, ihren veränderten Lebensweisen Rechnung zu tragen und ihnen ein möglichst differenziertes Nutzungs- und Aneignungspotential anzubieten.

Aufgrund meiner Untersuchungen neuerer Wohnbauten komme ich zu dem Schluss, dass heute zwischen drei grundsätzlich verschiedenen Lösungsansätzen bei der Planung und Gestaltung von städtischen Wohnformen unterschieden werden kann:

• Nutzungsfreiheit: Vor dem Hintergrund von unterschiedlichen, ja widersprüchlichen Wohnerwartungen verfolgt dieser Lösungsansatz das Ziel, den Bewohnern eine individuelle Interpretation in der Nutzung ihres Wohnraumes zu eröffnen. Die Ausgestaltung der Wohnform steht im Zeichen der Nutzungsfreiheit aller Räume.

• Anpassungsfähigkeit: Dieser Lösungsansatz hat zum Ziel, die Anpassung der Wohnform an wechselnde und zukünftige Wohnwünsche der Bewohner zu ermöglichen. Es wird ein konzeptioneller Rahmen für die Ausgestaltung der Wohnform definiert, der offen für räumliche Veränderungen bleibt. Daraus folgen neue Formen der Projektentwicklung, bei denen die Bewohner am Planungsprozess mitbeteiligt sind und den Architekten die Rolle eines Planungsmoderators zukommt.

• Diversifikation: Innerhalb eines Wohnungsbaus wird eine Diversifikation der Wohnformen angestrebt, sowohl in Bezug auf Wohnungsgröße und -typologie als auch auf räumliche und atmosphärische Besonderheiten. Den einzelnen Wohnformen soll eine je eigene Qualität verliehen werden. Die Intentionen jedoch, die damit in Verbindung stehen, sind verschieden, je nachdem, ob es sich um ein Projekt des privatwirtschaftlich initiierten Wohnungsmarktes oder des gemeinnützigen Wohnungsbaus handelt.

Im Folgenden werden Wohnprojekte in europäischen Städten dargestellt, in denen diese Lösungsansätze exemplarisch umgesetzt worden sind. Damit sollen Zielsetzungen von Bauträgern und Architekten, konzeptionelle Merkmale und soziale Wirkungsweisen verdeutlicht werden, die mit den drei verschiedenen Lösungsansätzen in Zusammenhang stehen.

Nutzungsfreiheit eröffnen

Nutzungsfreiheit, -offenheit, -neutralität, Flexibilität, Variabilität: in der zeitgenössischen Architektur gibt es eine Vielzahl an Bezeichnungen, die die Lösungsansätze kennzeichnen, mit denen den Bewohnern Wahlmöglichkeiten in der Interpretation und Nutzung ihrer Wohnform eröffnet werden soll.
Nutzungsfreiheit in Verbindung mit Gleichwertigkeit der Räume ist ein Konzept, das schon ab 1980 zur Diskussion stand. Die Konzeption von Wohnformen, deren Grundriss aus einer Addition von Räumen entsteht, die die gleichen Dimensionen und Proportionen aufweisen und von einem Korridor aus erschlossen werden, ist zwar nichts Neues [Abbildung 44]. Die studentische Besetzer- und Wohngemeinschafts-Szene, die in die großbürgerlichen Gründerzeitwohnungen europäischer Städte einzog, entdeckte die Qualitäten dieser räumlichen Anordnung wieder neu. In den geräumigen Wohnungen, in denen die Wohngemeinschaften jedem Mitglied einen gleichwertigen Raum zur Verfügung stellen konnten, wurde für alle die Frage nach sozialer Distanz bei räumlicher Nähe zufriedenstellend gelöst.

Architektinnen aus der Frauenbewegung waren die ersten, die aus dieser Erfahrung die Konsequenz für die Konzeption zeitgenössischer Wohnungen zogen (Dörhöfer, Terlinden 1981; Wahrhaftig 1982). Zunächst ging es darum, dass Frauen, aber auch jedes Haushaltsmitglied, einen eigenen Raum bekommen sollten. Dementsprechend wurden in der Planung nutzungsfreie, gleichwertige Räume entwickelt [Abbildung 45]. Mit diesem Ansatz sollten die funktionalistischen Grundrisse, die die hierarchischen

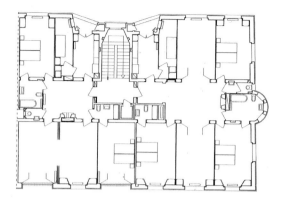

[44] Wohnungsgrundrundriss mit gleichwertigen Räumen in der Wohsiedlung Montchoisy (1929) in Genf von Maurice Braillard (Genf, Fondation Braillard Architectes).

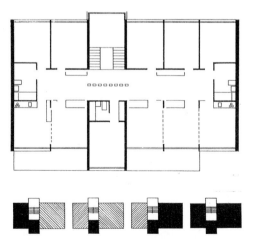

[45] Dieser schematische Grundriss ist aus nutzungsfreien, gleichwertigen Räumen zusammengesetzt und erlaubt vier unterschiedliche Kombinationen von Wohnungen (Albers, Henz, Jakob 1988).

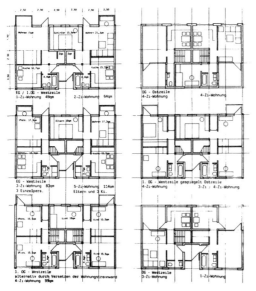

Wohnungstypologie M 1:1oo

[46] Im Projekt Frauen planen Wohnungen von Monika Melchior und Heike Töpper (1993) im Ruhrgebiet werden die Grundrisse in gleichwertige, nutzungsneutrale Räume gegliedert. Grundrisse der Etagen- und Maisonettewohnungen mit mittelgroßen Räumen (Grote 1991) …

[47] … Lageplan des Projektes in der Stadtmitte von Bergkamen (Schröder, Zibell 2004) …

[48] … und städtebauliche Anordnung des Projektes in zwei zueinander orientierten Gebäudezeilen (Rebe 2001)

Beziehungen in der Familie festschreiben, überwunden werden sowie egalitäre Beziehungen gefördert und die Autonomie von Frauen und Kindern unterstützt werden.

Trotz der Nutzungsqualitäten, die in den Wohnungen mit diesem Lösungsansatz ermöglicht werden, zeigt die Untersuchung von Projekten mit geringer Wohnungsfläche – die Regel im sozialen Wohnungsbau –, dass bei der Bereitstellung von gleichwertigen Räumen der Gestaltungsspielraum der Architekten gering ist. Dieses Problem wird im Projekt Frauen planen Wohnungen in der Stadtmitte von Bergkamen im Ruhrgebiet deutlich, das im Rahmen der Internationalen Bauausstellung (IBA)-Emscher Park vom Arbeitskreis „IBA und Frauen" 1990 initiiert wurde.

Der preisgekrönte Wettbewerbsentwurf von Monika Melchior und Heinke Töpper, der unter Mieterinnenbeteiligung weiterentwickelt und 1993 fertig gestellt wurde, war Gegenstand von Evaluationen und Veröffentlichungen (Schröder, Zibell 2004). In diesem öffentlich geförderten Projekt werden die Grundrisse der 28 Etagen- und 2-stöckigen Maisonettewohnungen konsequent in gleichwertige, nutzungsneutrale Räume gegliedert [Abbildung 46]. Doch der gewählte Lösungsansatz führte aufgrund der im sozialen Wohnungsbau festgesetzten Obergrenze der Wohnungsfläche zu gleichmäßig mittelgroßen Räumen. Die Befragung ergab, dass die Bewohnerinnen wohl die ihnen angebotene Freiheit in der Nutzung zu schätzen wussten, dass aber keiner der Räume ihren Erwartungen nach einem großzügig gestalteten Bereich für geselliges Zusammensein entsprach. Umso beliebter waren die öffentlichen Räume im Wohnumfeld. Aus der städtebaulichen Anordnung von zwei zueinander orientierten Gebäudezeilen – die eine sanft geschwungen, beide über Erschließungsbrücken miteinander verbunden – schufen die Entwerferinnen im Quartier qualitätsvolle Begegnungsorte und reizvolle Sichtbezüge [Abbildungen 47, 48].

114

Es ist bezeichnend, dass in neueren Wohnungsbauprojekten Nutzungsfreiheit als Ansatz zwar oft konzeptionell leitend ist, der Idee von durchwegs gleichwertigen Räumen jedoch nicht mehr gefolgt wird. Es zeichnet sich die Tendenz ab, zwischen gleichwertigen Räumen, die als individuelle Rückzugsräume konzipiert sind, und größeren nutzungsfreien Bereichen zu unterscheiden, die als gemeinschaftliche Kommunikationsräume ausgestaltet werden.

In der Wohnüberbauung Brunnenhof von Gigon und Guyer in Zürich, aus einem Wettbewerbsverfahren als preisgekrönter Entwurf hervorgegangen und 2007 fertig gestellt, ist dieser Ansatz umgesetzt worden. In den 72 gemeinnützigen Wohnungen, die als klassische Zweispänner konzipiert sind, werden 4 bis 5 gleichwertige Rückzugsräume sowie ein großzügiger gemeinschaftlicher Kommunikationsbereich um einen zentralen sanitären Kern angeordnet [Abbildung 49]. Sorgfältige Detailgestaltung in Bezug auf Raumproportionen und Belichtung, kontrastreiche Raumsequenzen und qualitätsvolle Außenbezüge kennzeichnen die Ausgestaltung der Wohnungen, die in einem 6-stöckigen, prägnanten Zeilenbau zusammengefasst sind [Abbildungen 50, 51].

Die Nutzungsoffenheit in allen Räumen und deren Gliederung machen es möglich, dass die Wohnungen ebenso gut von kinderreichen Familien wie von Wohngemeinschaften bewohnt und genutzt werden können. Der gewählte Lösungsansatz lässt erkennen, dass das Architekten-Team hierarchische Raumfestlegungen, funktionalistische Entwurfskriterien und die gewohnte Aufteilung der Wohnung in einen Tages- und einen Nachtbereich eindeutig verworfen hat. Der Frage nach dem veränderten Verhältnis zwischen sozialer Distanz und Nähe, individueller Autonomie und familiärer Solidarität, Rückzug des Einzelnen (oder des Paares) und Geselligkeit in der Gruppe wird jedoch eine große Bedeutung beigemessen.

[49] Es zeichnet sich bei neueren Projekten die Tendenz ab, zwischen gleichwertigen Räumen, die als individuelle Rückzugsräume konzipiert sind, und größeren nutzungsfreien, gemeinschaftlichen Bereichen zu unterscheiden. Wohnüberbauung Brunnenhof (2007) in Zürich von Gigon und Guyer. Typischer Grundriss der Etagenwohnungen …

[50] , [51] … und Ansicht der Südfassaden mit vorgehängten, farbigen Balkonen (Büro Gigon und Guyer) …

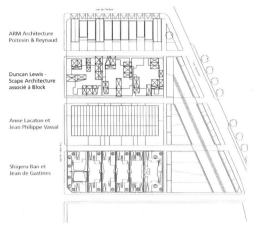

[52] … Der gleiche Ansatz wurde auf neuartige Weise in der Cité Manifeste von Mülhausen (2004) interpretiert. Lageplan der 12 Wohnungen von Duncan Lewis-Scape Architecture mit Block Architectes (2004) in der Cité Manifeste …

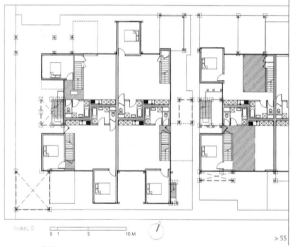

[53] … Erdgeschoss-Grundrisse von 6 Maisonette-Wohnungen, die im 1. Stock jeweils über 1 bis 2 weitere gleichwertige Zimmer und Terrassen verfügen. Der zentrale gemeinschaftliche Bereich besitzt eine doppelte Geschosshöhe …

[54] … das im Bau sich befindende Projekt (Arc-en-rêve 2007).

Das Projekt von Duncan Lewis-Scape Architecture in Kooperation mit Block Architectes in der Cité Manifeste von Mulhouse im Elsass ist ein weiteres Beispiel, in dem der gleiche Ansatz von gleichwertigen individuellen Rückzugsräumen und nutzungsoffenen, gemeinschaftlichen Kommunikationsräumen leitend war. Er wurde aber auf neuartige Weise interpretiert. Die 65 Wohneinheiten umfassende Siedlung versteht sich als ein Manifest für die Erneuerung des sozialen Wohnungsbaus (Arc-en-rêve/Cité de l'Architecture 2007); sie wurde von einem gemeinnützigen Wohnungsbauträger initiiert und durch das französische Ministerium für Wohnungswesen gefördert. Fünf international renommierte Architekten-Teams wurden im Jahre 2000 aufgefordert, im Rahmen des von Jean Nouvel ausgearbeiteten städtebaulichen Planes [Abbildung 52] verdichtete Wohnformen zu realisieren, die die vorgegebenen Baukosten des sozialen Wohnungsbaus einhalten, aber mit neuen konzeptionellen Lösungsansätzen experimentieren sollten.

Die 12 Wohnungen von Duncan Lewis-Scape Architecture mit Block Architectes interpretieren die im 19. Jahrhundert realisierten Typologien der umgebenden Arbeitersiedlung neu. Das berühmte „Mülhausen-Carré", aus vier zweistöckigen, aneinander gefügten Wohneinheiten gebildet, wird übernommen, doch die Raumgliederung im Innern sowie die Formgebung nach Außen ist vollkommen verändert. Trotz ihrer unterschiedlichen Größen entsprechen die Maisonette-Wohnungen alle dem gleichen Prinzip: Der Eingangsflur öffnet sich auf einen weiträumigen gemeinschaftlichen Kommunikationsbereich, der die ganze Höhe der Maisonette einnimmt und die offene Küchenreihe einbindet. Wie große, in den Außenraum ausragende Skulpturen sind gleichwertige individuelle Rückzugsräume an den Kommunikationsraum angedockt – je nach Wohnungsgröße ein bis zwei Zimmer im Erdgeschoss und ein bis zwei weitere Zimmer, über eine Treppe erschlossen, im Obergeschoss [Abbildung 53]. Alle Wohnungen

weiten sich auf den Außenraum aus, sei es mit überdachten Terrassen, sei es mit von Vegetation um-
rankten Balkonen [Abbildung 54]. Mit den Jahren
entsteht ein pflanzlicher Filter, der die Architektur
umhüllt und mit ihr eine Symbiose eingeht.

Auf konzeptioneller und zugleich ästhetischer Ebene
verfolgt die Architektur hier neue Wege, die tradier-
te Vorstellungen von Wohnen hinter sich lassen.

Anpassungsfähigkeit begünstigen

Mit diesem Lösungsansatz wird das Ziel verfolgt, die
Anpassung der Wohnform an die besonderen Wünsche der zukünftigen Bewohner und Bewohnerinnen zu ermöglichen. Dies erfordert die Definition eines konzeptionellen und konstruktiven Rahmens bei
der Planung und Ausgestaltung von Wohnformen,
der einen gewissen Grad an räumlichen Variationen
bei der Festlegung des Grundrisses zulässt und in
Absprache mit den Bewohnern auch offen für zukünftige räumliche Veränderungen bleibt. Wie schon
erwähnt, hat dies für die Architekten zur Folge, dass
sie die Rolle von Planungsmoderatoren überneh-
men, die auf die Erwartungen der Bewohner eingehen.

[55] Mies van der Rohe war der erste, der in der Weißenhofsiedlung (1927) die Anpassungsfähigkeit der Grundrisse an
unterschiedliche Lebensweisen demonstriert hat. Grundriss
der Etagenwohnungen; links: konventionelle Zimmerbegrenzungen; rechts: freier Grundriss ...

Die Entwicklung von Stahlskelett-Bauweisen, die
den Raum von tragenden Wänden befreit und einen
je nach Bedarf unterteilbaren Grundriss möglich
macht, bildet die technisch-konstruktive Voraussetzung für diesen Lösungsansatz.

Mies van der Rohe war mit seinen Etagenwohnungen in der Weißenhofsiedlung in Stuttgart der erste,
der 1927 diesen Ansatz entwickelt und damit die
Anpassungsfähigkeit von Grundrissen an unterschiedliche Lebensweisen demonstriert hat [Abbil-
dungen 55, 56]. In seinen experimentellen Wohnungen definieren Stahlskelett-Pfeiler, Treppenhaus,
Wohnungstrennwand, Fensterfront sowie Boden-
und Deckenplatten einen großzügigen, von Licht er-
füllten Raum; dieser konnte je nach Wahl mit konventionellen Zimmerbegrenzungen unterteilt oder

[56] ... Ansicht der Südfassade um 1930 (L. Ungers 1983).

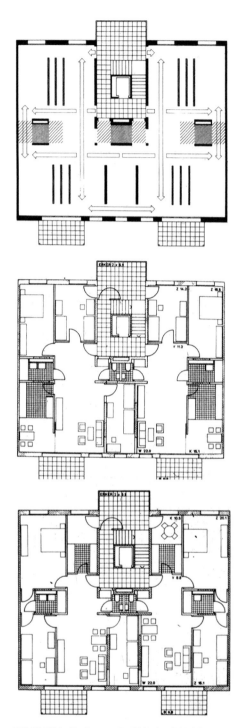

[57] Die Wohnüberbauung Davidsboden (1991) in Basel von M. Erny, U. Grammelbacher und K. Schneider erlaubt die Anpassung der Wohnungsgrössen und der -grundrisse an die Erwartungen der Bewohner. Schematische Zeichnung eines Stockwerkes in einem einzelnen Haus, in dem die tragenden Elemente und das Treppenhaus sowie die Positionierungsmöglichkeiten der Trennwände und der Sanitärbereiche eingezeichnet sind [58] [59] Beispiele von Grundrissoptionen.

auf Grund von dynamischen Raumdurchdringungen und Transparenzen gestaltet werden .

Seither ist eine Vielzahl an weiteren Projekten entstanden, bei denen die Anpassungsfähigkeit der Wohnform an die Wünsche der Bewohner konzeptionell leitend war. Bis heute bleibt aber die Frage nach den Möglichkeiten des Zweitmieters bzw. - käufers offen, der zwar eine prinzipiell anpassbare Struktur, zunächst aber eine festgelegte Wohnungsgliederung vorfindet. Wie diese Frage dann jeweils zu beantworten ist, hängt davon ab, ob es sich um eine öffentlich geförderte Wohnanlage oder um ein privatwirtschaftlich initiiertes Projekt handelt.

Die Wohnüberbauung Davidsboden in Basel ist ein Projekt mit experimentellem Charakter, das 1986 von gemeinnützigen Bauträgern initiiert und 1991 fertig gestellt wurde. Die sozial engagierten Bauträger der Anlage, die 154 kostengünstige Wohnungen und gemeinschaftliche Einrichtungen umfasst, hatten zum Ziel, in einem bis dahin benachteiligten Quartier ein Projekt zu schaffen, das Impulse zur Erneuerung seines näheren und weiteren Umfeldes auslösen würde. Dies sollte wiederum dem Leben in der neuen Wohnüberbauung zugute kommen. Die Bauträger sahen in der Beteiligung der zukünftigen Mieter am Planungsprozess einen entscheidenden Weg, um dies zu erreichen. Aufgrund der Mieterbeteiligung sollte eine soziale Mischung in der neu entstehenden Wohnanlage erzielt, dauerhafte soziale Netze zwischen engagierten Bewohnern initiiert und damit auch eine neue soziale Dynamik in das Quartier hineingetragen werden.

Die Architekten Martin Erny, Urs Grammelbacher und Karl Schneider schlugen in ihrem preisgekrönten Projekt Lösungsansätze vor, die diesen Erwartungen entsprachen. Sie positionierten die tragenden Elemente (Haustrennwände, Lochfassaden, Treppenhäuser, freistehende Wandscheiben und Teile des Sanitärbereiches) auf eine solch geschickte Weise, dass die Geschossflächen der einzelnen

Gebäude unterschiedlich gegliedert werden konnten [Abbildung 57]. Zum einen war es möglich, bis
zu einem späten Zeitpunkt des Bauprozesses die
Größe der als Zweispänner konzipierten Etagenwohnungen zu bestimmen; zum anderen konnten
die Grundrisse auf vielfältige Weise ausgestaltet
werden, je nach Wahl der zukünftigen Mieter [Abbil-
dungen 58, 59].

[60] ... Lageplan im
Quartier (Baumgartner,
Gysi, Henz 1993).

Den Architekten gelang es, diesen konzeptionellen
Rahmen mit einer qualitätsvollen, schlichten Architektur und einer sensiblen städtebaulichen Integration in das bestehende Quartier zu vereinen. Die
Wohnüberbauung nimmt die in der Nachbarschaft
vorherrschende städtebauliche Morphologie der
Blockrandbebauung aus dem 19. Jahrhundert auf
und interpretiert sie auf neue Weise. Es werden zwei
begrünte, attraktiv gestaltete Höfe geschaffen, die
in ihrem Innern durch eine fußläufige, öffentliche
Wegeführung und gemeinschaftliche Einrichtungen
belebt werden [Abbildung 60]. Die Architektur der
Anlage bringt die einheitliche Struktur der zweiseitig orientierten Wohnungen zum Ausdruck. Während auf der Straßenseite herausragende, transparente Wintergärten die Fassaden rhythmisch gliedern [Abbildung 61], wird das Bild auf der Hofseite
von einem Spiel zwischen den dem Mauerwerk vorgelagerten Metallbalkonen und den zurückversetz-
ten Dachterrassen geprägt, in denen sich eine üppi-
gen Vegetation ausbreitet [Abbildungen 62- 63].

[61] Ansicht der Fassaden mit Wintergärten
auf der Straßenseite ...

Die zwei Evaluationen, die zu Davidsboden durchgeführt wurden – die erste kurz nach Fertigstellung,
die zweite acht Jahre später (Baumgartner, Gysi,
Henz 1993; Gysi 2001) –, geben Aufschluss über den
Planungsprozess und dessen soziale Wirkungsweisen.
Die Erstmieter nutzten die angebotene Möglichkeit
voll aus, ihre Wohnung nach eigenen Vorstellungen
mit zu planen. Es zeichneten sich Tendenzen bei der
Gliederung der Wohnungen ab, wie z.B. eine Vorliebe für eher offene Grundrisse, möglichst gleichwer-

[62] ... und Ansicht der Fassaden mit vorgehängten Balkonen und rückversetzten Terrassen
auf der Hofseite ...

[63] ... Auf der Hofseite breitet sich entlang der Balkone eine üppige Vegetation aus. Sie belegt die liebevolle Pflege der Wohnsiedlung durch die Anwohner. Fotos im Jahre 2003 (U.P.).

tige Zimmer und einen größeren gemeinschaftlichen Bereich. Gleichwohl entstanden viele Grundrissvariationen und verschiedenartige Raumqualitäten.

Es zeigt sich, dass die so geschaffene Diversifikation der Wohnungen von den Bewohnern als eine große Qualität der Wohnüberbauung angesehen wird. Dies erklärt die Beliebtheit, der sich Davidsboden erfreut. Dies ist nicht nur bei Erstmietern, sondern auch bei den nachfolgenden Mietern der Fall, obwohl diese die prinzipiell vorhandenen Anpassungsmöglichkeiten ihrer Wohnung nicht ausnutzen konnten. Die Kosten, die mit einem auch nur teilweisen Umbau der Wohnungen verbunden wären, übersteigen die Finanzierungskapazitäten des sozialen Bauträgers.

Das wichtigste Ergebnis der Evaluationsstudien liegt meiner Meinung nach in der Erkenntnis, dass die Mieterbeteiligung am Planungsprozess eine zentrale Rolle bei der Herausbildung eines dichten Netzes von sozialen Beziehungen zwischen Nachbarn gespielt hat. Der Partizipationsprozess, der in eine Mieterselbstverwaltung der Wohnanlage mündete, hat zu einer zunehmenden Selbstbestimmung und einem Empowerment der Bewohner geführt. Die dabei ausgelöste soziale Dynamik hat nachhaltig das Leben am Davidsboden und im Quartier geprägt.

Die Evaluationsstudien geben des weiteren Aufschluss über die neue Rolle von Architekten bei Planungen, an denen die zukünftigen Mieter zugezogen werden. Die Architekten der Siedlung Davidsboden übernahmen die Moderation von Diskussionsrunden mit den zukünftigen Bewohnern und die Beratung von einzelnen Haushalten, um die Wohnungen an die besonderen Wünsche anpassen zu können. Dies nahm viel Zeit in Anspruch. Da die Bezahlung der Moderation in der Honorarordnung der Architekten nicht vorgesehen ist, wurde das soziale Engagement des Architekten-Teams vorausgesetzt, um den Partizipationsprozess zufriedenstellend durchführen zu können.

Im Unterschied zu Davidsboden handelt es sich bei Beat Consonis Appartement House Seestraße um ein Wohnprojekt, das zwar auch in der Schweiz, aber auf privatwirtschaftlicher Basis realisiert wurde und für eine zahlungskräftige Zielgruppe zum Kauf bestimmt war. Das 1995 fertig gestellte, im Zentrum von Horn, direkt am Bodensee liegende Gebäude ist ein aktuelles Beispiel puristischer Schweizer Architektur, das durch die Reduktion der Gestaltungsmittel und der Präzision aller Ausführungsdetails gekennzeichnet ist.

Das Appartement House enthält auf drei Geschosshöhen je zwei Etagenwohnungen mit anpassungsfähigen Grundrissen und Vergrößerungsmöglichkeiten, eine zusätzliche 3-stöckige Maisonette-Wohnung kann nach Wahl einer der Etagenwohnungen zugeschaltet werden. Neben der fest ausgebauten, im Innern des Gebäudes angeordneten „Serviceschiene" (aus Treppenhaus, Badezimmer und Küchen bestehend) verfügen die Etagenwohnungen über einen großzügigen, von tragenden Wänden freigestellten Raum mit wunderbarem Blick über den Bodensee. Je nach den Vorstellungen und den finanziellen Möglichkeiten der Käufer, können die Wohnungen in mehrere fest begrenzte Räume nach konventionellem Muster unterteilt oder in Form eines weiträumigen, transparenten, loft-artigen Raumgefüges ausgestaltet werden [Abbildungen 64-66].

Consonis luxuriöses Appartement House steht stellvertretend für ein Projekt des Immobilienmarktes, bei dem die Anpassungsfähigkeit der Wohnungen als Marketing- und Verkaufsstrategie eingesetzt wird. Wie der Geschäftsführer einer Investorengruppe erklärt, gehe es dabei weniger darum, „dass der Käufer eine Wohnung bekommt, die er später ummodeln, sondern dass der Verkäufer möglichst flexibel anbieten kann" (Arch+ 2006). Das stelle, wie es weiter heißt, einen zusätzlichen Verkaufsreiz dar. Man könne die Wohnungen während der Vermarktung und der Bauzeit an individuelle Wünsche

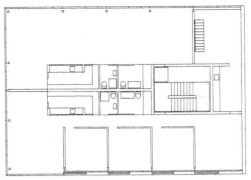

[64] Beat Consonis luxuriöses Appartement House Seestrasse (1995) auf der Schweizer Seite des Bodensees: Grundriss des ersten Stockwerkes mit 2 Etagenwohnungen (die eine N-W, die andere N-O ausgerichtet) und mit einer zuschaltbaren 3-stöckigen Maisonettewohnung. Die Etagenwohnungen können mit konventionellen Zimmerbegrenzungen unterteilt oder als weiträumige Lofts ausgestaltet werden ...

[65] ... Ansicht des Gebäudes ...

[66] ... und Innenansicht mit Blick über den Bodensee (C. Broto i Comerma 2002).

anpassen und so für jede Wohnung die richtigen Käufer finden.

Es darf im Übrigen nicht vergessen werden, dass bei einem kostspieligen Immobilienobjekt die vorhandene Anpassungsfähigkeit auch für den Zweitkäufer einen nicht zu unterschätzenden Kaufreiz darstellt, denn Umbaukosten machen bei einer ohnehin teuren Wohnung einen verhältnismäßig geringen Anteil am Gesamtbudget aus.

Dieser Vergleich zwischen einem privatwirtschaftlich initiierten und einem gemeinnützigen Wohnprojekt weist darauf hin, dass Anpassungsfähigkeit als Lösungsansatz in beiden Fällen die Diversifikation der Wohnformen zur Folge hat. Der Vergleich legt aber auch die Schlussfolgerung nahe, dass der gewählte Ansatz im Kontext des freien Wohnungsmarktes nicht viel mehr als ein erfolgreiches Mittel zum Verkauf von Immobilien abgibt. Im Kontext eines öffentlich geförderten Wohnungsbaus jedoch kann dieser Lösungsansatz dazu beitragen, das gemeinsame Handeln der Mieter und die Herausbildung eines sozialen Netzes im Quartier zu unterstützen – vorausgesetzt, der soziale und politische Wille dazu ist vorhanden.

Diversifikation ausbauen

In den aktuellen Wohnüberbauungen wird zunehmend ein Lösungsansatz gewählt, der in der Diversifikation der Wohnformen besteht. Deren Besonderheit wird gezielt aufgearbeitet, sowohl in Bezug auf Größe und Grundrissanordnung als auch auf räumliche und gestalterische Merkmale.

Durch diesen Ansatz reagieren die Architekten und Planer auf die Unwirtlichkeit von Großwohnsiedlungen des sozialen Wohnungsbaus, die zwischen Ende der 50er bis weit in die 70er Jahre auf der grünen Wiese erbaut wurden. Der Gegensatz zwischen der seriell angelegten, einförmigen Architektur dieser frühen Großsiedlungen und den oft ausdrucksreichen Gestaltungsformen neuerer Wohnprojekten ist

[67] Der Wohnkomplex in Gouda (2002) von KCAP Architekten im grünen Herzen der Randstadt ist ein Beispiel des „gehobenen" Immobilienmarktes, in dem unterschiedlichste Typologien, Grundrisszuschnitte und private Außenräume geschaffen wurden. Foto des Gebäudes mit Etagenwohnungen und der Reihenhäuser am Kanal …

[68] … Die kontrastreichen Wohnformen werden zu einem Ensemble mit skulpturalem Charakter zusammengefasst (a+t arquitectura + tecnologia, 2003).

offenkundig. Es ist bemerkenswert, dass die Diversifikation der Wohnformen sowohl in Projekten des freien Wohnungsmarktes als auch in solchen des gemeinnützigen Wohnungsbaus als Lösungsansatz gewählt wird. Doch zu fragen wäre, in welcher Art und Weise dieser Ansatz jeweils mit den gleichen Intentionen und mit ähnlichen städtebaulichen Strategien umgesetzt wird.

Auf dem freien Wohnungsmarkt sind Investoren spätestens seit der 90er Jahren mit einer unübersichtlichen und wechselhaften Nachfrage konfrontiert. Sie stehen vor der Frage, wie zahlungskräftige Käufer angezogen werden können. Der luxuriöse Wohnkomplex in Gouda von KCAP Architekten (Kees Christiaanse mit Paul van der Voort und Eric Slotboom), der 2002 im grünen Herzen der Randstadt fertig gestellt wurde, steht stellvertretend für ein erfolgreiches Projekt des Immobilienmarktes. Die Diversifikation der Wohnformen bestimmte hier den Lösungsansatz und führte zum Bau von 18 Reihenhäusern und 20 Etagenwohnungen, die sich durch unterschiedlichste Typologien, Grundrisszuschnitte und -gliederungen auszeichnen.

Die Besonderheit der einzelnen Wohnformen wird zusätzlich durch eine große Variationsbreite an innenräumlichen Qualitäten sowie an verschiedenartigen Außenräumen, -bezügen und Aussichten betont. Mit Hilfe einer einheitlichen Materialwahl und einer ausdrucksstarken Architektursprache werden die kontrastreichen Wohnformen zu einem auf sich bezogenen Ensemble mit skulpturalem Charakter zusammengefasst [Abbildungen 67, 68]. Es entsteht eine prestigeträchtige Adresse, die den sozialen Status der Bewohner zur Schau stellt und in der zugleich aufgrund der architektonischen Formgebung die soziale Differenz der einzelnen Haushalte zum Ausdruck kommt.

Der gleiche Lösungsansatz kam bei der Realisierung des spektakulären Wohnsilos in Amsterdam vom Architektenteam MVRDV [Abbildung 69] zum Tragen,

[69] Der spektakuläre, hochverdichtete Wohnsilo in Amsterdam (2002) vom Architekturbüro MVRDV ist ebenfalls ein Projekt des gehobenen Immobilienmarktes. Ansicht der Nordfassade des im Wasser stehenden „Gebäudehybriden", der von einem Kai aus im Hafen von Amsterdam erschlossen wird und sich vom städtischen Kontext absondert …

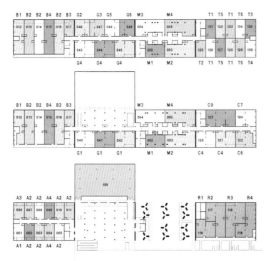

[70] ... Grundrisse des 3. Stockwerkes (oben), des 2. (Mitte) und des 1. Stockwerkes (unten). Sie zeigen die unterschiedlichen Wohnungstypologien und -grössen, die verschiedenartigen Nutzungen (Wohnungen und Büroräumlichkeiten) und die vielförmigen gemeinschaftlich genutzten Erschließungswege und Aufenthaltsbereiche, die im Projekt enthalten sind ...

[71], [72] ... Alle nur möglichen Gestaltungsmittel, Materialien, Farben und Fensteröffnungen sind eingesetzt worden, um die Besonderheit der einzelnen Wohnform und ihrer jeweiligen Bewohner an dieser exklusiven Adresse zu inszenieren (a+t arquitectura + tecnologia, 2002).

ebenfalls ein Projekt des gehobenen Immobilienmarktes. Das zehn Stockwerk hohe im Wasser stehende, 2002 fertiggestellte Projekt, nimmt die Form eines hoch verdichteten „Gebäudehybriden" an. Die Diversifikation der Wohnformen wird hier auf die Spitze getrieben: Durch dreidimensionale Verschachtelung von unterschiedlichen Wohnungstypologien, durch die Variation von Wohnungsbreiten und Raumhöhen, durch die Mischung von Etagen- und Maisonette-Wohnungen, durch verschiedenartige private Außenräume, Loggias, Balkone, Patios, Wintergärten sowie durch vielförmige, gebäudeinterne Erschließungswege, -treppen und gemeinschaftliche halböffentliche Räume [Abbildung 70].

Alle nur möglichen Gestaltungsmittel sind eingesetzt worden, um jeder Wohnung eine eigene Qualität zu verleihen. Die Vielfalt an Gestaltungsmittel wird auf der lang gezogenen Fassade in Form eines Patchworks aus unterschiedlichen Materialien, Farben und Öffnungen weitergeführt [Abbildungen 71, 72]. Von weitem sichtbar entsteht ein wechselvolles Bild, das die Besonderheit der einzelnen Wohnform und ihrer jeweiligen Bewohner dieser exklusiven Adresse am Wasser inszeniert.

Im Wohnkomplex in Gouda wie im Wohnsilo in Amsterdam haben die Architekten die typologische und gestalterische Diversifikation der jeweiligen Wohnformen mit einer städtebaulichen Konzeption kombiniert, mit der die Projekte von ihren städtischen Umgebungen „abgesondert" werden. Auf diese Weise schaffen sie prestigeträchtige Adressen für kaufkräftige Sozialgruppen, die sich hier unter dem Motto „verschieden unter Gleichen" zusammenfinden. Dieser Lösungsansatz entspricht bestens den Absichten von Investoren und Immobilienhändlern: Sie können Käufer ansprechen, die zwar unterschiedliche Wohnvorstellungen haben, aber eine gemeinsame Erwartung teilen: Sie wollen unter Gleichen an einer „guten Adresse" wohnen, zugleich aber über eine Wohnform mit besonderen Qualitäten verfügen, die ihren sozialen Status präsentiert.

Doch was auf dem freien Wohnungsmarkt für die einzelnen Investoren von Vorteil ist, birgt eine Gefahr für eine Stadtgesellschaft, die sich an der Idee der Solidarität orientieren will. Die Schaffung von Wohnwelten, in denen sich wohlhabende Haushalte von ihrer Umgebung absetzen oder gar abschotten, leistet der bereits stattfindenden sozial-räumlichen Fragmentierung europäischer Städte Vorschub.

Die Untersuchung von neueren Wohnüberbauungen zeigt jedoch, dass Diversifikation der Wohnformen als Ansatz auch mit ganz anderen Zielsetzungen verknüpft werden kann. Dies ist insbesondere der Fall in Wohnprojekten, die von gemeinnützigen Bauträgern initiiert werden und in denen ein klares soziales Anliegen zum Ausdruck kommt. Die soziale Durchmischung soll in der geplanten Wohnüberbauung erzielt, die Ghettoisierungstendenzen bei einkommensschwachen Mietern des sozialen Wohnungsbaus vermieden und die soziale Identifikation der Menschen mit ihrer Wohnwelt ermöglicht werden.
Um dieses soziale Anliegen einlösen zu können, sind Architekten herausgefordert, vielfältige Wohnungstypologien und Gestaltungsformen jeweils im Rahmen einer städtebaulichen Gesamtanordnung zu schaffen, die sich mit dem bestehenden Umfeld vernetzt und auf das umliegende Quartier öffnet. Der Entwurfsprozess operiert somit immer von außen – vom städtischen Bestand ausgehend – nach innen.

Ein solches soziales Anliegen und eine entsprechende Herangehensweise durch den Entwurf bestimmten die architektonische und städtebauliche Konzeption der Wohnüberbauung Emanzipatorisches Wohnen in Berlin-Kreuzberg, die im experimentellen Rahmen der Internationalen Bauausstellung (IBA)-Berlin noch vor dem Mauerfall initiiert und 1993 fertig gestellt wurde [Abbildung 73]. Der gemeinnützige Bauträger vergab den Auftrag zur Realisierung von 105 Sozialwohnungen an fünf

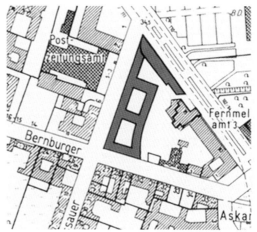

[73] Wohnüberbauung Emanzipatorisches Wohnen (1993) in Berlin-Kreuzberg: Das Projekt wurde von fünf verschiedenen Büros erbaut und von Christine Jachmann städtebaulich koordiniert. Lageplan des Projektes in unmittelbarer Nähe der früheren „Mauer" ...

[74] ... Die unterschiedlichen Typologien wurden zu einem Ensemble zusammengefasst, das das vorgefundene städtebauliche Muster feinfühlig weiterführt ...

[75] ... Das Projekt setzt zugleich neue Akzente im Stadtraum: Der prägnante Kopfbau von Zaha Hadid schafft ein eindrucksvolles städtebauliches Zeichen im Quartier ...

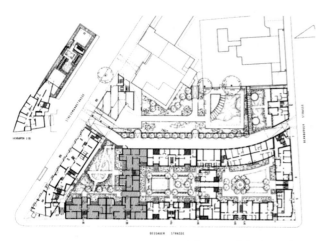

[76] …. Myra Wahrhaftig entwickelte eine Wohnungskonzeption, die dazu beitragen soll, unterschiedliche Formen des partnerschaftlichen Zusammenlebens zu begünstigen. Gesamtplan der Wohnungsüberbauung mit Wahrhaftigs Gebäudeabschnitt (grau unterlegt) …

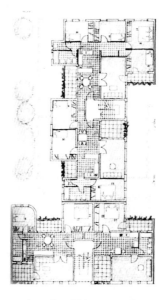

[77] … In der Grundrissanordnung ihrer Wohnungen unterscheidet Wahrhaftig zwischen gleichwertigen Rückzugsräumen und zentral gelegenen, gemeinschaftlichen Bereichen, in die die offenen Wohnküchen integriert sind (Stimman 1994).

verschiedene Architekturbüros: Peter Blake, Zaha Hadid, Christine Jachmann, Woegler/Dobranski/Kaprinski und Myra Wahrhaftig. Die Architektinnen und Architekten wurden aufgefordert, ihre jeweiligen Vorstellungen von emanzipatorischem Wohnen in verschiedenen Gebäudeabschnitten umzusetzen und zugleich in einem gemeinsamen Workshop eine städtebauliche Gesamtkonzeption zu erarbeiten, mit der die unterschiedlichen Wohnformen zu einem Ensemble zusammengefügt und in den bestehenden städtischen Kontext behutsam integriert werden sollten.

Auf der früheren Stadtbrache nahe der ehemaligen Mauer wurden so ganz unterschiedliche Wohnungstypologien zu einer Wohnanlage zusammengefasst, die das vorgefundene städtebauliche Muster feinfühlig weiterführt und neu interpretiert. Es entstand ein spannungsvoller Dialog zwischen den viergeschossigen, um drei Höfe angeordneten Blockrandbebauungen [Abbildung 74] und dem achtgeschossigen Kopfbau der Architektin Hadid, dessen prägnante Architektur ein eindrucksvolles städtebauliches Zeichen im Quartier setzt [Abbildung 75]. Hadid realisierte Etagenwohnungen, denen zwar private Außenräume fehlen, die aber besondere Qualitäten durch die dynamische Form des Eckhauses hinsichtlich des Lichteinfalls, der Aussicht und der räumlichen Konfigurationen vorweisen.
Im Gegensatz zum Kopfbau ist die Architektur der Blockrandbebauungen, für die die vier weiteren Planungsbüros unterschiedliche Wohnungstypologien konzipierten, zurückhaltend. Die Vorstellung von emanzipatorischem Wohnen kommt am deutlichsten in Wahrhaftigs Gebäudeabschnitt zum Ausdruck. In der Grundrissanordnung ihrer Wohnungen wählte Wahrhaftig einen Lösungsansatz, der zwischen nutzungsoffenen, gleichwertigen Rückzugsräumen und zentral gelegenen, mit Loggias erweiterten gemeinschaftlichen Kommunikationsbereichen unterscheidet. Sie integrierte im gemeinschaftlichen Bereich offene Küchen, in denen min-

destens zwei Personen gleichzeitig tätig sein können [Abbildungen 76, 77]. Mit dieser Wohnungskonzeption wollte die Architektin dazu beitragen, die
egalitären Beziehungen zwischen den Geschlechtern zu fördern und unterschiedliche Formen des
partnerschaftlichen Zusammenlebens zu begünstigen.

Bei der Wohnüberbauung Rue des Suisses in Paris
handelt es sich, wie im Berliner Projekt, um ein Projekt des sozialen Wohnungsbaus, das ein ähnliches
soziales Anliegen verfolgt: Es sollte eine sozial
durchmischte, identitätsstiftende, mit ihrem Umfeld
vernetzte Wohnwelt erbaut werden. Der enge konzeptionelle Zusammenhang zwischen der Diversifikation der 57 gemeinnützigen Wohnungen und der
städtebaulichen Gliederung begründet die außergewöhnliche stadträumliche und gestalterische Qualität der Anlage.

Das Projekt des Basler Architekturbüros Herzog & de
Meuron wurde 1996 im Rahmen eines international
ausgeschriebenen Wettbewerbes preisgekrönt und
im Jahre 2000 fertig gestellt. Die Architekten empfanden das zur Verfügung stehende Grundstück,
aufgrund der Komplexität des Zuschnittes und der
umliegenden Bausubstanz, als einen inspirierenden
Ort, aus dem sie eine vielschichtige städtebauliche
Anordnung ableiteten. Das Projekt entstand auf einer lang gezogenen, teilweise von hohen Mauern
gefassten Parzelle, die von zwei Baulücken auf den
Straßenseiten ausgeht und in die Tiefe einer baulich
verdichteten Blockrandbebauung eindringt.

Die Architektur und die Atmosphäre der Wohnüberbauung sind geprägt von den Gegensätzen zwischen der urbanen Straßenseite und dem ruhigen
Innern. Während zur Straße hin, in zwei Baulücken
eingefügt, zwei hoch verdichtete, 7-stöckige Gebäude in einem gelungenen ästhetischen Wechselspiel
mit den umgebenden Bauten stehen [Abbildung
78], zieht sich im Innern der engen Parzelle ein drei-
stöckiger Baukörper in die Länge [Abbildung 79].
Ihm gegenüber sind zwei allein stehende, zwei-

[78] Auch in der Überbauung Rue des Suisses
(2002) in Paris von Herzog & de Meuron wurde
das Ziel verfolgt, eine sozial durchmischte, identitätsstiftende Wohnwelt zu erbauen. Zur Stras-
se hin, in zwei Baulücken eingefügt, stehen die
7-stöckigen Gebäude in einem differenzierten
Wechselspiel mit den umgebenden Bauten. Ansicht der Straßenfront…

[79] … Ein langgezogener, niedriger Baukörper
dringt tief in das Innere des engen Grundstückes ein, …

[80] … während zwei alleine stehende Maisonette-Wohnungen den gartenähnlichen , halböffentlichen Raum in unterschiedliche Sequenzen unterteilen …

2nd floor plan/2階平面図.

Ground floor plan. Total gross floor area all buildings: 8,419m²/1階平面図. 延床面積：8,419m².

[81] Dieser städtebaulichen Anordnung entsprechen je nach Baukörper verschiedenartige Wohnungstypologien und Erschließungen, unterschiedliche private Außenräume und Übergänge zwischen dem Privaten und dem Öffentlichen. Grundrisse des Erdgeschosses (oben) und des 1. Stockwerkes (unten) …

[82] … Schnitt durch das langgezogene Grundstück …

stöckige Maisonette-Wohnungen angeordnet, die den lang gezogenen, gartenähnlichen, halböffentlichen Raum in unterschiedliche Sequenzen unterteilen [Abbildung 80].

Dieser städtebaulichen Gesamtordnung entsprechen je nach Baukörper verschiedenartige Typologien und gebäudeinterne Erschließungen, unterschiedliche private Außenräume, Sichtbezüge und Transparenzen zwischen privat und öffentlich [Abbildungen 81, 82]. Die je eigene Qualität der Wohnungen wird durch die Gegensätze in der Architektursprache und der Materialwahl zwischen den einzelnen Gebäuden noch weiter hervorgehoben. Der Kontrast zwischen der kühlen urbanen Eleganz der hohen straßenseitigen Gebäude und dem niedrigen, Wärme und Leichtigkeit ausstrahlenden Bauvolumen im Innern der Anlage könnte nicht größer sein. Während das graue, durchlöcherte Metall der faltbaren Fensterläden die Fassaden zum öffentlichen Raum der Straße hin prägt, bestimmen die in hellem Holz angefertigten, schwungvoll geformten Rollläden der niedrigen Baukörper das Bild und die Atmosphäre auf der Gartenseite.

Die Besonderheit der Wohnformen zeichnet sich nicht nur durch die nutzungsbezogenen und räumlich-gestalterischen Qualitäten aus, sondern auch durch sinnlich-erfahrbare, atmosphärische Merkmale [Abbildungen 83, 84].
Die Architekten formulierten den Anspruch, „eine grundlegende, für jedermann verständliche Arbeit zu machen", so Jacques Herzog (1997), „die direkt zu den Empfindungen durchdringt, durch den Geist und allen Schichten von Kontext und Kultur hindurch".

Diese Art von Architektur spricht Gefühle, Stimmungen und Befindlichkeiten an und lässt Menschen ihre Wohnwelt körperlich und emotional erleben. Sie nimmt aber auch Bezug zu ihrer Umgebung und zur stadträumlichen Spezifizität des Ortes. Die Überbauung wird zu einem integrierten Teil des Quartiers, in dem sie neue, zeitgenössische Akzente setzt. Hier können sich die Menschen mit ihrer Wohnwelt identifizieren und sich in der Stadt zuhause fühlen.

Fazit

In den 20er und 30er Jahren des letzten Jahrhunderts vollzogen die Architekten der Moderne den entscheidenden Schritt zur Definition einer neuen Wohnform für die breiten Massen der Bevölkerung. Im Laufe dieser experimentellen Entwicklung verband die Avantgarde ihr emanzipatorisches Ideal mit einem erzieherischen Anspruch. Die Architekten wollten die arbeitenden, „minderbemittelten" Menschen von unhygienischen, unzumutbaren Wohnbedingungen befreien, sie aber zugleich nach ihren eigenen, letztlich bürgerlichen Vorstellungen zum „richtigen Wohnen" erziehen. Sie entwickelten kleinste, abgeschlossene Wohnungen mit eigener Eingangstüre und modernem Hygienekomfort, in der sie alle Funktionsabläufe durchrationalisierten und im Voraus bestimmten.

Die Wohnform, die auf diese Weise nach funktionalistischen Prinzipien konzipiert wurde und als Modell für modernes Wohnen bis in die 1970er Jahre gültig blieb, berücksichtigte in keiner Weise die Lebensweisen der arbeitenden Bevölkerung. Sie entsprach einem „verordnetem Wohnen", das mit der Vision der Moderne, emanzipatorische Potenzen der Gesellschaft zu stärken, ganz offensichtlich kollidierte. Der Akzent war auf die Privatsphäre und den Einzelhaushalt gesetzt sowie auf das kleinfamiliäre Glück und die damit einhergehend hierarchische Rollen- und Raumzuweisung der Geschlechter.

In der heutigen Gesellschaft fordern die tief greifenden sozialen und kulturellen Veränderungen ganz neue Vorstellungen von Wohnen heraus. Neue Lebensweisen und -entwürfe, ein verändertes Verhältnis von individueller Autonomie und Rückzug, von

[83] … Die Besonderheit der Wohnungen zeichnet sich nicht nur durch nutzungsbezogene und räumlich-gestalterische Qualitäten aus, sondern auch durch sinnlich erfahrbare, atmosphärische Merkmale. Ansicht des langgezogenen Baukörpers, dessen Nordwand mit einem pflanzlichen Filter überdeckt werden soll. Im Hintergrund die kühle Eleganz des Wohngebäudes auf der Straßenfront …

[84] … Ansicht der Wärme ausstrahlenden, schwungvollen Rollläden aus hellem Holz, die die Atmosphäre des langgezogenen Baukörpers im Innern des Grundstückes bestimmen (Le Moniteur Architecture amc, 2000).

familiärer Solidarität und Geselligkeit prägen die Alltagskultur. Diese Ausrichtung bringt neue, sehr unterschiedliche Nutzungsansprüche an Wohnungen und das Wohnumfeld mit sich. Das funktionalistische Modell eines „verordneten Wohnens" erweist sich damit als historisch überholt.

Die Architekten und die Wohnungsbauträger haben mittlerweile ein neues Gespür für die Wünsche der Bewohner und Bewohnerinnen nach größeren Freiräumen und Mitspracherecht. In Architektur und Planung wird zunehmend angestrebt, mit neuartigen Lösungsansätzen auf die pluralistischen Erwartungen der Bewohner einzugehen und ihnen ein möglichst differenziertes Aneignungspotenzial anzubieten. Zukunftsweisend sind im Besonderen experimentelle Wohnprojekte, mit denen gemeinnützige Bauträger das Ziel verfolgen, den Menschen Möglichkeiten der Selbstdarstellung und der Identifikation mit ihrer Lebenswelt zu eröffnen sowie soziale Mischung und nachhaltige Erneuerung im umliegenden Quartier zu unterstützen.

Von den Siedlungen der Moderne zu aktuellen Wohnüberbauungen führt die Suche nach zukunftsfähigen Wohnformen zu einer grundsätzlichen Veränderung der konzeptionellen Ansätze. Diese Veränderung kann in Stichworten wie folgt zusammengefasst werden:

• Vom autoritär geprägten Ansatz der vorbestimmten Nutzungszuweisungen in einer Kleinstwohnung zu einem neuen Ansatz, der auf Nutzungs- und Aneignungsfreiheit in einer anpassungsfähigen Wohnform setzt und auf diese Weise die vielfältigen Wohnerwartungen berücksichtigt;
• von der Optimierung von Funktionsabläufen in einer durchrationalisierten Wohnung zu der Suche nach Wohnformen mit differenzierten Raumfolgen, einprägsamen Sichtbezügen und vielfältigen gestalterischen Qualitäten;

- von der seriellen Ästhetik der standardisierten „Wohnzellen" zu unterschiedlich gestalteten Wohnformen, die sich durch ihre je eigenen räumlichen, ästhetischen und atmosphärischen Qualitäten auszeichnen und dabei den Dialog mit ihrem Umfeld sensibel aufnehmen.

4. Transparenz in der Architektur

4.1 Schnittstellen, Übergänge, Transparenzen

Transparenz, ein Schlüsselbegriff der Architekturtheorie

Der im Jahre 1964 veröffentlichte Essay „Transparency. Literal and Phenomenal" hatte in der architekturtheoretischen Auseinandersetzung weitreichende Folgen. Die Autoren, der englische Architekturtheoretiker Colin Rowe und der US-amerikanische Maler und Zeichenlehrer Robert Slutzky, stellten in dieser Schrift die „Transparenz" als den Schlüsselbegriff der Architekturmoderne in den Mittelpunkt der Debatte. Rowe und Slutzky wollten aufzeigen, dass die frühen Villen von Le Corbusier und die Stillleben des Kubismus in ihrer Konzeption grundsätzlich vergleichbar sind. Es ging den beiden Autoren darum, die Auflösung der klassischen Perspektive und die Unterdrückung der Tiefe zugunsten einer Transparenz zwischen sich überlagernden Ebenen im architektonischen Werk Le Corbusiers aufzuzeigen [Abbildungen 2-4].

Diese Debatte über die Transparenz in der Architektur, die zur Zeit der Moderne begonnen und an die in den 1960er Jahren angeknüpft wurde, wird in diesem Kapitel weitergeführt und aktualisiert. Ich werde zeigen, dass die Transparenz in den architekturtheoretischen Diskussionen auf zwei unterschiedliche Weisen interpretiert wird, welche sich jedoch nicht ausschließen, sondern ergänzen.
Transparenz wird zum einen im Sinn einer Materialität in unterschiedlichen Gestaltungsformen verstanden, durch die die Beziehung zwischen Innen- und Außenräumen bzw. privaten und öffentlichen Räumen geregelt wird. Diese Beziehungen erhalten grundlegend verschiedene Bedeutungen, je nachdem, ob Transparenz in Form von Grenzziehungen, Trennlinien und Schnittstellen umgesetzt oder – im Gegenteil – in Form von Verbindungselementen, Schichtungen oder Übergängen ausgestaltet wird.

[1] Vorherige Seite: Transparenz in der Architektur wird auf vielfältige Weise interpretiert. Fassade der Wohnüberbauung Rue Durkheim in Paris; im Hintergrund die Bibliothèque Nationale de France (Broto i Comerma 2002).

[2] Die Auflösung der klassischen Perspektive zugunsten einer Transparenz zwischen sich überlagernden Ebenen im architektonischen Werk Le Corbusiers: Villa in Garches 1927, ...

134

Trotz dieser Unterschiede geht es immer um Spannungsverhältnisse. Durch die konkreten Gestaltungsformen der Transparenz werden gegensätzliche Nutzungsbedingungen und sinnlich-atmosphärische Qualitäten von privaten und öffentlichen Räumen, von Innen- und Außenräumen miteinander in Beziehung gesetzt.

Die Spannungsverhältnisse können sehr unterschiedlich sein, so zum Beispiel zwischen:

• Geschlossenheit und Offenheit
• Geborgenheit und Zur-Schau-Stellung
• Introvertiertheit und Extrovertiertheit
• Zurückgezogenheit und Kommunikation
• Wärme und Kälte
• Helligkeit und Dunkelheit.

Transparenz wird zum anderen in einem übertragenen Sinn verstanden: Die Gestaltung der Transparenz ist mit dem Ziel verknüpft, Einblicke zu schaffen sowie Prozesse durchsichtig zu machen, um sozial-räumliche Zusammenhänge und Raum-Zeit-Strukturen zu vermitteln. Dieses Verständnis von Transparenz ermöglicht Erkenntnisse über Raum und Raumsequenzen, über deren konstruktiven Aufbau, über den sozialen Gebrauch, die ästhetische Formgebung und die symbolische Bedeutung.

[3], [4] ... und Immeuble-Villas 1922 (Boesinger 1960).

In beiden Interpretationen des Begriffes Transparenz spiegelt sich ein dynamisches Verständnis von Architektur wieder. Architektur wird nicht als ein auf sich selbst bezogenes, statisches Gebilde verstanden, sondern als die Konstruktion eines in steter Veränderung begriffenen Raumes. Die Aussage von László Moholy-Nagy (1929), einem der einflussreichsten Pädagogen der Avantgarde und Lehrer im Weimarer Bauhaus, trifft auch heute noch zu: „Architektur ist nicht als Komplex von Innenräumen, nicht nur als Schutz vor Wetter und Gefahren, nicht als starre Umhüllung, als unveränderbarer Raum zu verstehen, sondern als bewegliches Gebilde zur Meisterung des Lebens, als organischer Bestandteil des Lebens selbst."

[5] In den Interpretationen von Transparenz spiegelt sich ein dynamisches Verständnis von Architektur wieder. Projekt für ein transparentes Hochhaus, Mies van der Rohe 1922 (Berlin, Bauhaus Archiv).

Aus architekturtheoretischer Sicht ist diese Akzentsetzung auf Veränderungen, Prozesse und Grenzüberschreitungen in der Architektur von größter Bedeutung. Aus einem einfachen Grund: Raum und Zeit werden – anders als je zuvor – bewusst in ein Verhältnis zueinander gesetzt. Dieses unter dem Begriff Transparenz neu reflektierte Verhältnis von Raum und Zeit schafft eine Perspektive, die der Vielschichtigkeit und Dynamik in der Gestaltung von Bauten einen hohen Stellenwert beimisst [Abbildung 5].

In den folgenden Ausführungen beleuchte ich, wie die Transparenzen, auch hinsichtlich ihrer unterschiedlichen historischen Formgebungen, in den konzeptionell-gestalterischen, technisch-konstruktiven, ästhetisch-formalen, sozialen und symbolischen Dimensionen der Architektur begründet werden und begründet worden sind.
Dementsprechend widme ich mich in den drei Teilen dieses Kapitels folgenden Fragen:

• Inwiefern bestimmen technisch-konstruktive Bedingungen die Gestaltung von Transparenzen in Wohnwelten?

• Welche Rolle spielten in verschieden Epochen gesellschaftliche Zielvorstellungen und Wertsetzungen bei der Formgebung von Transparenzen?

• Welche soziale Nutzung und symbolische Bedeutung wird mit Transparenz in der Architektur jeweils zum Ausdruck gebracht?

• Welche Vorstellungen und gestalterischen Ansätze leiten in aktuellen Wohnprojekten die Ausgestaltung der Beziehungen zwischen Innen und Außen, dem Privaten und dem Öffentlichen?

• Inwiefern wird dabei den Erwartungen der Bewohner Rechnung getragen?

Ein langes Ringen um größere Fenster

Transparenz ist in Europa untrennbar mit der Geschichte des Glases verbunden, mit seiner Technologie und Herstellung sowie seiner konstruktiven Anwendung. Seit Jahrhunderten ist das Glas durch seine Eigenschaften zu einem viel gefragten Baumaterial geworden. Durch die Durchsichtigkeit und Lichtdurchlässigkeit zum einen und durch die durch das Glas bewirkte Spiegelung und Reflexion zum andern kann das Licht seine räumliche und sinnliche Wirkung voll entfalten. Diese Eigenschaften des Glases ermöglichen vielfältige architektonische Formgebungen. Als langlebiges und pflegeleichtes Material eignet sich zudem das Glas als vortrefflicher Wetterschutz.

Doch die Verwendung von Glas bringt nicht nur Vorteile, sondern auch Nachteile: Einfaches Glas bietet keine hinreichende thermische bzw. akustische Isolation. Aus diesem Grund muss der Einsatz von Glas gestalterisch und konstruktiv gut durchdacht werden.

Le Corbusier hat die Geschichte der Architektur unter anderem als ein Ringen um größere Fenster interpretiert – und damit auch als ein Ringen um Licht und Sonne.

Jahrhunderte lang blieben die Fensteröffnungen in Wohnbauten äußerst klein. Glas wurde nur in Ausnahmefällen eingesetzt. Es dauerte sehr lange, bis die Herstellung von Glas vereinfacht und verbessert wurde. Die komplizierten und aufwendigen Herstellungsverfahren machten Glas zu einem sehr teuren Baumaterial, das nur für besondere Bauten verwendet wurde.

Archäologische Forschungen belegen, dass die Römer die ersten waren, die Glas in Fensteröffnungen einsetzten. Dieser archäologische Befund jedoch soll aber nicht darüber hinweg täuschen, dass Glas in nur sehr seltenen Fällen verwendet wurde – zum Beispiel in öffentlichen Bädern und in besonders

[6] Die farbigen, eindrucksvoll in die Höhe strebenden Fenster der Gotik. Die Sainte Chapelle in Paris (Photo Jean Feuillie).

[7] Die großflächig verglaste Fensterfront des Zimmers eines Gelehrten entspricht nicht der üblichen Ausgestaltung eines mittelalterlichen Stadthauses. Albert Dürer 1514 (Paris, Musée du Petit Palais)...

[8] ... Die Fensteröffnungen im Mauerwerk wurden klein gehalten und mit Pergament oder geölter Leinwand überspannt. Häuser in Lille, Anfang 18. Jahrhundert, Zeichnung nach einem Plan der königlichen Archive von Brüssel (Braudel 1967).

luxuriösen Villen der Reichen. Auch im Mittelalter wurde Glas nur für außergewöhnliche Bauten verwendet.

Venedig zum Beispiel hatte eine Monopolstellung in der Produktion von Kristallglas und Spiegel, die für die damalige Zeit aufsehenerregend war. Doch bis die Herstellung von kleinen Glasscheiben, die in Blei gefasst werden mussten, um in Fensteröffnungen eingesetzt zu werden, vereinfacht und verbessert wurde, verging noch viel Zeit.

Erst die Perfektionierung der Konstruktion des Mauerwerkes und neue Produktionsverfahren für die Einfärbung von Glasscheiben schufen neue technisch-konstruktive Bedingungen für die Verwendung von Glas. Durch diese neuen Möglichkeiten konnten die farbigen, eindrucksvoll in die Höhe strebenden Fenster der gotischen Kapellen und Kathedralen verwirklicht werden. Die einzelnen Glaselemente waren zwar weiterhin in Blei gefasst, doch durch die präzise zugeschnittenen Steinrahmen wurden sie zu einem Ganzen zusammengefügt, das sich mit dem Mauerwerk zu einer vollkommenen Einheit verband.

Am Bild der Sainte Chapelle (1241-1248) in Paris wird deutlich, wie die hohen, schlanken Fenster die Außenwand aufzulösen scheinen. Das farbige Licht erfüllt den Raum, lenkt den Blick in die Höhe und bewirkt eine spannungsgeladene Stimmung zwischen heller Farbigkeit und geheimnisvoller Dämmerung [Abbildung 6].

Auch wenn ab dem 13. Jahrhundert das Glas in den Bauten mittelalterlicher Städte häufiger als vorher verwendet wurde, blieb der Kostenaufwand für die Verglasung der Fenster in den Stadthäusern immer noch viel zu hoch. Der von Albert Dürer angefertigte Stich, der die großflächig verglaste Fensterfront des Zimmers eines Gelehrten darstellt, entspricht nicht der zu der damaligen Zeit üblichen Ausgestaltung eines Stadthauses [Abbildung 7]. Das ganze Mittelalter hindurch lebten die meisten Menschen in

Bauten, deren Fenster nicht verglast waren [Abbildung 8]. Um Schutz vor Witterung und Kälte zu gewährleisten, wurden die Fensteröffnungen im Mauerwerk klein gehalten, mit Pergament oder geölter Leinwand überspannt und mit dicken Holzläden ausgestattet.

Mit Ausnahme des Erdgeschosses, wo sich meist die Werkstätten von Handwerkern und die Verkaufsbuden von Händlern befanden, war die zur Straße hin orientierte Häuserfront weitgehend geschlossen und ließ nur wenig Transparenz zwischen Innen- und Außenräumen zu.

In der zweiten Hälfte des 17. Jahrhunderts wurde ein neues Gießverfahren von Glas entwickelt, das die Herstellung von viel größeren Glasplatten als bisher ermöglichte. In den Stadthäusern der Adligen und der reichen Bürger verschwanden die Butzenscheiben zugunsten großflächiger Glasscheiben, auch wenn die Verglasung der Fenster weiterhin mit einem beachtlichen Kostenaufwand verbunden war [Abbildung 9]. Als Folge der verbesserten Glasherstellung wurden die verglasten Fenster höher, doch in ihrer Breite blieben die Fensteröffnungen durch die Konstruktion des tragenden Mauerwerkes begrenzt. Die Architektur lebte von der Spannung zwischen Wand und Fenster, das im geschlossenen Mauerwerk als stimmig proportioniertes Loch in die Dunkelheit zurücktrat [Abbildung 10].
Zwischen den Innen- und Außenräumen war eine eindeutige Grenzlinie gezogen: Die Transparenz erlaubte Ausblicke von innen nach außen, doch nicht Einblicke von außen nach innen. Für den Außenstehenden blieb die Fassade eine geschlossene Front.

Ab dem 19. Jahrhundert ergaben sich für die Architekten neue gestalterische Möglichkeiten in der Konstruktion durch die Verbindung von Eisen und Glas. Während in Wohnhäusern die elegant ausgeführten, lichtdurchfluteten Wintergärten [Abbildung 11] einer reichen Minderheit vorbehalten blieben, wurden zunehmend in bürgerlichen Etagenwohnun-

[9] Als Folge einer verbesserten Glasherstellung wurden die Fenster in den Stadthäusern der Adligen und der reichen Bürger höher, doch in ihrer Breite blieben die Fensteröffnungen durch das tragende Mauerwerk begrenzt. Der Gesellschaftsraum in einem adligen Stadthaus in Leipzig 1744 (London, British Library) …

[10] … und Ausschnitt der Fassade eines Stadthauses in Paris, Architekt J. H. Mansart 1690 (B. Marrey 1997)

[11] Durch die Verbindung von Eisen und Glas entstanden neue gestalterische Möglichkeiten. Ein lichtdurchfluteter Wintergarten in einem Gartenpavillon 1811 (Frankfurt a. M., Historisches Museum) …

[12] … ein großzügig verglastes Bowwindow an einem Pariser Wohnhaus 1902 (Photo O. Wogensky) …

[13] … und die Suche nach Transparenz in der ersten großen Glashalle. Ein öffentlicher Wintergarten an den Champs-Elysées in Paris 1847 (E. Texier, 1852).

gen transparente, der Fassade vorgehängte Bowwindows aus filigranem Eisen mit großzügigen Verglasungen eingebaut [Abbildung 12]. Doch die tragende Funktion der Fassaden aus Mauerwerk beschränkte die Gestaltungsmöglichkeiten, mit denen Licht und Transparenz geschaffen werden werden sollten.

In der Realisierung von Gewächshäusern [Abbildung 13] der neu entstehenden botanischen Gärten oder bei den riesigen Hallen der Weltausstellung konnten jedoch die Möglichkeiten, die durch die Verbindung von Eisen und Glas eröffnet wurden, ganz anders als bisher ausgeschöpft werden. Der Kristall-Palast, eine Halle mit außergewöhnlichen Dimensionen, die für die Weltausstellung von 1851 in London erbaut war, blieb lange Zeit ein unübertroffenes Meisterwerk. Sein Erbauer, der Ingenieur Joseph Paxton, wusste die neu gewonnenen technischen und industriellen Entwicklungen seiner Zeit voll auszunutzen. Aus einem präzise zusammengeschraubten Skelett aus Guss- bzw. Schmiedeeisen und aus industriell vorgefertigten Glasplatten mit einer einzigen Standardgröße schuf er eine vollkommene Konstruktionseinheit.

Diese raumgestalterische Konzeption und die damit verbundene Ästhetik waren bahnbrechend. Der grenzenlos offene, lichtdurchflutete Glaspalast kündigte die Moderne an – und ihr Streben nach Transparenz.

Doch erst die Erfindung des Stahlbetons schuf die technisch-konstruktiven Voraussetzungen dafür, die Transparenz zu einem zentralen raumgestalterischen Ansatz zu entwickeln. 1892 patentierte der Franzose François Hennebique seine Erfindung; sein Verfahren, das auf wissenschaftlichen Berechnungen beruht, wurde in den folgenden Jahren vom Schweizer Ingenieur Robert Maillart weiter perfektioniert. Eine äußerst widerstandsfähige und zugleich verhältnismäßig kostengünstige Konstruktionsmethode aus Verbundmaterialien kam nun zum Einsatz, mit der die Wände ihrer tragenden

Funktion enthoben werden konnten. Diese – von Grund auf neuen – Konstruktionsmöglichkeiten für die Formgebung und die Ästhetik von Bauten schufen die entscheidende Prämisse für die Architekturmoderne.

Auguste Perret war 1903 der erste, der bei einem Wohngebäude mit einer Skelettbauweise aus Stahlbeton experimentierte. Im Gebäude an der Rue Franklin, in Paris, das sieben übereinander liegende bürgerliche Etagenwohnungen umfasst, zog er aus der neuen Bauweise die architektonische Konsequenz: Die Fassade zur Straße hin öffnete er mit großzügigen Fensterflächen und brachte sie zugleich mit rückversetzten Balkonen und vorspringenden Bowwindows plastisch in Bewegung. Damit wurde durch die Gestaltung deutlich und sichtbar, dass der Außenwand keine tragende Funktion mehr zukam [Abbildung 14].

[14] Auguste Perret war der erste, der bei einem Wohngebäude mit einer Skelettbauweise experimentierte. Gebäude an der Rue Franklin, Paris 1903 (Paris, IFA-Archives d'Architecture du XXe siècle).

Dies war der Anfang einer Entwicklung, bei der die Transparenz der Fassade eine zunehmend wichtige Rolle spielte. Mit den Fensterbändern von Gropius oder Le Corbusier in den Wohngebäuden der Weissenhofsiedlung in Stuttgart 1927 oder der über ein ganzes Stockwerk sich ausdehnenden transluziden Glaswand in der Maison de verre von Pierre Chareau in Paris 1932 kam es zu einer neuartigen Durchdringung zwischen Innen- und Außenräumen. Die Transparenz der Fassade ließ das Innere des Raumes nach außen fließen, das Äußere in das Innere einbrechen [Abbildungen 15-17].
Im Weiteren werde ich näher ausführen, wie durch die Transparenz – als wesentliches Merkmal der Moderne – eine neue Raumdynamik und eine ganz neue Ästhetik hervorgebracht wurde.

[15] Das Fensterband in einem Wohngebäude von Le Corbusier und Jeannert, Weissenhofsiedlung in Stuttgart 1927 …

[16] … die großflächige Fensterfront im Atelier der Brüder Martel von Robert Mallet-Stevens, Paris 1927 (ac-versailles)

Seit den letzten Jahrzehnten des 20. Jahrhunderts haben sich die Verbesserung der Glastechnologie, die Vervollkommnung der Doppelverglasung und der Aufhängetechniken der curtain walls entscheidend auf die Weiterentwicklung der zeitgenössi-

[17] … und die transluzide Glaswand in der Maison de verre von Pierre Chareau Paris 1932 (Foto J. Treehugger).

schen Architektur ausgewirkt. Der gesamte Bau kann mittlerweile und ohne weiteres mit einer „Glashaut" überzogen werden. Die Architekten haben heute die Wahl, sich zwischen zwei Möglichkeiten der Fassadengestaltung zu entscheiden: entweder für Transparenz oder für Reflexion. Die Reflexion entsteht durch die Spiegelung von einander gegenüberliegenden Bauten mit Glasfassaden. Es werden Spiegelbilder erzeugt, die eine seitenverkehrte Wirklichkeit von undurchsichtigen Bauten zeigen. Mit der Reflexion als Gestaltungsansatz zeigt sich eine grundsätzlich neuartige architektonische Konzeption. Die vorgehängten Fassaden, obwohl sie nicht mehr tragend sind, verwandeln sich in der Wahrnehmung des außen stehenden Betrachters in eine klare Grenzlinie, die das Gebäude von seinem Umfeld abtrennt.

Die neuen Bauverfahren und die Vielzahl technischer Möglichkeiten regen die Phantasie und Vorstellungskraft zeitgenössischer Architekten an und eröffnen ihnen grundsätzlich verschiedene konzeptionelle Lösungsansätze. Schon Giedion, Generalsekretär und Theoretiker der CIAM, schrieb 1931 im Kern des Bauens liege „das Erfassen, Sichtbarmachen und vor allem das Ausnutzen der in den neuen Baumethoden verborgenen architektonischen Kraft". Konstruktionen seien „Rohmaterialien der architektonischen Phantasie".
Doch die kreative und intellektuelle Leistung einer architektonischen Erfindung bedeutet viel mehr als die Erfüllung einer technischen Aufgabe. Ebenso geht die Umsetzung von Transparenz in Architektur weit über das bloße Ausschöpfen technisch-konstruktiver Möglichkeiten hinaus. Wie ich im Folgenden erläutern werde, konkretisiert sie immer gesellschaftliche Wertsetzungen, theoretische Positionen und räumliche Vorstellungen.

4.2 Transparenz als Ausdruck von gesellschaftlichen Wertsetzungen und theoretischen Positionen

Die bürgerliche Schaufront: eine Trennlinie zwischen innen und außen

Die schweren Mauern, die die bürgerlichen Wohnwelten im 19. Jahrhundert umschlossen, spiegelten die konstruktiven und technischen Bedingungen ihrer Zeit wieder. Darüber hinaus brachte die architektonische Ausgestaltung der Fassaden in Bezug zum öffentlichen Raum neue Werte und Lebensformen zum Ausdruck.

Die Architektur der Fassadengestaltung lieferte entscheidende Hinweise darauf, wie in den bürgerlichen Lebenswelten die Beziehung zwischen der städtischen Öffentlichkeit und der kleinfamiliären Privatheit auszusehen hatte. In der städtischen Öffentlichkeit sollten Kommunikationsformen zustande kommen, die die Distanz zu Fremden – die bestand und erhalten werden sollte – überbrücken konnten. Die Privatsphäre ermöglichte den Rückzug, die soziale Interaktion mit der Öffentlichkeit sollte nie aufgezwungen werden.

So bestimmte die Ausgestaltung der Fassaden die Beziehungen zwischen privaten und öffentlichen Räumen und verdeutlichte gesellschaftliche Wertsetzungen. Zum einen sollte die zur städtischen Öffentlichkeit ausgerichtete Hausfront die gesellschaftliche Position und das Vermögen des Hausherrn bekunden [Abbildung 18]. Zum andern sollte die Fassade eine Schutzwand bilden, um die Privatheit des Familienlebens und die Geborgenheit des Individuums zu sichern.

Diese gesellschaftliche Zielvorstellung führte die Architekten dazu, die Fassade als Grenzlinie zu gestalten, die öffentliche und private Räume zueinander in Beziehung setzte, sie aber zugleich voneinander trennte. Von außen betrachtet, also vom öffentlichen Straßenraum aus, wurde die Fassade zu einer

[18] Nach außen, zur Straßenseite, stellten die Fassaden die gesellschaftlichen Position des Hausherrn zur Schau. Bürgerliches Mietshaus in Lille 1887 (M . Culot 1979) …

[19] ... Im Innern schützten selbstbestimmbare Abschirmungen
– Fensterläden, schwere Vorhänge und Tüllgardinen – vor uner-
wünschten Einblicken. Pariser Wohnung 1848
(P. Thornton 1985).

Schaufront bürgerlicher Wohlhabenheit, ausge-
schmückt mit vielfältigen, dekorativen Elementen
wie Pilaster, Kapitelle, Pfeiler und Statuetten. Kennzeichnend war eine Komposition von Flächen, die
aufgrund von rhythmisch angeordneten Fensteröffnungen gegliedert wurden. Die Repräsentationsarchitektur, die mit diesen Mitteln ausgestaltet wurde,
stand im Zeichen einer Ästhetik, die sich am vor-
herrschenden Akademismus orientierte und den
Machtanspruch des Bürgertums symbolisch insze-
nierte.

Im Innern der Wohnbauten schützten die begrenzten Dimensionen der Fensteröffnungen die häusliche Privatheit. Fensterläden, schwere, lichtundurchlässige Vorhänge und leichte Tüllgardinen dienten
als zusätzliche – von den Bewohnern selbst be-
stimmbare – Abschirmungen vor der städtischen Öffentlichkeit [Abbildung 19]. Diese Ausgestaltung der
bürgerlichen Wohnform ließ wohl Ausblicke und ein
gewisses Maß an Transparenz von innen nach außen, vom Privaten ins Öffentliche zu; Einblicke und
Transparenz vom Öffentlichen zum Privaten wurden
dagegen durch die Ausformung der Fassade verhin-
dert.

Das „Raum - Zeit - Kontinuum"
der Moderne

Diese Trennung zwischen Innen- und Außenräumen
wurde in den ersten Jahrzehnten des 20. Jahrhunderts aufgehoben. Es entstanden Wohnbauten in
Stahlbeton und Skelettbauweise, in denen, wie
schon erwähnt, Transparenzen und Raumkontinuitäten zu Hauptmerkmalen der Architektur wurden.

Für die Protagonisten der Moderne war Transparenz
nicht nur unter konstruktiven und formalen Aspekten von großer Bedeutung: Es ging ihnen um die Vision einer in jeder Hinsicht offenen, durchlässigen
Architektur. Schon 1914, zu Beginn des ersten Welt-
krieges, vor dem Hintergrund der zusammenbre-

chenden alten Weltordnung, formulierte der Dichter Paul Scheerbart, Mentor und Wegbegleiter von Taut, die Vision einer besseren Welt, in der eine transparente Architektur eine zentrale Rolle spielen würde: „Wollen wir unsere Kultur auf ein höheres Niveau bringen, so sind wir wohl oder übel gezwungen, unsere Architektur umzuwandeln. Und dieses wird uns nur dann möglich sein, wenn wir den Räumen, in denen wir leben, das Geschlossene nehmen. Das aber können wir nur durch Einführung der Glasarchitektur, die das Sonnenlicht und das Licht des Mondes und der Sterne nicht nur durch ein paar Fenster in die Räume lässt – sondern gleich durch möglichst viele Wände, die ganz aus Glas sind."

[20] Für Bruno Taut symbolisierte eine „Architektur aus Glas" die Suche nach einer höheren Wahrheit, nach Licht und Offenheit. Tauts Glaspavillon für die Kölner Werkbundausstellung 1914 ...

Zur gleichen Zeit verband auch Taut die Vision einer weltoffenen Gesellschaftsordnung mit einer transparenten, kristallinen Architektur. Die utopischen Siedlungsformen, die er während des Krieges entwarf, stellte er 1919 unter das Motto: „Lasst sie zusammenfallen, die gebauten Gemeinheiten! Steinhäuser machen Steinherzen." Für Taut war der „Stein" gleichbedeutend mit Verschlossenheit und Dunkelheit. Eine „Architektur aus Glas" hingegen symbolisierte die Suche nach einer höheren Wahrheit, nach Licht und Offenheit.

Abgesehen von seinem berühmten Glaspavillon für die Kölner Werkbundausstellung [Abbildungen 20, 21] im Jahre 1914 kamen Tauts Visionen einer Architektur im Zeichen der Transparenz nur auf dem Zeichenpapier zum Ausdruck. Die Idee einer kristallinen Architektur hingegen, die Taut mit anderen Architekten teilte, übte einen wesentlichen Einfluss auf die Arbeit der Architektur-Avantgarde aus, die in den 20er und 30er Jahren agierte.

Auch wenn die Architekten der Moderne unterschiedliche Akzente in ihren theoretischen Positionen und ihrem gestalterischen Schaffen setzten, so war die Transparenz, wie schon gesagt, das Schlüsselthema in der Architektur. Sie interpretierten, wie

[21] ... mit der Glaskuppel (Nachrichtenamt der Stadt Köln).

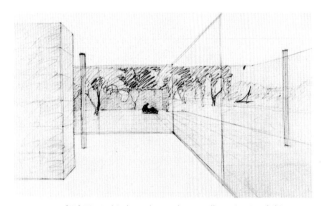

[22] Die Architekten der Moderne wollten eine Durchdringung von Innen- und Aussenräumen verwirklichen. Skizze von Mies van der Rohe, Haus Hubbe 1931 (N. Huse 1975).

schon Taut, die Transparenz als Offenlegung von sozial-räumlichen Zusammenhängen und Prozessen; sie waren der Meinung, diese Offenlegung vermittle Einsichten über funktionale Relationen sowie über konstruktive und räumliche Bezugssysteme.

Entgrenzung, Offenheit und Durchsichtigkeit wurden zu Prinzipien, die für die wesentlichen Voraussetzungen des Aufbaus einer demokratischen Gesellschaft gehalten wurden. Die Fassade sollte – im Gegensatz zu den Gestaltungsansätzen aus dem 19. Jahrhundert – weder Trennlinie noch Schaufront sein. Gesucht wurde, laut Giedion, eine „Durchdringung von Innen und Außen", die die Menschen „von schweren Mauern erlösen" und ihnen das Gefühl von Freiheit vermitteln würde [Abbildung 22]. Giedion arbeitete in seiner 1929 veröffentlichten Schrift „Befreites Wohnen" diese Idee zu einem Programm aus.

In der Gedankenwelt der Protagonisten der Moderne spielten aber noch andere theoretische Auseinandersetzungen eine wichtige Rolle. Dazu gehören in den ersten Jahrzehnten des 20. Jahrhunderts die neuen Erkenntnisse in der Mathematik und der Physik. Sokrates Georgiadis (1989) zeichnet nach, wie die neuen Konzepte der Mathematiker Bernard Riemann und Hermann Minkowski einer nicht-euklidischen Geometrie und der vierten Dimension sowie Albert Einsteins Relativitätstheorie zu zahlreichen Debatten in der Architektur Anlass gaben. Diese damit verbundenen (zum Teil spiritualistischen und metaphysischen) Spekulationen wirkten nicht nur in die Architektur hinein, sondern auch in wissenschaftliche und künstlerische Disziplinen, insbesondere in die Philosophie und in die moderne Malerei – hauptsächlich im Kubismus.

Viele Vertreter der Architekturmoderne beriefen sich explizit auf diese neuen naturwissenschaftlichen Erkenntnisse, die ihnen ganz neue Horizonte aufzuschließen versprachen.

146

So auch Giedion, der 1941 in seinem Hauptwerk „Raum-Zeit-Architektur" schrieb: „Der dreidimensionale Raum der Renaissance ist der Raum der euklidischen Geometrie. Schon um 1830 wurde eine neue Art Geometrie geschaffen, die mit mehr als drei Dimensionen arbeitete. Solche Geometrien haben sich nach und nach weiterentwickelt, bis ein Zustand erreicht wurde, in dem Mathematiker mit Figuren und Dimensionen arbeiteten, die von der Vorstellungskraft nicht mehr erfasst werden konnten." Georgiadis weist zwar nach, dass aus heutiger wissenschaftlicher Sicht Giedions Argumentation unpräzise ist. Trotzdem hat Giedion auf etwas Wesentliches hingewiesen. Es war tatsächlich von großer Bedeutung, dass die naturwissenschaftlichen Erkenntnisse, gerade weil sie das menschliche Fassungsvermögen überstiegen, zur Inspirationsquelle für Künstler und Architekten wurden und deren schöpferische Vorstellungskraft anfeuerten.

Die Protagonisten der Moderne verbanden in einer ganzheitlichen architektonischen Konzeption die Dimensionen von Raum und Zeit. Sie versuchten auf diese Weise, den vierdimensionalen Raum, das „Zeit-Raum-Kontinuum"– in Anlehnung an Minkowski – zu thematisieren.
Wie auch Jürgen Pahl (1999) betont, zielte Architektur nicht mehr „auf die Formulierung von Teil-Räumen, sondern will sich selber zum Teil des Allraums machen, indem sie diesen durch sich hindurchfließen lässt. Raum als Kontinuum wird gebündelt, angespannt, rhythmisiert, akzentuiert, ‚verinnerlicht' und entspannt wieder freigegeben. Nicht mehr die den Raum begrenzende Fläche ist Thema rhythmischer Gliederung, sondern der Raum selbst".

Die Einführung der Zeitdimension in die Konzeptionsfindung revolutionierte sowohl die Gestaltung als auch die Wahrnehmung von Architektur. Auch wenn die visuelle Wahrnehmung weiterhin bestimmend blieb, so kam eine entscheidende Dimension dazu [Abbildung 23]: Das grundsätzlich Neue

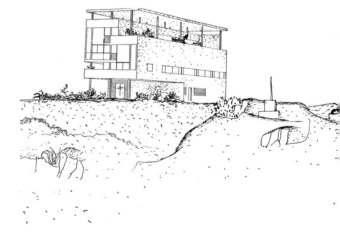

[23] Das grundsätzlich Neue bestand darin, dass die Architektur als ein zeitlicher Vorgang aus verschiedenen Blickwinkeln wahrgenommen wurde. Zeichnung einer Villa in Karthago von Le Corbusier 1928 (Boesinger 1960).

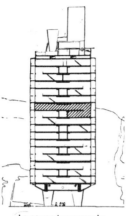

[24] Le Corbusier verwandelte die Bauten in freistehende Solitäre ohne Bezug zum städtischen Kontext. Unité d'Habitation de Marseille 1952. Schnitt durch das Gebäude ...

La coupe transversale

[25] ... und Skizze zu dem frei fliessenden Grünraum zwischen den Pfeilern im Ergeschoss; ...

[26] ... der Blick, von innen nach außen gerichtet, liess die Weite des Himmels und der Landschaft wahrnehmen. Skizze von Le Corbusier ...

bestand darin, dass die Architektur an sich als ein zeitlicher Vorgang und aus verschiedenen Blickwinkeln wahrgenommen werden sollte – durch Annähern, Durchschreiten, Sich-Bewegen in verschiedene Richtungen und durch ein Sich-Entfernen.

Architektur wurde somit nicht mehr in Form eines Gebäudes gestaltet, das wie bisher von einem festen, frontalen Standpunkt aus wahrzunehmen war. Vielmehr sollte sie in der Dimension eines „Raum-Kontinuums" wahrgenommen werden, sozusagen im Bezugssystem eines Beobachters, der ständig in Bewegung ist und nicht auf einem frontalen Posten verharrt.

Transparenz in der Architektur, das heißt also vielschichtige Raumfolgen und die Durchdringung von Innen- und Außenräumen, war die gestalterische Voraussetzung, um ein solches „Raum-Kontinuum" erfahrbar zu machen.

Die Skizzen und Bauten der Projekte von Le Corbusier veranschaulichen auf prägnante Weise diese neue Raumauffassung der Moderne. Er verankerte seine Gebäude nicht mehr im Boden, sondern ließ sie gleichsam, auf Pfeiler gestützt, über den Grund schweben, ohne Bezug zu ihrem städtischen Kontext. Er verwandelte die Bauten in freistehende Solitäre, die von allen Seiten wahrnehmbar und von einem „fließenden" Grünraum „umspült" sind. Außen- und Innenraum gehen durch die entmaterialisierte Fensterfront dabei ineinander über [Abbildungen 24 - 27].

Durch die konzeptionelle Fokussierung auf die Transparenz spielte das Licht als Gestaltungsmittel eine zunehmend wichtige Rolle. Die visuelle Wahrnehmung des „fließenden" Raumes wurde geleitet durch Lichteinfall und Lichtführung. „Architektur ist das weise, richtige und großartige Spiel der Körper unter dem Licht", schrieb Le Corbusier 1923 in Vers une architecture. Ein lichtdurchfluteter Raum symbolisierte die Offenheit einer zukünftigen Lebenswelt. Licht, den Blick von innen nach außen begleitend, ließ die Weite des Himmels und der Landschaft erkennen. Licht, von außen nach innen einströmend, erfüllte die Architektur mit Leben, ließ sie als ein sich stetig in Veränderung begriffenes, räumliches Gebilde wahrnehmen.

Durch diese Architekturauffassung entstand eine gänzlich neue Formgebung und Ästhetik der Bauten, für die asymmetrische und vielschichtige Raumkonfigurationen sowie transparente, dematerialisierte Gestaltungsformen kennzeichnend waren. Die bis dahin statischen Flächenkompositionen wurden von einer dynamischen Architekturkonzeption abgelöst.

[27] … Blick durch ein Fenster in der Unité d'Habitation de Marseille, Foto um 1955 (Boesinger 1960).

Architektur im Zeichen eines neuen Umweltbewusstseins

Die von der Moderne eingeforderte Transparenz führte in den Jahren nach dem Zweiten Weltkrieg im Massenwohnungsbau zu einer Gestaltung von langen Fensterbändern, die die Fassaden gleichmäßig durchzogen. Diese großzügigen Fensterfronten standen aus der Sicht der Architekten und Bauträger stellvertretend für Modernität.

Doch der undifferenzierte Einsatz von Glas, der wesentlich zu der Sprachlosigkeit der Architektur der 60er und 70er Jahre beigetragen hatte, geriet zusehends ins Kreuzfeuer der Kritik. Abgesehen von formal-ästhetischen Überlegungen lieferte ein neues Umweltbewusstsein die Gründe für diese Kritik.

Dieser Wertewandel wurde durch die Energiekrise der 70er Jahre ausgelöst. In den folgenden Jahrzehnten wurde die Forderung immer massiver, eine nachhaltige Entwicklung zu gewährleisten, mit der soziale, kulturelle, ökonomische und ökologische Prozesse berücksichtigt und die Zukunft für die nächste Generation gesichert werde. In Architektur und Planung kam der Begriff „ressourcensparendes Bauen" auf.

Architektinnen und Architekten, vor allem im nördlichen Europa, experimentierten mit neuen Bau-

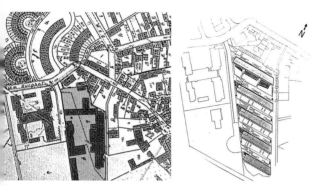

[28] Die Wohnsiedlung Bonames wurde inmitten einer alten Dorfstruktur erbaut. Ein langgezogenes Grundstück (grau unterlegt), auf dem sich früher eine Fabrik befand, stand zur Verfügung.

[29] Überlegungen zu Energiesparmassnahmen führten zu einer konsequenten Ost-West Ausrichtung der Zeilenbauten, die ohne Bezug zum dörflichen Kontext errichtet wurden.

[30] Die Wohnungstypologien zeichnen sich aus durch einen „dienenden Bereich" (Eingang, Küche, Bad), der nach Norden ausgerichtet ist, und einen nach Süden orientierten „Wohnbereich" (Wohn- und Schlafzimmer) (Weiss 1989).

materialien und Wärmedämmungen. Auf ihrer Suche nach einem schonenden Umgang mit Ressourcen wurde das Energiesparen zu einem zentralem Thema. Dies führte zu neuen architektonischen und städtebaulichen Konzeptionen, bei denen stadt-räumliche und soziale Aspekte des Wohnens oft eine untergeordnete Rolle spielten.

Die Wohnsiedlung Bonames in der Peripherie von Frankfurt a. M., von Rüdiger Kramm Ende der 1980er Jahre realisiert, steht stellvertretend für ein solches Projekt, bei dem Überlegungen zu ressourcenschonendem Bauen bei der Konzeptionsfindung leitend waren.
Mit welcher städtebaulichen und architektonischen Konzeption konnte das Energieproblem gemeistert werden? Inwiefern war es möglich, trotz einer hoch gedämmten Bauweise eine Architektur des Lichtes und der Transparenz mit hohen formal-ästhetischen Qualitäten zu gestalten? Diese Fragen und Zielsetzungen brachten Kramm dazu, auf allen Maßstabsebenen des Entwurfes neue Lösungsansätze zu realisieren.

Für die Wohnsiedlung, die 100 Sozialwohnungen umfasst, stand ein lang gezogenes Grundstück inmitten einer alten Dorfstruktur am Stadtrand von Frankfurt zur Verfügung [Abbildung 28]. Die Auseinandersetzung mit Fragen einer angemessenen thermischen Dämmung und mit Sparmassnahmen von Energie veranlasste Kramm, die von der Moderne aufgestellten Prinzipien der Sonnenausrichtung über Bord zu werfen. Die seit den 30er Jahren übliche Ost-West-Orientierung der Wohnungen – bei Nord-Süd-Orientierung der Zeilenbauten – ersetzte er durch eine Nord-Süd-Orientierung aller Etagenwohnungen – und dementsprechend einer Ost-West Ausrichtung der Zeilen [Abbildung 29].

Zugleich entwickelte er neue Wohnungstypologien, die durch eine Gliederung in zwei unterschiedliche Bereiche gekennzeichnet sind [Abbildung 30]:

150

Der eine Bereich, der nach Norden hin orientiert ist und eine möglichst geringe Anzahl von kleinen Fenstern aufweist, wurde als „dienender" Bereich mit Eingang, Küche und Bad konzipiert. Der andere Bereich, der nach Süden hin ausgerichtet und transparent ausgestaltet ist, umfasst flexibel unterteilbare Wohn- und Schlafzimmer mit großer Aufenthaltsqualität.

Aufgrund dieser Wohnungstypologie entwickelte Kramm eine stringente städtebauliche Anordnung von fünf Zeilenbauten, die streng parallel zueinander liegen und deren Längsachse einer systematischen Ost-West-Ausrichtung folgt.

Die vorgefundene baulich-räumliche Struktur des Dorfes findet bei dieser städtebaulichen Konzeption keine Berücksichtigung. Der sich im Projekt äußernde Wille, Energiesparmaßnahmen bei dieser Wohnsiedlung zu optimieren, wurde auf Kosten einer differenzierten Integration in den bestehenden dörflich-räumlichen Kontext durchgesetzt.

Auch wenn die städtebauliche Konzeption aus diesem Grund nicht überzeugt, so gelingt Kramm indessen eine sensible architektonische Ausgestaltung der Baukörper. In Übereinstimmung mit der typologischen Konzeption gestaltete er eine Architektur, die von einem Spannungsverhältnis der Fassaden lebt. Dieses Spannungsverhältnis besteht in der Geschlossenheit der hoch gedämmten Nordseite einerseits und der Transparenz der Südseite andererseits, die Licht und Sonne in das Innere einströmen lässt [Abbildung 31].

Eine weitere Qualität dieser Architektur liegt in der Vielschichtigkeit der Raumfolgen zwischen innen und außen, die zu einer facettenreichen Fassadengestaltung wesentlich beiträgt. So werden der weitgehend geschlossenen Nordseite, die als Grenzlinie zwischen Innen- und Außenräumen ausgeformt ist, transparente Eingangsbereiche vorgelagert, die die Strenge der Fassade relativieren [Abbildung 32]. Nach Süden hin werden die Wohnzimmer von groß-

[31] Die Architektur lebt vom Spannungsverhältnis zwischen der Geschlossenheit der Nordfassaden und der Transparenz der Südfassaden. Oben: Nordfassade, unten: Südfassade.

[32] Ansicht der weitgehend geschlossenen Nordfassade mit vorgelagerten transparenten Treppenhäusern.

[33] Ansicht der offenen Südfassaden.

[34] Großzügige Terrassen und Wintergärten, die auf der Südseite die Wohnbereiche vergrößern, zeichnen die vielschichtige, dynamische architektonische Gestaltung aus.

[35] Der Innenraum der Wohnung verbindet sich mit dem Grün der davor liegenden Wiese (UP).

zügig ausgebauten Terrassen und Wintergärten, die als wärmespeichernde Pufferzonen dienen, vergrößert [Abbildungen 33-35].

Die Raumdynamik der Moderne weiterführend, lässt diese Architektur so auf der Südseite eine Durchdringung von Innen- und Außenräumen entstehen: Das Innere der Wohnung verbindet sich mit dem Grün der davor liegenden Wiese, der Außenraum seinerseits dringt in das Innere ein.

Am Beispiel der Wohnsiedlung Bonames wird zweierlei deutlich. Zum einen zeichnet sich hier die Gefahr ab, dass Überlegungen hinsichtlich des Energiesparens, wenn sie einseitig die städtebauliche und architektonische Konzeption bestimmen, zu einem neuen städtebaulichen Dogmatismus der systematischen Ost-West-Ausrichtung von Zeilenbauten führen. Dies hat zur Folge, dass bei der städtebaulichen Konzeptionsfindung die Suche nach einer differenzierten Einbindung in den vorgefundenen ortsspezifischen Kontext wenig Beachtung erfährt.

Doch zum anderen zeigt dieses Projekt zukunftsweisende Lösungsansätze auf, wie ressourcenschonendes Bauen und eine Optimierung von Energiesparmaßnahmen mit einer dynamischen Raumgestaltung und einer qualitätsvollen Formensprache eine geglückte Verbindung eingehen können.

Die Architektur steht hier in einem ökologisch sinnvollem und formal-ästhetisch ansprechenden Spannungsverhältnis zwischen Geschlossenheit und Transparenz. Die Raumdynamik der Moderne wird in dieser Hinsicht weitergeführt und aktualisiert.

4.3 Wie viel Transparenz vertragen Wohnwelten?

Transparenz aus der Sicht der Bewohnerinnen und Bewohner

Architektur schafft immer soziale Räume. Inwiefern decken sich jedoch die Vorstellungen und Zielsetzungen der Architektinnen und Architekten mit den

Wünschen der Menschen, für die sie Wohnprojekte bauen?

Diese Frage wurde bereits relevant, als sich zeigte, dass in dem erzieherischen Anliegen der Avantgarde bei der Konzeption des Massenwohnungsbaus die Lebensweisen der Arbeiter zu Beginn der Moderne nicht berücksichtigt wurden und somit die Interessen zwischen Architekten und Bewohnern auseinanderklafften.

Auch heute genügen einfache Beobachtungen, um festzustellen, wie unterschiedlich sich Bewohnerinnen und Bewohner ihre Lebenswelt aneignen und wie oft der Wohnraum, der ihnen zur Verfügung steht, nicht ihren Erwartungen entspricht. Die Reaktionen der Bewohner auf die von Architekten geschaffene Transparenz zwischen privaten und öffentlichen Räumen, zwischen Innen- und Außenräumen sind sofort bei der Betrachtung eines entsprechenden Gebäudes erkennbar:

Manche Fenster stehen offen, das andere Mal sind sie zugehängt, wenn nicht gar verstellt oder mit Karton zugeklebt; die Balkone sind manchmal einsehbar und mit Pflanzen und Blumen geschmückt. Vielerorts sind sie leer, anderswo mit Schutzblenden und Markisen vor Einblicken gänzlich geschützt.

Diese Beobachtungen lassen manche Fragen aufkommen, die Architekten herausfordern: Wie viel Transparenz wird denn wirklich von den Bewohnern gewünscht? Wie viel Transparenz wird überhaupt ertragen? Welche Mittel stellt Architektur zur Verfügung, um die Transparenz zwischen dem Wohnraum und der Außenwelt, je nach den sozialen und kulturellen Vorstellungen, je nach individuellen Vorlieben im Laufe der Tages- und Jahreszeiten selber bestimmen zu können?

Im Folgenden soll diesen Fragen nachgegangen werden. Drei Projekte, die in der Architekturszene viel Beachtung gefunden haben und im Rahmen eines Seminars mit Studierenden an der Universität Hannover untersucht worden sind, werden in

[36] [37] Ansicht der zwei langgezogenen Wohnzeilen von Nemausus in der städtischen Peripherie von Nîmes (U.P.)

diesem Zusammenhang kritisch bewertet. Es handelt sich um Projekte des verdichteten sozialen Wohnungsbaus, die Ende des 20. Jahrhunderts in französischen Städten errichtet wurden. In diesen Projekten hat die Transparenz jeweils einen zentralen konzeptionellen Stellenwert, auch wenn sie auf sehr unterschiedliche Weise ausgestaltet wurde. Welche Positionen haben die Architektinnen und Architekten vertreten? Welche Reaktionen lösen die Wohnanlagen bei den Bewohnerinnen und Bewohnern aus?

Die Wohnanlage Nemausus in Nimes, die 1987 von Jean Nouvel realisiert worden ist, hat bei ihrer Fertigstellung großes Aufsehen erregt. Architektur-Zeitschriften haben die avantgardistische Architektur der zwei lang gezogenen Wohnzeilen vorgestellt, die in ihrer Volumetrie und Formensprache an wuchtige Ozeandampfer erinnern [Abbildungen 36, 37]. Das Projekt ist als preisgekrönter Entwurf aus einem vom französischen Bau-Ministerium ausgelobten Wettbewerb für experimentellen Wohnungsbau, der unter dem Titel PAN (Projet d'Architecture Nouvelle) stand, hervorgegangen. Der damals noch junge, unbekannte Nouvel hat mit diesem Projekt seine Laufbahn als Stararchitekt begonnen.

Nouvel hat die Position, die ihn zu der Konzeption der Wohnanlage gebracht hat, programmatisch zusammengefasst: „Eine schöne Wohnung ist eine große Wohnung." Sein Hauptanliegen war, Wohnungen zu schaffen, die sich in Bezug auf Wohnfläche und Raumvolumen von den üblichen französischen Standards im sozialen Wohnungsbau durch ihre großzügigen Dimensionen unterscheiden. Es war ihm aber auch wichtig, das Projekt in einer zeitgenössischen Architektursprache auszugestalten. Er versuchte, wie auch in anderen seiner Bauten, in Anlehnung an die Moderne Transparenz in der Architektur in unterschiedlicher Formgebung und Materialität entstehen zu lassen. Zugleich wollte er aber auch eine Ästhetik ins Leben rufen, die durch eine ungewohnte Materialwahl eine „industrielle Konnotation" hervorrufen und damit auch zukunftsweisende Überraschungseffekte auslösen sollte.

Auf diese Weise wollte Nouvel eine sogenannte „Wohnmaschine" erschaffen. Er hielt es nicht für erforderlich, sein Projekt im vorgefundenen heterogenen Wohnumfeld dialogisch einzuordnen. Vielmehr hatte Nouvel den Anspruch, ein gänzlich neues architektonisches und städtebauliches Zeichen im Quartier zu setzen, das die Idee einer zeitgenössischen Wohnkultur ausdrückt [Abbildungen 38 - 40].

Es war eine Herausforderung, diese konzeptionellen Ziele im Rahmen der Baukosten zu erreichen, die für den sozialen Wohnungsbau in Frankreich festgelegt sind.

Zum einen wurden, im Rahmen einer Sparmaßnahme, die Aufzüge, die Erschließungstreppen und -zugänge in den Außenraum verlagert, ohne jedoch einen wirksamen Schutz gegen Regen und Wind – der als empfindlich kalter, heftiger „Mistral" in dieser Gegend oft präsent ist – vorzusehen. Zum andern wurden die Struktur des Gebäudes, die Fassadenelemente und die Ausstattung der Wohnungen rationalisiert und ausschließlich aus industriell vorgefertigten Metallelementen zusammengesetzt, die ursprünglich für andere Zwecke hergestellt waren. Aspekte des Energiesparens wurden dabei als zweitrangig betrachtet. Alle Fenster und Türen für die Fassaden sowie für alle wohnungsinternen Treppen, Trennwände und Ausstattungselemente (wie z. B. die teilverglasten Falttüren zu den Balkonen, die eigentlich als Garagentüren vorgesehen waren) wurden aus Katalogen ausgewählt.

Aufgrund dieser Sparmaßnahmen gelang es Nouvel, Wohnungen zu erbauen, die im Vergleich zu den üblichen Sozialwohnungen über 30 Prozent mehr Wohnvolumen verfügten. Nouvel entwickelte eine Typologie von Wohnungen mit Nord-Süd-Ausrichtung, die systematisch von einem Laubengang

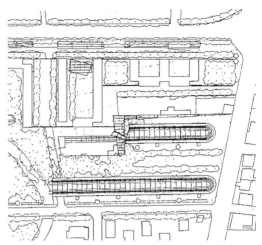

[38] Das Anliegen von Jean Nouvel war, ein neues architektonisches Zeichen im Quartier zu setzen, ohne sein Projekt im Bestand diologisch einzuodnen. Städtebaulicher Gesamtplan mit Ost-West Ausrichtung der Zeilenbauten (Techniques et Architecture 1987).

[39], [40] Die wuchtigen Bauten setzen sich von ihrem städtischen Umfeld ab. Aussicht aus dem Laubengang auf das darunter liegende Stadtgefüge (U.P.)

155

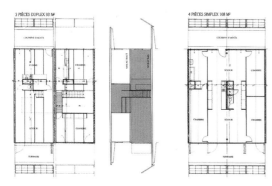

[41] Grundrisse einer zweistöckigen loftartigen Maisonette-Wohnung (links) und einer Etagenwohnung (rechts), die Nord-Süd ausgerichtet und von einem Laubengang erschlossen sind. Mitte: Schnitt durch die Maisonette-Wohnung (Techniques et Architecture 1987).

[42] Aussicht aus dem Laubengang auf die Balkone mit teilverglasten Metallfalttüren im gegenüberliegenden Zeilenbau (U.P.)

erschlossen sind [Abbildung 41]. Innerhalb dieser Systematik stehen verschiedene Wohnungsgrößen zur Verfügung – vom loftartigen „Studio" für ein bis zwei Personen bis zur dreistöckigen Maisonette-wohnung für einen Sechs-Personen-Haushalt.

An die Raumauffassung der Moderne anknüpfend, stellte Nouvel die Ausgestaltung der Wohnungen unter das Zeichen der Transparenz und der Raum-kontinuität, sowohl zwischen den einzelnen Berei-chen im Innern der Wohnungen als auch zwischen privaten Räumen und dem Laubengang. Die Abbil-dungen zeigen die transparenten, zum Teil mit transluziden Mustern überzogenen, in vorfabrizier-ten Metallrahmen eingefassten Glaselemente im In-nern, die die Zimmer und die Badezimmer von den wohnungsinternen Erschließungsbereichen abgren-zen. Weitere Abbildungen zeigen die teilverglasten „Garagen"-Falttüren zwischen Wohnraum und pri-vatem Balkon [Abbildung 42] sowie die Fenster der Wohn- und Badezimmer auf den Fassaden zum Lau-bengang [Abbildungen 43-45].

Nouvel leitete die städtebauliche Anordnung von der strengen Aneinanderreihung und Stapelung die-ser neuartigen Wohnungen ab. Er definierte auf die-se Weise zwei wuchtige, lang gezogene Baukörper. Ganz im Sinne der Moderne setzte Nouvel die zwei parallel nebeneinander stehenden Zeilen auf Me-tallpfeiler und ließ sie über den Grund „schweben", ohne den Bezug zum Wohnumfeld herzustellen. Raumkontinuitäten und Transparenzen im Zu-sammenspiel mit einer industriellen Ästhetik wur-den bei dieser architektonischen und städtebau-lichen Konzeption, die beim Entwerfen von innen nach außen – von der Wohnung zur städtebaulichen Gliederung – operierte, zu den wesentlichen Merk-malen von Nemausus.

Wie leben die Bewohnerinnen und Bewohner mit diesem Projekt? Eine erste Besichtigung und Inter-views, die ich im Jahre 2000 vor Ort durchgeführt habe, gaben erste Antworten auf diese Frage. Sie wiesen darauf hin, dass Nemausus von einer Vielzahl von Bewohnerinnen und Bewohnern, die in der Wohnanlage selbst oder im Quartier leben, schlecht angenommen wird, ja sogar auf offene Ablehnung stößt. Überall in den Gebäuden waren Vandalismusspuren zu finden; im überdachten Erdgeschoss, in der Nähe der Treppen und Aufzüge, die mehrheitlich außer Betrieb waren, standen defekte Autos herum. Die lang gezogenen, vom Nordwind durchwehten Laubengänge waren menschenleer. An den Nordfassaden, die die Laubengänge umsäumten, waren die Fenster durchweg mit Karton oder Papier oder anderen von Bewohnern gebastelten Mitteln zugedeckt. Viele Wohnungen standen leer, die Verwahrlosung der Anlage war auffällig.

Eine zweite Besichtigung sieben Jahre später ergab ein etwas besseres Bild. Die Sanierung von Nemausus nach 20-jährigem Bestehen hatte die Vandalismusspuren zum Verschwinden gebracht, der Leerstand der Wohnungen war deutlich zurückgegangen. Doch Tafeln kündigten die bevorstehende Errichtung von Metallzäunen um die Anlage an, was auf ungelöste Sicherheits- und Vandalismusprobleme schließen ließ. Die dicht verdeckten Fenster an den Nordfassaden lenkten wieder die Aufmerksamkeit auf sich, und die Laubengänge blieben ebenso menschenleer und ohne Anzeichen von Aneignung durch die Bewohner wie einige Jahre zuvor.

Es war nicht von der Hand zu weisen, dass die Unwirtlichkeit von Nemausus nicht überwunden worden war. Wie ich aus weiteren Beobachtungen und Gesprächen mit den Bewohnern entnehmen konnte, gab es dafür vielfältige Gründe.
Einige Quartiersbewohner waren auf gewisse Weise von dieser ungewöhnlichen Architektur fasziniert. Doch die imposanten Baumassen von Nemausus werden von den meisten als ein irritierender Fremdkörper wahrgenommen, der im Quartier keine neuen Lebensqualitäten entstehen lässt.
Aus Sicht der Bewohner von Nemausus stellen die

[43] Blick auf die drei übereinanderliegenden Laubengänge der Nordfassade. Ansicht der vom Laubengang und dem Treppenhaus einsehbaren Fensterbänder …

[44] …Die menschenleeren, unwirtlichen Laubengänge weisen keine Spuren von Aneignung durch die Bewohner auf …

[45] …Sogar die Badezimmer sind vom offenen Treppenhaus her einsehbar. Fast alle Fenster am Laubengang sind dicht verhangen oder mit Papier bzw. Karton abgedeckt (U.P.).

[46] Leichte Metalltrennwände mit transluziden oder transparenten Glaselementen führen im Innern der Wohnungen zu allgegenwärtigen Transparenzen (Techniques et Architecture 1987).

defizitären akustischen und thermischen Eigenschaften der gewählten Bauweise und der verwendeten Materialien ein offensichtliches Problem dar.

Aber auch die allgegenwärtige Transparenz bedeutet für viele Haushalte ein unlösbares Problem. Der fließende Raum im Inneren der Wohnungen, in denen vorfabrizierte, leichte Metalltrennwände mit durchsichtigen bzw. transluziden Glaselementen eingebaut sind, erschweren individuelle Rückzugs- und Abschirmungsmöglichkeiten, ja stellen sie ganz grundsätzlich in Frage [Abbildung 46].

Auch die Beziehungen zwischen privaten Räumen und dem öffentlich begehbaren Laubengang sind Gegenstand von Kritik. Es wird nicht geschätzt, dass die Wohnräume, die Küche und in einigen Wohnungen sogar das Bad vom Laubengang her einsehbar sind. Die Bewohner verdecken die Fenster dieser Räume, um sich abzuschirmen, was dazu führt, dass den Zimmern Licht und Außenbezug fehlt.

Hier wird durch die Architektur den Bewohnern Transparenz aufgezwungen und die Nutzungspotenziale der privaten Räume empfindlich eingeschränkt.

Viele Bewohner sahen sich aufgrund der Unzufriedenheit mit ihrer Wohnung veranlasst, Nemausus zu verlassen. Um den Leerstand zu reduzieren, werden nun die Wohnungen, die eigentlich als Sozialwohnungen dienen sollten, an Künstler, Photographen und Designer vermietet, die in den als Ateliers neugenutzten Wohnungen den „fließenden" Raum und die allgegenwärtigen Transparenzen anregend finden.

Hier ist eine Architektur entstanden, in der zwar Raumqualitäten geschaffen wurden, in der aber aus Sicht der Bewohner in der Wohnnutzung große Defizite vorliegen.

Irritation durch geminderte Transparenz?

Ähnlich wie Nouvel verfolgte Francis Soler in der Wohnanlage an der Rue Emile Durkheim in Paris das

Ziel, großzügig dimensionierte Sozialwohnungen zu entwerfen. Auch er wollte eine Architektur ausgestalten, die im Zeichen der Transparenz stehen sollte. Doch anders als Nouvel ging Soler bei der Konzeptionsfindung nicht von der Entwicklung einer neuartigen Wohnungstypologie aus, sondern vom bestehenden baulich-räumlichen Umfeld der neuen Wohnanlage.

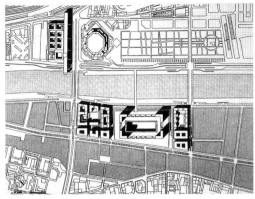

[47] Die Wohnanlage an der Rue Emile Durkheim befindet sich direkt gegenüber der von Dominique Perrot erbauten Bibilothèque Nationale de France im neu entstehenden Stadtteil Tolbiac in Paris.

Das Projekt, das 93 Sozialwohnungen und eine Kindertagesstätte umfasst, wurde 1997 fertig gestellt. Es befindet sich innerhalb des Entwicklungsgebietes Seine-Rive gauche im 12. Bezirk von Paris, im neu entstehenden Quartier Tolbiac und liegt direkt gegenüber der Bibliothèque Nationale de France [Abbildung 47].

Die eindrucksvolle Glas-Architektur und das imposante Bauvolumen der Bibliothek mit ihren vier in die Höhe strebenden Büchertürmen stellten für Soler die eigentliche Herausforderung bei der Konzeption seines Projektes dar. Die Wohnanlage sollte, ebenso wie die Bibliothek, als eine Baumasse im großen Maßstab wahrgenommen werden. Ihre Fassaden sollten die abstrakte Fassadengestaltung der gegenüberliegenden gläsernen Büchertürme weiterführen. Wie der Architekt aus dem Büro von Soler erklärte, der im Jahre 2000 in Paris im Rahmen eines Seminars der Universität Hannover interviewt wurde, sollte der Entwurf „die Materialität bzw. die Immaterialität der Büchermagazine aufgreifen. Die abstrakte Fassade der Türme stellt den Hintergrund für unsere Bildfassade".

Soler konnte mit dieser Argumentation die gestalterischen Richtlinien umgehen, die der städtebauliche Koordinator Roland Schweitzer für das Quartier Tolbiac aufgestellt hatte, und so seine eigene Konzeption einer gläsernen Architektur durchsetzen. Der neungeschossige Wohnriegel von Soler ist in Tolbiac – außer der Bibliothek – das einzige Gebäude, das komplett „verglast" ist.

Soler erbaute ein Gebäude mit vielschichtigen

[48] Die Glasfassade der neuen Wohnanlage von Francis Soler führt die abstrakte Fassadengestaltung der einprägsamen Bibliothèque Nationale weiter (Broto i Comerma, 2002).

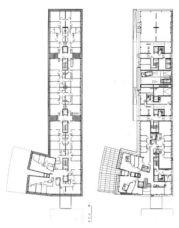

[49] Grundrisse der Etagen (links) und der Attika-etagen (rechts) in einem Teilabschnitt der Anlage.

[50] Die Glasfassaden sind aus verschiedenen, sich überlagernden Schichten zusammengesetzt. Schnitt, Grundriss und Aufriss einer Fenster-einheit …

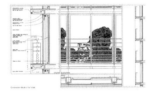

[51] … Pflanzliche Motive und Riesenschmetterlinge sind auf den Glasscheiben der äußeren Schiebefenster aufge-druckt. Zeichnung eines Abschnittes der Fassade.

Transparenzen, das mit einer „Glashaut" überzogen ist und dadurch das Bauvolumen in seinem ganzen Ausmaß zur Geltung bringt. Auf diese Weise gelang es Soler, der großen Bibliothek in diesem Stadtraum eine neuerbaute Wohnanlage erfolgreich entgegen zu stellen [Abbildung 48].

Wie im Falle von Nemausus war es bei der Erstel-lung der Wohnanlage an der Rue Emile Durkheim eine schwierige Aufgabe, die gewählte Konzeption umzusetzen, ohne den im sozialen Wohnungsbau vorgegebenen Rahmen für Baukosten zu über-schreiten. Soler war deshalb bestrebt, die Bauweise zu rationalisieren. Er entwickelte eine vor Ort aus Ei-senbeton erstellte Tragstruktur von Pfeilern und Wandscheiben; diese stützen Eisenbetondecks, die aus industriell vorgefertigten Elementen zusam-mengesetzt waren. Alle Elemente wurden so bemes-sen, dass sie so schmal und elegant wie möglich aussehen sollten [Abbildung 49].

Aus dieser Bauweise ergaben sich nicht nur die nö-tigen Material- und Zeitersparnisse, sondern auch, aus ästhetischer Sicht, wesentliche Vorteile bei der Gestaltung der Fassaden. Die Verlagerung der tra-genden Elemente in das Innere des Gebäudes er-möglichte die gewünschten Spielräume, um eine „Glashaut" mit vielschichtigen Transparenzen aus-zuformen.

Die Fassaden sind aus verschiedenen Schichten zu-sammengesetzt: Die innere Schicht besteht aus gro-ßen Schiebefenstern, die in Holzrahmen und Dop-pelverglasung ausgeführt sind. Die äußere Schicht weist auch Schiebefenster auf, doch diese haben schwarze Aluminiumrahmen und nur eine Einfach-verglasung. Filigranförmige, aus gespannten Eisen-seilen gefertigte Brüstungen, die den äußeren Schie-befenstern vorgelagert sind, bilden einen horizonta-len Kontrapunkt zu der vertikalen Gliederung der Schiebefenster. In Ergänzung sind sowohl dunkle, lichtundurchlässige Rollos zwischen den beiden Schiebefenstern als auch – im Innern halbtrans-

parente Stores angebracht. Die erstgenannten dienen der Verdunkelung, die zweitgenannten der Filte-
rung des Tageslichts und des Sonnenscheins [Abbil-
dung 50].

Mit dieser Vielschichtigkeit der Fassaden strebte So-
lar an, die ungünstigen Auswirkungen einer gänzlich verglasten Fassade auf die Energiebilanz des
Gebäudes zu verbessern. Der Umstand allerdings,
dass alle Seiten des Gebäudes – ohne Berücksichtigung der Ausrichtung zur Sonne – die gleiche
„Glashaut" aufweisen, lässt erkennen, dass Überlegungen hinsichtlich des Energiesparens letztlich
keine große Bedeutung hatten.

Man könnte auch annehmen, dass die Architekten
mit dieser Ausgestaltung der Fassaden nicht nur ästhetische und stadträumliche Ziele verfolgten, sondern auch den Bewohnern die Freiheit eröffnen
wollten, die Transparenz zwischen innen und außen
selber zu bestimmen. Doch ein weiterer Aspekt der
Fassadengestaltung zeigt, dass dies nicht der Fall
war. Die Glasscheiben der äußeren Schiebefenster
sind über die ganze Fassade hinweg mit pflanzlichen Motiven und Riesenschmetterlingen be-
druckt. Dies bedeutet, dass der Ausblick nach außen
empfindlich eingeschränkt wird. Diese Verzierungen, die über ein Siebdruckverfahren auf serigra-
phiertem Glas ausgeführt wurden, sind nämlich far-
big, undurchsichtig – und, was noch gravierender
ist, nicht entfernbar [Abbildung 51].

In der Vorstellung der Architekten sollte das farbige,
verzierte Glas die Fassaden beleben und die Eigen-
heit der Architektur herausstreichen. Der interview-
te Architekt war der Meinung, dass die Bewohner
nach einiger Zeit die Motive nicht mehr bewusst
wahrnehmen würden: „Das Bild wird Gewohnheit,
wenn man in der Wohnung ist. Doch von außen gesehen dient es als Information zur Wiedererkennbar-
keit des eigenen Fassadenausschnittes. Die Bewohner sagen nicht mehr: Ich wohne in der vierten

[52] Die kontinuierlich sich verändernden
Überlagerungen und Transparenzen lassen
auf der gläsernen Hülle des Gebäudes ein
bewegtes Bild entstehen: am Tag …

[53] … und in der Nacht (Broto i Comerma 2002).

[54], [55], [56] Die von den Architekten vorgesehenen Bilder drängen sich allgegenwärtig in die Privatsphäre der Bewohner (Broto i Comerma 2002).

Etage, drittes Fenster links. Sie sagen: Ich wohne, da wo der Schmetterling zu sehen ist". Und er fügte unbekümmert hinzu: „Außerdem ist die Sache ganz einfach: Es sind Mietwohnungen. Wenn dem Mieter die Bilder an der Scheibe nicht mehr gefallen, kann er ausziehen."

Welche Wirkungsweisen hat die Wohnanlage, die entsprechend diesen Leitideen erbaut wurde? Für den Passanten wird die Wahrnehmung vom Straßenraum her als erstes durch die auffälligen Bildermotive bestimmt, die wie ein Filter die gläsernen Fassaden überziehen. Der Wohnriegel kommt als ein kraftvoller Baukörper im vorgefundenen städtischen Kontext voll zur Geltung.

Dem Vorbeigehenden eröffnet sich bei näherer Betrachtung der Fassade ein lebendiges Bild. Die kontinuierlich sich verändernden Überlagerungen und Transparenzen, die in den Fensterfronten der einzelnen Wohnungen durch die wechselnden Nutzungen der Bewohner zustande kommen, lassen auf der gläsernen Hülle des Gebäudes ein bewegtes Bild entstehen. Aus der Sicht des Vorbeigehenden werden die Bewohner gewissermaßen zu aktiven Gestaltern der Hausfront [Abbildungen 52 ,53].

Wie aus den Interviews mit den Bewohnern hervorging, lösen im Innern des Gebäudes die aufgedruckten Verzierungen in den Fenstern Irritation oder sogar offene Ablehnung aus. Die farbigen „großformatigen" Motive werden als störend empfunden, weil sie die Aussicht auf die städtischen Räume und Bauten im Umfeld der Anlage – z.B. die hohen Büchertürme und die Seine – verstellen, wenn nicht gar verunmöglichen. Die Fassade verwandelt sich, trotz ihren transparenten bzw. transluziden Schichten, zu einer Trennlinie zwischen innen und außen [Abbildungen 54-56]. Die von den Architekten vorgegebenen Bilder drängen sich allgegenwärtig in die Privatsphäre der Bewohner und stoßen verständlicherweise auch deshalb auf Ablehnung.

Auch in diesem Projekt werden die Erwartungen der Bewohner nicht genügend berücksichtigt, wenn auch aus anderen Gründen als in Nemausus. Die Diskrepanz zwischen den stadträumlichen und ästhetisch-formalen Qualitäten einerseits und den nutzungsbezogenen Defiziten der Architektur andererseits ist für dieses Projekt bezeichnend.

Selbstbestimmbare Transparenz

Ganz anders sind die konzeptionellen Lösungsansätze und gestalterischen Ausformungen von zwei Projekten, die im Folgenden vorgestellt werden. In beiden Fällen handelt es sich – wie bei Nemausus und der Rue Emile Durkheim – um Wohnüberbauungen, die von gemeinnützigen Bauträgern initiiert wurden. Doch in dieser Architektur wurden den Bewohnern selbstbestimmbare sowie veränderbare Transparenzen und Raumfolgen eröffnet.

Das Wohnprojekt an der Avenue de Laon in Reims, vom Team der Architektinnen und Architekten Catherine Lauvergeat, Pierre François Moget, Anne Gaubert und Pietro Cremonini erbaut, ist aus dem internationalen Ideenwettbewerb EUROPAN hervorgegangen. Ziel der Architektinnen und Architekten war es, Wohnungen zu schaffen, die eine möglichst große Variabilität der Nutzungen zulassen und zugleich qualitätsvolle, veränderbare Raumfolgen und selbstbestimmbare Transparenzen anbieten.
Der 1989 preisgekrönte Entwurf, der auf einem virtuellen Grundstück erarbeitet war, konnte im Auftrag eines gemeinnützigen Wohnbauträgers der Stadt Reims weiterverfolgt und in Form von drei viergeschossigen, eigenwillig gerundeten Punkthäusern mit 40 Etagenwohnungen 1992 fertig gestellt werden [Abbildung 57].

In den dreiseitig ausgerichteten Wohnungen, die die Bauten gegen die Fußwegerschließung hin kraftvoll abschließen, setzte das Architekten-Team seine Ziele auf innovative Weise um. Die Folge der vier

[57] Im Wohnprojekt an der Avenue de Laon in Reims werden dynamische Raumfolgen und Transparenzen zwischen den Teilbereichen der Wohnung geschaffen, die von den Bewohnern je nach Wunsch verändert werden können. Ansicht der drei Punkthäuser …

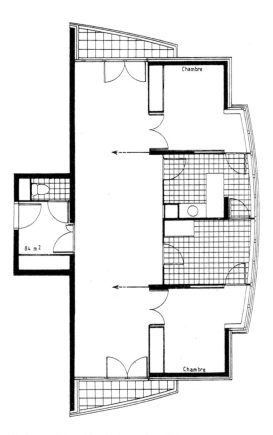

[58] ... und Grundriss der innovativen Wohnungen
(EUROPANS implementations 1993).

nebeneinander liegenden, durch Türen miteinander verbundenen, gleich großen Räumen - Zimmer, Bad, Küche, Zimmer – öffnet sich weit auf einen lang gezogenen, nutzungsoffenen Raum. Dieser ist seinerseits an beiden gegenüberliegenden Enden durch großzügige Fensterfronten und dahinter liegende Balkone eingerahmt [Abbildung 58].

Bemerkenswert ist die Positionierung von zwei sehr großen Schiebetüren, mit denen die Wohnung in ganz verschiedene Raumkonstellationen und -folgen gegliedert werden kann. Werden die Schiebetüren zugezogen, so wird der lang gezogene Raum in drei kleinere Räume unterteilt, die der Küche und dem Bad sowie den zwei Zimmern vorgelagert sind und diese somit vergrößern. Bleiben dagegen die Schiebetüren offen, so bietet sich der lang gezogene Raum als ein großzügiger, lichtdurchfluteter Kommunikations- und Aufenthaltsraum an, der sich auf den Außenraum hin ausweitet.

Die vom Bauträger veranlasste soziologische Untersuchung weist nach, dass die angebotene Flexibilität in der Raumnutzung bei den Bewohnerinnen und Bewohnern auf eine höchst positive Resonanz stößt. Und es stellte sich in der Tat heraus, dass die Bewohner sich die Wohnungen auf sehr unterschiedliche Weise angeeignet haben (EUROPAN France 1993). Während mit dem einfachen Öffnen oder Schließen von gegenüberliegenden Türen entweder Rückzug und Intimität oder Geselligkeit und Zusammensein einen ansprechenden Rahmen bekommen, werden im gleichen Zuge vielfältige Wege und Blickfolgen, Raumabgrenzungen – oder im Gegenteil Transparenzen – eröffnet.

Mit diesem Ansatz knüpfen die Architekten an die Raumauffassung der Moderne an. Wie die Avantgarde der 20er und 30er Jahre des 20.Jahrhunderts schaffen sie dynamische Raumdurchdringungen und Transparenzen sowohl zwischen innen und außen, als auch zwischen den Teilbereichen der Wohnung. Doch zugleich entwickeln sie etwas grundsätzlich Neues: Sie setzen nicht im Voraus die Nutzung der Wohnräume fest, sondern lassen den Bewohnern die Möglichkeit offen, den Grad der Transparenzen selbst zu bestimmen und nach Wahl zu verändern.

Einen ähnlichen Ansatz verfolgt Renzo Piano bei dem Entwurf der Wohnanlage an der Rue de Meaux im Osten von Paris. Doch Piano geht einen Schritt weiter. Die ausnehmend große Qualität seines Projektes liegt im differenzierten Zusammenspiel von städtebaulicher Gesamtkonzeption und architektonischer Ausgestaltung, wobei auf jeder Maßstabsebene die Suche nach Raumfolgen und -kontinuitäten, Übergängen und Transparenzen präsent ist.

Die von der Stadtverwaltung in Auftrag gegebene Anlage, die Piano in Zusammenarbeit mit Bernard Plattner 1991 fertig stellte, umfasst 220 Sozialwohnungen. „Ich wollte zeigen, dass man auch mit den begrenzten Mitteln öffentlicher Bauträger Häuser voller Licht, Grün und Abwechslung bieten kann", so Piano. Die Wohnüberbauung, die sich auf einem Grundstück im benachteiligten Nordosten von Paris befindet [Abbildung 59], sollte zu einer von der Stadt initiierten Aufwertungsstrategie beitragen.

Die Architekten erhielten von den Behörden die städtebauliche Richtlinie, eine öffentliche Straße auf dem Grundstück vorzusehen, die die lang gezogene Parzelle durchqueren und die neue Bebauung erschließen sollte. Doch Piano hatte eine andere Vorstellung. Er wollte einen großzügigen Hof schaffen, der für alle Bewohner als ein gemeinsam genutzter Übergangsraum zwischen dem regen Treiben in den städtischen öffentlichen Räumen des Quartiers und dem Rückzug in die private häusliche Sphäre dienen sollte [Abbildungen 60, 61]. Diese Vorstellung wusste Piano stadträumlich überzeugend umzusetzen.

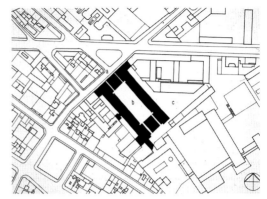

[59] Die Wohnanlage an der Rue de Meaux liegt im benachteiligen Nord-Osten von Paris …

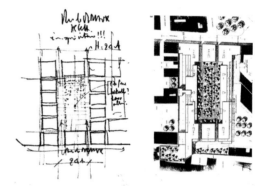

[60], [61] … Renzo Piano wollte einen großzügigen Hof als Übergangsraum zwischen den städtischen öffentlichen Räumen des Stadtteils und den privaten Räumen der Wohnungen erbauen. Skizzen von Piano …

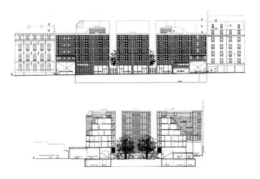

[62] Der langgezogene Hof wurde „dialogisch" in die vorgefundene Stadtstruktur integriert. Oben: Ansicht der Fassaden zur Straße. Unten: Schnitt durch den Hof (Techniques et Architecture 1991).

[63] Gesamtplan des Hofes, von dem aus alle Wohnungen erschlossen werden. Im unteren Teil des Planes die zwei Durchbrüche in der Strassenfront (Techniques et Architecture 1991), …

[64] … die als Eingänge in die Wohnüberbauung dienen. Blick auf die Straßenfront (U.P.) …

[65] … Die schluchtartigen Eingänge bilden eine Schwelle zwischen dem öffentlichen Stadtraum und dem Hof (U.P) …

Auf dem sich in die Länge ziehenden Grundstück definierte er einen rechteckigen, lang gezogenen Hof, den er geschickt in die vorgefundene Stadtstruktur integrierte [Abbildungen 62,63]. Der Hof, den er teilweise als Garten ausgestaltete, wurde zum Zentrum der Anlage. In ihm kreuzen sich alle Wege der Bewohner, das heißt, vom Hof aus werden die Wohnblöcke erschlossen, die Piano um den Hof anordnete.

Die eine Seite des Hofes bilden die an der Straßenfront liegenden Wohnblöcke, die Piano sensibel in die vorgefundene Baulücke einfügte [Abbildung 64]. Diese neuen Wohnblöcke passte er in ihrer Bauhöhe und in der Gliederung der Fensteröffnungen an die angrenzenden Gebäude an. Doch er signalisierte zugleich auch das Neue, und zwar in einem dreifachen Sinn: er wählte für die Fassaden eine andere Materialität und Farbigkeit wie auch eine grundsätzlich neue Bauweise.

Diese neue Bauweise, die sein Büro-Team mit Plattner für die Fassaden entwickelte, entsprach sowohl den Kriterien des Energiesparens als auch ästhetischen Maßstäben. Es wurden vorgefertigte, mit Glasfasern verstärkte Paneelen verwendet, auf denen Terrakotta-Fliesen befestigt sind. Die Paneele werden von einem Raster getragen, das aus Eisenbetonprofilen mit herausragenden Kanten besteht. Diese Kanten umrahmen bündig die Terrakotta-Fliesen und gliedern auf diese Weise subtil die Fassaden.

Dieses Prinzip der Fassadengestaltung, das sich wirtschaftlich und flexibel in der Anwendung erwies und in allen Teilen des Projektes umgesetzt wurde, prägt entscheidend die Ästhetik und architektonische Formgebung der Anlage. Die einheitliche Materialität und Farbigkeit der Fassaden schafft darüber hinaus eine optisch und sinnlich wahrnehmbare Kontinuität in den Übergängen und den Raumabfolgen zwischen dem Öffentlichen und dem Privaten. Vom Straßenraum kommend, erfolgt der Eingang in die Anlage – je nach Wahl – durch einen der zwei engen Durchbrüche in der Straßenfront. Diese schluchtartigen Eingänge, die in ihrer ganzen Höhe und Länge mit Terrakotta-Paneelen ausgestaltet sind, bilden eine Art Schwelle zwischen dem öffentlichen Stadtraum und dem Hof, der der gemeinsame Bezugspunkt aller Bewohner ist [Abbildung 65].

Nach dem regen Treiben in der Straße wird der Hof zu einem Ort der Ruhe mit sinnlich und atmosphärisch erfahrbaren Qualitäten. Der Hof, der mit einer Vielzahl von Birken und niedrigen Büschen bepflanzt wurde, ist ein wohltuender Raum, in dem sich das zarte Grün der Blätter und das helle Grau der Baumstämme mit den warmen Tönen der terrakottafarbenen Bodenfliesen und Fassadenelemente zu einem poetischen Ganzen verbinden [Abbildung 66].

Über den Hof gelangt man zu den Eingängen der verschiedenen Wohnblöcke. Von den Treppenhäusern aus, durch die mit durchlässigen Lamellen ausgestatteten Fenster hindurch, bleibt der Hof weiterhin sichtbar. Der halböffentliche Raum zieht sich in das Innere der Bauten hinein [Abbildung 67].

Auch in den privaten Räumen der Wohnungen bleibt der reizvolle Hof der wichtigste Sichtbezug. Alle Bewohner verfügen in ihren Wohnungen über ein großzügig dimensioniertes Wohnzimmer, das an beiden Enden je mit einem privaten Außenraum ausgeweitet wird: Zur Hofseite mit einer im Baukörper eingeschnittenen Loggia, zur gegenüberliegenden Seite mit einer breiten Terrasse [Abbildung 68].

Bemerkenswert ist die Sorgfalt, mit der die Loggias und die Terrassen ausgestaltet und ausgestattet wurden. In der Loggia ist an der einen Hälfte, über die ganze Stockwerkshöhe, eine feste Lamellenkonstruktion angebracht, die Schatten spendet und auch vor Einblicken schützt. Die andere Hälfte der Loggia ist mit halbtransparenten Rollos, die völlig heruntergelassen werden können, sowie mit einem feinmaschigen, halbtransparenten Gitter unter der Loggia-Brüstung ausgestattet.

[66] … Im reizvollen Hof, der mit Birken bepflanzt ist, herrscht eine poetische Atmosphäre (U.P.) …

[67] … Durch die mit durchlässigen Lamellen ausgestatteten Fenster der Treppenhäuser bleibt der Hof sichtbar (U.P.).

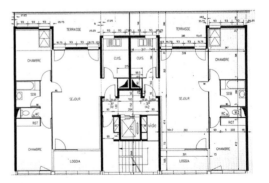

[68] Grundrisse der zweiseitig orientierten Etagen-Wohnungen mit Terrassen (im oberen Teil der Grundrisse) und der in den Baukörper eingeschnittenen Loggias zum Hof (auf dem unteren Teil der Grundrisse, neben dem Treppenhaus) (Techniques et Architecture 1991).

[69] Die vielschichtige Fassade zeichnet sich durch selbstbestimmbare Transparenzen aus. Ausschnitt der Fassade zum Hof, auf der rechten Bildseite die Einschnitte der Loggias …

[70] … Selbstbestimmbare Transparenzen zwischen der Loggia und dem Hof (Techniques et Architecture 1991).

Bei offenen Fenstern und geschlossenen Jalousien ist der private Wohnraum von außen nicht einsehbar, ja kaum als Loggia erkennbar. Der Innenraum und die Loggia werden von einem sanften, gedämpften Licht erfüllt; die Loggia verwandelt sich dabei in einen eigentlichen „Außenwohnraum", dessen Privatheit völlig bewahrt wird. Gleichwohl bleibt, dank der Lamellenkonstruktion auf der einen Seite der Loggia, der Blick nach außen erhalten.

Bei geöffneten Jalousien dagegen tritt die Loggia für den Außenstehenden als Einschnitt in den Baukörper erst klar in Erscheinung. Die Fassade kommt in Bewegung, drückt das Leben im Innern des Gebäudes aus. Der lang gezogene Wohnraum und die Loggia werden im Innern von Licht durchflutet. Vom privaten Außenraum aus kommuniziert der Bewohner mit dem Grün des Hofes und mit dem nachbarschaftlichen Leben. Innen- und Außenräume werden so zueinander in Beziehung gebracht [Abbildungen 69, 70].

Auf diese Weise eröffnet die Vielschichtigkeit der Fassade den Bewohnern der Anlage die Möglichkeit, den Transparenzgrad ihrer Wohnung und die Qualität der Beziehungen zwischen dem Privaten und dem Öffentlichen selbst zu bestimmen. Die Anpassungsfähigkeit der Wohnung an die Wünsche der Bewohner und ihre Nutzungsqualität werden damit wesentlich erhöht.

Piano ließ in diesem Projekt dynamische Raumfolgen, sensibel gestaltete Übergänge und selbstbestimmbare Transparenzen entstehen. Auf den vorgefundenen städtischen Kontext stadträumlich und gestalterisch Bezug nehmend, gelang es ihm hier, sowohl neue städtebauliche Akzente in einem benachteiligten Quartier zu setzen als auch eine Architektur zu schaffen, in der die räumlichen, ästhetischen und nutzungsbezogenen Dimensionen zu einem stimmigen Ganzen zusammengebracht wurden.

Fazit

Technik und Konstruktion waren schon immer, wie auch Giedion 1931 feststellte, „das Rohmaterial der architektonischen Phantasie", mit dem neue gestalterische Konzeptionen erfunden werden. Die Architekten der Moderne verstanden es, die technisch-konstruktiven Möglichkeiten ihrer Zeit auszunutzen, um in Stahlbeton und Skelettbauweise Wohnbauten mit einer ganz neuen Formgebung und Ästhetik zu errichten. Durch die Verwendung dieser Materialien und den damit verbundenen Konstruktionsmöglichkeiten kam es zu einem zukunftsweisenden Bruch in der Gestaltung der bürgerlichen Repräsentationsarchitektur. Noch nie dagewesene Transparenz und vielschichtige Raumfolgen wurden zu wesentlichen Merkmalen der Architektur.

Diese neue Architekturauffassung der Avantgarde ging in ihren Zielsetzungen indessen weit über das Ausschöpfen technischer Möglichkeiten hinaus. Die Transparenz in der Architektur entsprach auch den veränderten gesellschaftlichen Wertsetzungen und Vorstellungen. Transparenz, Entgrenzung sowie die Offenheit von Prozessen wurden mit dem sozialen Anliegen in Verbindung gebracht, die Voraussetzungen für eine weitere Entwicklung der demokratischen Gesellschaft zu schaffen. Dementsprechend wurde die Transparenz in der Architektur – im übertragenen Sinn – als Offenlegung der sozial-räumlichen Prozesse interpretiert, die Einsichten über funktionale und räumliche Bezugssysteme vermitteln können.

Eine ebenfalls wichtige Rolle für die Herausbildung neuer gestalterischer Ansätze spielte die Naturwissenschaft mit ihren bahnbrechenden Entdeckungen. Diese naturwissenschaftlichen Erkenntnisse in den ersten Jahrzehnten des 20. Jahrhunderts, die das Denken insgesamt revolutionierten – sei es die vierte Dimension in der Geometrie von Minkowski und von Riemann oder die Relativitätstheorie Albert Einsteins –, eröffneten den Architekten neue Horizonte.

Die Protagonisten der Moderne wollten Raum und Zeit zu einer dynamischen architektonischen Konzeption zusammenfügen. Mit der Einführung der Zeitdimension in den Entwurf wurden die Gestaltung und die Wahrnehmung von Architektur in der Tat revolutioniert. Die statischen Schaufronten bürgerlicher Häuser wurden im Massenwohnungsbau in transparente, vielschichtige räumliche Gebilde verwandelt. Das Raum-Kontinuum zwischen innen und außen ließ eine dynamische Architektur entstehen, die aus unterschiedlichen Blickwinkeln völlig verschiedene Wahrnehmungen ermöglichte. In dieser Architekturauffassung wurde die Transparenz zu einem Schlüsselbegriff.

Seit der Architekturmoderne stehen großzügige Fensterfronten, dynamische Raumabfolgen, lichtdurchflutete Räume und Transparenz in der Architektur für viele Menschen stellvertretend für Modernität. Doch der undifferenzierte Einsatz von Glas und großflächigen Fensteröffnungen ist spätestens seit den 80er Jahren in die Kritik geraten. Das wachsende Umweltbewusstsein und die zunehmende Offenheit der Architektinnen und Architekten für die qualitativen Bedürfnisse der Bewohner haben zur Folge, dass in aktuellen Projekten nach Ansätzen gesucht wird, durch die bei der Konzeptionsfindung städtebauliche und architekonische Dimensionen mit ökologischen und sozialen Aspekte eine geglückte Verbindung eingehen können

Sicher werden Transparenzen, differenzierte Raumfolgen und -übergänge weiterhin wichtige formalästhetische Anliegen einer qualitätsvollen Architektur bleiben. Doch mehr als zuvor werden die städtebaulichen und architektonischen Konzeptionen nach ressourcensparenden Kriterien überprüft. Im Gegensatz zur Moderne mit ihrem fließenden, vom städtischen Kontext losgelösten Raum und den allseitig transparenten Fassaden werden die Gebäude heute zunehmend sorgfältig in den vorhandenen sozial-räumlichen Kontext integriert und die Fassaden in einem neuartigen Spannungsverhältnis zwischen Geschlossenheit und Transparenz gestaltet.

Neu ist auch das Bemühen, die vielfältigen Erwartungen der Menschen zu berücksichtigen, zum Beispiel durch sensibel geformte Beziehungen zwischen den privaten und öffentlichen Räumen sowie durch den Bau von Wohnungen mit vielschichtigen Fassaden. Dadurch werden die Bewohner in die Lage versetzt, den Transparenz- und Privatheitsgrad ihrer Wohnform selber zu bestimmen.

Die größte Herausforderung liegt indessen darin, diese verschiedenen Ansätze zusammenzuführen – und auch die Transparenz als Teil einer ganzheitlichen Konzeption umzusetzen, die gleichermaßen stadträumliche, nutzungsbezogene, ökologische und ästhetische Qualitäten entstehen lässt.

5. Städtische öffentliche Räume: Konzeption und soziale Nutzung

[2] Kann man heute von einem Bedeutungsverlust öffentlicher Räume sprechen? Schnellstraßen im Zentrum von Atlanta (U.P) ...

Vorherige Seite [1][3] ... oder eher von einem Bedeutungszuwachs? Fußgängerstrom in einer neugestalteten Flaniermeile im Zentrum von Barcelona (Ajuntamiento de Barcelona 1992).

5.1 Kontroverse Interpretationen der gesellschaftlichen Bedeutung öffentlicher Räume

Öffentliche Räume – ein Strukturmerkmal europäischer Städte

Die derzeitige wie zukünftige Qualität des Wohnens wird nicht allein durch die Gestaltung des privaten Wohnbereichs und dessen städtebauliche Integration im Stadtraum bestimmt. Urbanes Wohnen ist viel mehr als das private Glück in den eigenen vier Wänden. Von grösster Bedeutung für das Wohnen ist ebenfalls das soziale Leben im näheren und weiteren städtische Umfeld.

Eine wesentliche Rolle spielen dabei die öffentlichen Räume, an denen sich die Menschen begegnen können. Von diesen städtischen öffentlichen Räumen wird in diesem Kapitel die Rede sein [Abbildungen 1-3].

Im Mittelpunkt meiner Darstellung stehen die städtischen Freiräume mit öffentlichem Charakter. Dieser öffentliche Charakter zeichnet sich durch vier Dimensionen aus, die ich zur Debatte stellen möchte:

- Soziologische Dimension: der städtische Raum mit uneingeschränkter Zugänglichkeit und öffentlicher Nutzung;
- Politische Dimension: der städtische Raum als Ort des kollektiven Handelns und der freien Meinungsbildung;
- Rechtliche Dimension: der städtische Raum mit öffentlichem Eigentumstitel;
- Verfügungsrechtliche und verwaltungstechnische Dimension: der städtische Raum mit Regulierung der Nutzung sowie Pflege durch die öffentliche Hand.

Mein Interesse gilt den städtischen Freiräumen in ihrer ganzen typologischen Vielfalt [Abbildung 4]. Es handelt sich also hier nicht nur um Strassenräume und Plätze, sondern zum Beispiel auch um urbane

Alleen, Boulevards, Squares, Gartenanlagen und Stadtparks.

Eine besondere Aufmerksamkeit werde ich den Projekten widmen, in denen eine innovative Gestaltung dieser öffentlichen Räume zur Geltung kommt: So zum Beispiel die neuartigen, fußläufigen Stadtpromenaden oder die reizvollen „plazas jardines" – Mischformen zwischen Platz und Garten. In der Planungspolitik vieler europäischer Städte kommt diesen neuen, attraktiven öffentlichen Räumen eine zunehmend wichtige Rolle zu (Center de Cultura Contemperania de Barcelona 1999; Topos 2002). Vielerorts wird mit ihrer Neugestaltung die Absicht verbunden, benachteiligte städtische Quartiere aufzuwerten.

International renommierte Protagonisten der Architektur- und Planungsszene kritisieren indessen auf das heftigste solche Strategien der Stadterneuerung, die sich auf die Neukonzeption öffentlicher Räume konzentrieren. Aus ihrer Sicht sind die öffentlichen Räume nur noch „nostalgische Überbleibsel früherer Epochen". Der Bedeutungsverlust öffentlicher Räume sei, wie sie behaupten, unausweichlich.

Doch diese Kritik wirft eine Reihe von Fragen auf:
• Inwiefern ist es vielmehr im Gegenteil berechtigt, im Kontext der Informationsgesellschaft von einem gesellschaftlichen Bedeutungszuwachs der öffentlichen Räume zu sprechen?
• Inwiefern tragen qualitätsvolle städtische öffentliche Räume dazu bei, die soziale Verständigung in den städtischen Lebenswelten zu fördern und benachteiligte Quartiere neu zu bestimmen?
• Wie wird es möglich, mit planerischen und gestalterischen Ansätzen eine gleichberechtigte Teilhabe an öffentlichen Räumen zu unterstützen?

Diese Fragen stehen im Zentrum dieses Kapitels. Tatsache ist, dass seit jeher die frei zugänglichen öffentlichen Räume ein Strukturmerkmal europäischer

[4] Bemerkenswert ist die typologische Vielfalt öffentlicher Räume in europäischen Städten. Von oben nach unten: Paris-Plage; Strandpromenade in Barcelona; Kuppersbuschgelände in Gelsenkirchen; plaza-jardin in Barcelona; Quartiersgarten Joan Miro in Paris; Welfengarten in Hannover … (U.P).

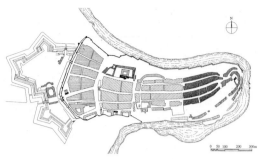

[5] Seit jeher sind europäische Städte durch ein Netz frei zugänglicher und durchlässiger öffentlicher Räume strukturiert. Stadtgrundriss von Bern 1220-1650 (F. Divorne 1991) …

[6] … In der traditionellen orientalischen Stadt ist dies anders: Die Wohnquartiere werden durch halböffentliche Sackgassen erschlossen. Ausschnitt aus dem Stadtgrundriss von Damaskus um 1700 (A. Raymond 1985).

Städte gewesen sind. In der kritischen Auseinandersetzung mit der gesellschaftlichen Bedeutung von zeitgenössischen öffentlichen Räumen in europäischen Städten sollte dies nicht außer acht gelassen werden. Die europäische Stadt hat sich in einer ihr eigenen historischen Entwicklung als Typus herausgebildet. Immer wieder hat sie sich als eine Lebenswelt erwiesen, die sich an neue Anforderungen angepasst hat und in der ökonomische wie kulturelle Innovationen entwickelt wurden. Migranten aus nahen und fernen Ländern haben die Gestaltung dieser Lebenswelten bereichert und unterschiedliche lokale städtische Kulturen entstehen lassen.

Seit der Antike wurden die Städte in Europa durch die öffentlichen Räume in Form eines ganzheitlichen Netzes strukturiert. Es war eine Besonderheit der europäischen Städte, dass dieses Netz durchlässig und die öffentliche Räume im ganzem Stadtgebiet als frei zugängliche, verschieden gestaltete Orte ausgeformt waren, die das Zusammenkommen unterschiedlicher Menschen begünstigten [Abbildung 5].
Der Vergleich der europäischen Städte mit Städten aus anderen Kulturen macht dieses Spezifikum deutlich. In der traditionellen orientalischen Stadt zum Beispiel wurden die Wohnbereiche durch ein Sackgassensystem erschlossen. André Raymonds Untersuchungen (1985) belegen, wie die Erschließung der von Mauern umgebenen Wohnquartiere – sei es in Kairo, Damaskus oder Alep – über verwinkelte Sackgassen erfolgte. Je weiter man in das Quartier eindrang, umso weiter drang man auch in die Privatsphäre der Bewohner ein. Fremde wurden als Eindringlinge abgewiesen [Abbildung 6].

Das war in den europäischen Städten grundsätzlich anders. In der westlichen Tradition wurde der städtische öffentliche Raum als ein „Gemeingut" betrachtet, in dem die privaten Interessen zugunsten eines zivilen Miteinanders zurückgestellt wurden. Die europäischen Stadtgesellschaften waren in der

Lage, verschiedene historische Formen der Öffentlichkeit herauszubilden und immer wieder die öffentlichen Räume als Orte für gemeinsames Handeln bereit zu stellen. Dieses Selbstverständnis kennzeichnet die europäischen Kulturen.

Jürgen Habermas (1963) sowie Oskar Negt und Alexander Kluge (1972) haben Referenzwerke zum Bedeutungswandel von Öffentlichkeit aus philosophischer und soziologischer Sicht geschrieben. Sie haben gezeigt, wie sich die soziale und politische Bedeutung von Öffentlichkeit von der feudalen zur industriell-kapitalistischen Gesellschaft Europas strukturell verändert hat. Im gleichen Zeitraum veränderte sich auch die gesellschaftliche Bedeutung der städtischen öffentlichen Räume, die in ihrer Ausformung neue Machtverhältnisse und Lebensbedingungen zum Ausdruck brachten.

In der mittelalterlichen Stadt war die politische und wirtschaftliche Dynamik unter anderen auf den Markt- und Rathausplätzen präsent, die den stadträumlichen Rahmen einer Öffentlichkeit von Stadtbürgern bildeten, die sich innerhalb der feudalen Abhängigkeiten einen Freiraum verschaffen wollten. Die kunstvoll, geometrisch angelegten Plätze des Barocks hingegen dienten als Schauplätze der fürstlichen Machtdarstellung [Abbildungen 7, 8]. Die Zeit des Absolutismus kannte nur die repräsentative Öffentlichkeit; städtische öffentliche Räume gaben dem beeindruckbaren Volk vor, „ein unsichtbares Sein durch die öffentlich anwesende Person des Herrn sichtbar zu machen" (Habermas 1963).

In der Folge der industriellen Revolution führte der zunehmende Antagonismus zwischen den zwei aufstrebenden Klassen – Bürgertum und Proletariat – zu unterschiedlichen Gestaltungsformen öffentlicher Räume.
Die bürgerliche Öffentlichkeit entfaltete sich in neu gestalteten öffentlichen Räumen, die – entsprechend der Planungen Haussmanns – ihren wirtschaftlichen, sozialen und politischen Interessen entsprachen.

[7] Die Plätze des Barocks dienten der fürstlichen Machtdarstellung: Die Place Royale in Paris. Ausschnitt des Plan Turgot 1739 …

[8] … und Stich um 1650 (P. Lavedan 1975).

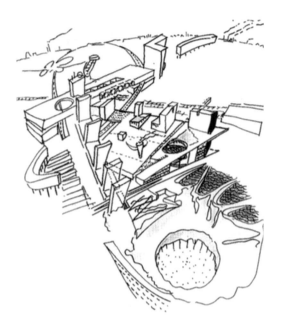

[9] Rem Koolhaas konzipiert städtebauliche Projekte, in denen die „Bigness-Projekte" sich gegenüber ihrem städtebaulichen Umfeld abschotten. Skizze zu Euralille und Foto von Lille Grand Palais (Espace croisé 1996).

Eine neue Wechselwirkung zwischen dieser Öffentlichkeit und einer familienzentrierten Privatheit zeichnete zunehmend das bürgerliche Leben aus.

Die proletarische Öffentlichkeit hingegen entfaltete sich in den vorgefundenen öffentlichen Räumen. Sie entstand erst im gemeinsamen Handeln, „in der sinnlich fassbaren Solidarität" (Negt/Kluge 1972), die die öffentlichen Räume der Stadt während Barrikadenkämpfen und Demonstrationen zur Bühne proletarischer Öffentlichkeit machten. Doch die proletarische wie auch die bürgerliche Öffentlichkeit waren keineswegs nur bei besonderen Anlässen erfahrbar. Weit darüber hinaus prägte sie das Alltagsleben.

„Das Ende" der öffentlichen Räume?

Welche gesellschaftliche Bedeutung haben die städtischen öffentlichen Räume in den zeitgenössischen postindustriellen Gesellschaften?

Rem Koolhaas proklamiert in seinen Schriften „das Ende" der öffentlichen Räume weltweit. „Die Straße ist tot – eine Entdeckung, die zeitlich zusammenfällt mit den hektischen Versuchen ihrer Wiederbelebung", verkündete er 1993. Er beschreibt nicht nur die Phänomene, sondern feiert geradezu das schöpferische Chaos „der Stadt ohne Eigenschaften", in der die Geschichte und der städtische öffentliche Raum seiner Meinung nach irrelevant werden.

Von größter Aktualität indessen sei, wie er im Weiteren ausführt, die Realisierung von sehr vielen „großen Gebäuden", die der gegenwärtig stattfindende Modernisierungsprozess erfordere. Koolhaas verlangt, dass Architekten und Planer darauf verzichten, „eine explizite kontextuelle Beziehung zur existierenden Stadt herzustellen"... Brüche, Diskontinuitäten im Stadtgefüge seien in Kauf zu nehmen. Die große kulturelle Herausforderung bestehe vielmehr darin, das Potenzial dieser „Bigness-Projekte" als in sich geschlossene Welten voll auszuschöpfen, „mit allen Freiheiten und Attraktionen und der Einzigartigkeit, die dies impliziert, ... und sich einen neuen Weg vorzustellen, wie diese selbständigen, befreiten, sich nicht gegenseitig ergänzenden Welten koexistieren könnten" (Koolhaas 1996).

Diese theoretischen Positionen setzt Koolhaas konsequent in seinen Entwürfen um. Er plant und realisiert Großbauten in Städten der ganzen Welt – von Lille [Abbildung 9] über Almere bis hin nach Peking, die sich systematisch gegen die bestehenden städtischen Räume hin abschotten. Im Innern schafft er vielschichtige, introvertierte Räume, die für Teilöffentlichkeiten bestimmt sind und in denen die freie Zugänglichkeit für alle Stadtbewohner nicht mehr gewährleistet ist.

Wie sind Koolhaas' Positionen und Projekte einzuordnen und zu bewerten?
Ohne Zweifel besteht bereits eine gewisse Tendenz zur Verödung der städtischen öffentlichen Räume. Jedoch ist diese Tendenz je nach politischem und kulturellem Kontext sehr verschieden ausgeprägt.
Zwei Schlagwörter bezeichnen die Ursachen dieser Verödung: „Automobilisierung" und „Privatisierung". Was ist darunter zu verstehen?

„Automobilisierung"

Die „Automobilisierung" als gesellschaftliches Massenphänomen nimmt nicht nur massiv in den hochindustrialisierten westlichen Industrieländern zu, sondern auch in den Schwellenländern. Diese Entwicklung verändert die Mobilitätsmuster der Menschen und die Inanspruchnahme der öffentlichen Räume. François Ascher (1995) stellt fest, dass die Verkehrsströme in europäischen Stadtregionen auf Grund der exponentiellen Verbreitung des Autos dramatisch zugenommen haben – im Durchschnitt um 30% in den letzten 15 Jahren.

Verschiedene Faktoren haben dazu beigetragen, dass der Autoverkehr in den industrialisierten Gesellschaften extrem zugenommen hat. Eine wichtige Rolle haben sowohl die Planungsparadigmen der

[10] Die öffentlichen Räume werden vielerorts zu Verkehrsflächen degradiert. Zentrum von Atlanta, …

[11] … wo die Fußgänger sich in schlauchartigen Passerellen von einem Mall zum andern fortbewegen müssen (U.P.).

Nachkriegszeit zur „autogerechten und aufgelockerten Stadt" (Hillebrecht 1965) gespielt als auch die Wechselwirkung zwischen Straßenbau und Zunahme der Motorisierung. Ganz wesentlich ist auch der Einfluss der Automobilindustrie und -verbände, die weiterhin in den verschiedenen Ländern – insbesondere in Deutschland und den Vereinigten Staaten – eine kolossale wirtschaftliche Macht darstellen.

Doch es gibt einen noch viel tieferliegenden Grund für dieses Massenphänomen, das nicht nur für die Gegenwart, sondern ebenso für die Zukunft bestimmend ist: Das Auto ist kulturell kaum mehr wegzudenken. Es ist im wahrsten Sinne des Wortes ein Vehikel, das die Individualisierungstrends versinnbildlicht. Das Auto ist zu einem Objekt der mobilen, individualisierten „Ausweitung" der Privatsphäre geworden. Es eröffnet dem Individuum nicht nur verschiedene Wahlmöglichkeiten bei der Alltagsbewältigung, sondern auch unbegrenzte visuelle Erfahrungen sowie aufregende Gefühle und Befindlichkeiten, die in einem abgeschlossenen individuell bewegbaren Raum stattfinden.

Wie folgender Text von Koolhaas (1993) veranschaulicht, verwandeln sich die Straßenräume in der Wahrnehmung vieler Autofahrer in einen „glatten" Raum, der ihnen für die individuelle Mobilität zur Verfügung steht und dabei starke Lust- bzw. Angstgefühle auslöst: „Die urbane Fläche berücksichtigt nur noch notwendige Bewegung, in erster Linie das Auto; Schnellstraßen sind eine überlegene Version von Boulevards und Plätzen und nehmen immer mehr Raum ein; ihr scheinbar auf die Reibungslosigkeit des Kraftverkehrs zielendes Design ist in Wirklichkeit überraschend sinnlich, ein nützlicher Vorwand, der in die Domäne des glatten Raums eindringt. Dieselbe Strecke bietet eine unzählige Menge völlig verschiedener Erfahrungen: man braucht fünf Minuten dafür oder vierzig; man muss sie mit praktisch niemandem teilen oder mit der gesamten Bevölkerung; sie kann das totale Vergnügen purer, durch nichts beeinträchtigter Geschwindigkeit bieten … oder extrem klaustrophobische Momente des Stillstands."

Die auf vielen Faktoren beruhende Zunahme des individuellen Autoverkehrs führt in Städten zur Omnipräsenz des Autos in öffentlichen Räumen. Ohne jegliche Aufenthaltsqualitäten werden die öffentlichen Räume somit vielerorts zu Verkehrs- und Parkflächen degradiert, in denen nicht nur Lärm und Abgase, sondern auch die Gefahrenpotenziale zunehmen [Abbildungen 10, 11].

Die Städte gehen allerdings sehr unterschiedlich mit dieser Entwicklung um. Obwohl in europäischen Städten der Anteil des individuellen Autoverkehrs am gesamten städtischen Verkehr weniger als die Hälfte beträgt – wie dies Christine Bauhardt für deutsche Städte 1995 belegt –, verdrängen in vielen Städten die Autos alle anderen Nutzungen aus den öffentlichen Räumen. Das soziale Leben verkümmert, Straßenräume und städtische Plätze veröden.

Wie im Folgenden gezeigt wird, entwickeln einige Städte jedoch gezielt Planungsstrategien, mit denen eine ausgewogene Balance zwischen den verschieden Interessenlagen und Fortbewegungsarten in öffentlichen Räumen gesucht wird.

„Privatisierung"

In der „Privatisierung" von quasi-öffentlichen Räumen im Rahmen von kommerziellen Scheinwelten, die sich von ihrer urbanen Umgebung absondern, zeigt sich eine weitere Tendenz, die zum Bedeutungsverlust der öffentlich zugänglichen Räume der Städte führt.

Je nach sozialem und politischem Kontext ist diese Tendenz sehr unterschiedlich ausgeprägt. Sie steht im engen Zusammenhang mit der wachsenden sozialen Polarisierung, die durch die Globalisierung zunimmt und für sie geradezu kennzeichnend ist.

Diese Entwicklungen sind besonders in US-amerikanischen Städten weit fortgeschritten. Einkommens-

[12] Der abgesicherte Eingang zu einer gated community in der Peripherie von Atlanta (U.P.).

starke Bevölkerungsgruppen [Abbildung 12] ziehen sich in umzäunte Wohnquartiere und abgesicherte Einkaufzentren – gated communities und shopping malls – zurück. Es entsteht eine Art „Zitadellenkultur"(Lieser, Keil 1990) der Bessergestellten, die sich unter Gleichen an diesen abgeschlossenen Orten zusammenfinden.

Die erste shopping mall öffnete 1956 in Minesotta, weitere 25.000 folgten in den nächsten 25 Jahren. Der Publikumserfolg und die erzielten Profite waren enorm.

Heute sind alle Stadtregionen in den Vereinigten Staaten von einem virtuell angelegten Raster überzogen, in dem die Standorte unzähliger shopping malls eingezeichnet sind.

Vor den Entscheidungen hinsichtlich der Standortwahl für eine neue mall werden im Vorfeld die regionalen Einkommensstrukturen, das Konsumverhalten und die Konsumerwartungen sorgfältig analysiert; auf diese Weise werden Kundenzielgruppen und eine optimale Mischung an kommerziellen Angeboten definiert. Ziel der Planungen ist, abgesicherte, aufregende Konsumwelten zu inszenieren, die alles Unangenehme, Störende, Gefährliche in den realen städtischen Lebenswelten vergessen lassen.

[13] Die shopping malls sind als privatisierte Scheinwelten konzipiert, in denen städtisches Erleben vorgetäuscht wird. Mall in Atlanta …

[14] … und in New York (U.P.).

Die städtebauliche Einordnung und die architektonische Formgebung sind aus diesen Gründen dazu bestimmt, die malls von der Außenwelt abzugrenzen. Die introvertierten Gebäude werden durch ausgedehnte Parkflächen systematisch vom umliegenden städtischen Kontext abgesondert. Es sollen gesicherte Innenräume entstehen, die nur über wenige, leicht kontrollierbare Eingänge erschlossen werden. Die komplette Ausgestaltung dieser mit Videoanlagen und privater Polizei überwachten Innenräume ist darauf ausgerichtet, Scheinwelten von städtischen öffentlichen Räumen zu erzeugen, in denen das Lustgefühl und die Faszination des Konsumenten geweckt werden.

Mit differenzierten Perspektiven, Raumfolgen und

Sichtbezügen soll, laut Margaret Crawford (1992), „die ganze Welt eingefangen werden". Zum Beispiel durch großzügige, mehrere Stockwerke hohe Atrien, die mit Palmen und Springbrunnen geschmückt sind, mit abwechslungsreichen Wegeführungen, an denen Geschäfte, Cafés und Restaurants, Fitnesszentren und Sporthallen, Ausstellungsräumen und sogar Kapellen zu finden sind [Abbildungen 13, 14].

In diesen privatisierten Scheinwelten, in denen „öffentliche Räume als variationsreiche Themenparks" (Sorkin 1992) inszeniert werden und durch die städtisches Erleben vorgetäuscht wird, verwandelt sich der Konsum zu einer aufregenden, abgesicherten Freizeitbeschäftigung für Bessergestellte.

Doch je mehr diese Scheinwelten überhand nehmen, umso augenfälliger nimmt die soziale Mischung und das urbane Leben in den städtischen öffentlichen Räumen ab, die zusehends verwahrlosen und gefährlicher werden. Diese Entwicklungen zeichnen sich nicht nur in Amerika, sondern auch in den europäischen Städten ab, vor denen der weltweite Siegeszug der kommerziellen Scheinwelten nicht Halt macht (Dörhöfer 2008).

Je stärker die Privatisierung und die Vermarktung städtischer Räume voranschreiten, „desto mehr verdrängen und ersetzen sie", wie auch Bruno Flierl (2000) hervorhebt, „die gesellschaftlichen Anlässe, Formen und Wirkungen bisheriger Begegnungen einzelner Menschen und sozialer Gruppen im offen zugänglichen Raum der Stadt". Flierl zeigt dies anhand des Daimler-Centers am Potsdamer Platz in Berlin, wo der Daimler-Konzern, statt der ursprünglich geplanten offenen Geschäftsstraße, eine glasüberdachte Straßenmall – die Potsdamer Platz Arkaden – durchsetzte. Jedem Besucher fällt der Gegensatz zwischen der konsumbezogenen Belebung der privatisierten Räume der Arkaden und der inhaltlichen Leere der verbliebenen, offen zugänglichen Außenräume auf [Abbildungen 15, 16].

[15] Die konsumbezogene Belebung der privatisierten Potsdamer-Platz-Arkaden …

[16] … trägt zu der Verödung der offen zugänglichen, umliegenden Straßenräume bei (U.P.).

Dieses Defizit an städtischer Öffentlichkeit kann weder durch die wenigen verbliebenen kommerziellen Angebote noch durch die gelegentlich, von Privatunternehmen inszenierten und den Medien übertragenen Erlebnis-Events in den öffentlichen Räumen wettgemacht werden.

Nicht viel anders sind die sozial-räumlichen Wirkungsweisen der „Bigness-Projekte" des Architekten Koolhaas. Die vielschichtigen, faszinierenden Innenwelten, die Koolhaas erbaut, sind für Teilöffentlichkeiten bestimmt; sie können weder von jedermann in Anspruch genommen noch frei von den Benutzern angeeignet werden. Die städtebauliche und architektonische Konzeption dieser Großprojekte, die sich konsequent gegenüber ihrem städtischen Umfeld abschotten, trägt wesentlich dazu bei, die Vielfalt und Erlebnisdichte in städtischen Räumen zu reduzieren.

Koolhaas vollzieht somit nicht einen kulturell bedeutsamen, zukunftsfähigen Akt, wie er vorgibt und behauptet; er leistet vielmehr denjenigen Tendenzen Vorschub, die erheblich dazu beitragen, die städtische Öffentlichkeit ihrer gesellschaftlicher Potenz zu entleeren und die sozial-räumliche Segregation zu unterstützen.

Historische Neubestimmung städtischer öffentlicher Räume

Nicht nur die Automobilisierung und Privatisierung, sondern auch die Informatisierung der Gesellschaft hat für die Nutzung von öffentlichen Räumen weitreichende Folgen. Wie wird sich dies auf den Bedeutungswandel öffentlicher Räume auswirken? Diese Frage hat eine kontroverse Debatte ausgelöst, die in meinen weiteren Ausführungen beleuchtet wird.

Über die Disziplinen hinweg wird die Meinung vertreten, dass wir am Anfang einer neuen wissenschaftlich-technologischen Revolution stehen, deren gesellschaftliche Folgen jedoch sehr widersprüchlich eingeschätzt werden.

Als Dreh- und Angelpunkt dieser Revolution wird die allgegenwärtige Verbreitung des „unbegrenzten" digitalen Informationsflusses auf Grund der Informations- und Kommunikationstechnologien angesehen. Die wissenschaftlichen Grundlagen dieses technologisch bedingten Paradigmenwechsels bestehen schon seit längerer Zeit. Doch erst seit den 70er und 80er Jahren des 20. Jahrhunderts kann man von einem neuen „technologischen System" sprechen (Castells 2003). Die neuen Technologien durchdringen nunmehr alle Lebensbereiche: Zuerst haben sie sich im Finanzsektor verallgemeinert, seit Anfang der 80er und 90er Jahre sind sie ebenfalls in den Dienstleistungs- und Bürosektoren allgegenwärtig. Heute sind mobile Geräte aller Art (vom Handy bis zum tragbaren Laptop) auch nicht mehr aus den Privatsphären wegzudenken.

Sogar in den öffentlichen Räumen ist ihre Nutzung exponentiell gestiegen. Das Einbrechen des Öffentlichen in die privaten Räume auf der einen Seite, das Ausbrechen des Privaten in die städtischen öffentlichen Räume auf der anderen Seite kennzeichnet unseren Alltag [Abbildung 17].

[17] Das Einbrechen des Öffentlichen in die privaten Räume sowie das Ausbrechen des Privaten in die öffentlichen Räume ist kennzeichnend für unseren Alltag. Junge Frau mit Laptop in einem öffentlichen Garten.

Auf dem Hintergrund dieser Entwicklungen wird von vielen Seiten eine Reduzierung der zwischenmenschlichen Beziehungen und der realen physischen Kontakte befürchtet. Diese fortschreitende Reduzierung würde auch zu einem weiteren Bedeutungsverlust öffentlicher Räume führen – wie dies verschiedene Autoren behaupten:

Paul Virilio warnte bereits 1984 vor der Gefahr einer „autistischen Gesellschaft", in der sich die Individuen in Privatnischen zurückziehen und abkapseln würden.

Mettler-Meibom prognostiziert 1994 den Verlust von Verantwortlichkeit und sozialer Kontrolle im öffentlichen Raum als Folge der zunehmenden Fokussierung auf die medial vermittelte Welt.

Florian Rötzer entwirft 1995 seinerseits das Bild einer Informationsgesellschaft, in der attraktive neue Lebensräume in virtuellen Welten entstehen, die die

[18] Die öffentlichen Räume in europäischen Städten sind mehr denn je Orte des kollektiven Handelns und der freien Meinungsbildung. Politische Demo im Straßenraum ...

[19] ... Sie sind darüber hinaus eine Bühne für die Erfahrung sozialer Differenzen. Blick von oben auf Menschengruppen in der Place Pompidou in Paris (Centre G. Pompidou 1987).

[20] Die städtischen öffentlichen Räume sind auch zunehmend Orte der Begegnung und der sinnlich-haptisch erlebbaren Vielfalt. Frauen im Jardin J. Miro (U.P. et al. 2002).

Urbanität als Lebensweise nur im Netz erfahrbar machen.

Trotz unterschiedlicher Stellungnahmen teilen diese Autorinnen und Autoren die Ansicht, dass die städtischen öffentlichen Räume ihre gesellschaftliche Bedeutung zugunsten einer virtuellen Öffentlichkeit verlieren und sie in Zukunft höchstens noch nostalgische, denkmalgeschützte Überreste einer anderen Epoche darstellen würden.

In den letzten Jahren setzt sich jedoch zusehends eine Gegenthese durch.

François Ascher hat schon 1995 argumentiert, dass bei der hohen Kommunikationsintensität, die durch die neuen Technologien produziert wird, viele über die Medien abgewickelten Gespräche und Handlungsabläufe die Notwendigkeit von face-to-face Kontakten nach sich ziehen. Es komme, wie er schlussfolgert, eben nicht zu einer Abnahme der physischen Kontakte, sondern stattdessen vielmehr zu einer Veränderung der Zeit-Raum-Struktur des Alltags.

Darüber hinaus wird auch von anderen Autoren hervorgehoben, dass die zunehmende Banalisierung und die wachsende globale Verfügbarkeit der Informations- und Kommunikationstechnologien in den westlichen Industrieländern dazu führen würde, dass alles, was nicht über Informatik und Medien vermittelt werden kann, an Bedeutung gewinnt. Damit würden der unmittelbare und informelle Sozialkontakt sowie die ortsbezogene Wahrnehmung einen hohen Stellenwert bekommen.

Aus diesen Überlegungen kann man überzeugend den Schluss ziehen, dass die öffentlichen Räume heute eine neue historische Bedeutung erhalten. Das heisst konkret, dass im Zeitalter der digitalen Informationsflüsse den städtischen öffentlichen Räumen mehr denn je eine gesellschaftlich wichtige Funktion zukommt. Sie entwickeln sich zunehmend auch zu einer Bühne für die Erfahrung sozialer Differenzen und einer sinnlich erlebbaren Vielfalt

[Abbildungen 18-20]. Es kann nicht genug hervorgehoben werden: die bewusste Gestaltung und Wahrnehmung der so verstandenen öffentlichen Räume – nämlich als Gemeingut für alle – könnte maßgeblich zu der sozialen Verständigung in den städtischen Lebenswelten beitragen.

Empirische Studien der letzten Jahre bestätigen in der Tat den Bedeutungszuwachs städtischer öffentlicher Räume – jedenfalls in europäischen Städten. Es ist offenkundig, dass die intensive Aneignung öffentlicher Räume in Städten des Südens wie des Nordens Europas tendenziell immer mehr zunimmt. Ein gutes Beispiel dafür ist Kopenhagen, wo die Stadtbehörden eine konsequente Planungsstrategie zur Neugestaltung von verkehrsberuhigten Straßen und Plätzen verfolgt haben. Jan Gehl belegt, dass sich hier die Zahl der Menschen in den öffentlichen Räumen zwischen 1968 und 1995 verdreifacht hat (2000). Studien in anderen nordeuropäischen Städten zeigen die gleiche Tendenz: Die öffentlichen Räume werden zwar nicht über das ganze Jahr, sondern vor allem während der wärmeren Jahreszeiten intensiv genutzt; dann aber ist der Drang der Menschen, sich in den städtischen öffentlichen Räumen aufzuhalten, überwältigend.
Wie aus einer Studie unter der Leitung von Klaus Selle (2002) hervorgeht, führen diese Erfahrungswerte bei Planungsexpertinnen und -experten in deutschen Städten zu der Ansicht, dass nicht die Verödung, sondern vielmehr die Übernutzung das eigentliche Problem darstellt. Doch diese Tatsache werde weder bei der Neugestaltung noch beim Unterhalt von öffentlichen Räumen heute genügend berücksichtigt [Abbildung 21].

Welche Konsequenzen sind aus diesen Erfahrungswerten und Deutungen zu ziehen? Können wir von einem Bedeutungszuwachs oder vielmehr von einem Bedeutungsverlust der städtischen öffentlichen Räume ausgehen?

[21] Die Übernutzung – und nicht die Verödung – der stadtteilbezogenen öffentlichen Räume wird in vielen Fällen für ein eigentliches Problem gehalten. Dichtgedrängte Menschen in der Plaza Verde in Barcelona-Nou Barris (U.P.).

Wie aus den vorherigen Ausführungen ersichtlich wurde, sind die Entwicklungstendenzen widersprüchlich. Doch eines ist sicher: Es kann keineswegs behauptet werden, „das Ende" der öffentlichen Räume sei vorprogrammiert.

Zwei Aspekte sollten bei dieser Debatte nicht aus den Augen verloren werden:

- Die virtuelle, immaterielle Öffentlichkeit über die Netze sollte nicht gegen die sinnlich wahrnehmbare, real erfahrbare Öffentlichkeit in den städtischen öffentlichen Räumen ausgespielt werden. Beide Formen von Öffentlichkeit ergänzen sich und stehen in einem komplexen Verhältnis zueinander.

- Qualitätsvolle, für alle Menschen frei zugängliche städtische Räume entstehen weder als zufälliges Nebenresultat von Stadtbaupolitik noch als frei gelassene Restflächen von privaten Planungen. Für eine Wiedergewinnung bzw. Neubestimmung der öffentlichen Räume ist dementsprechend nicht nur ein starker politischer Wille eine entscheidende Voraussetzung. Ebenso notwendig ist die Fähigkeit von Planern und Architekten, neue planerische und gestalterische Ansätze zu entwickeln, die sich an der Vorstellung von öffentlichen Räumen als Gemeingut einer solidarischen Gesellschaft orientieren.

5.2 Neukonzeption öffentlicher Räume im europäischen Vergleich

Integrative Planungsstrategien

Seit den 1990er Jahren liegen Ergebnisse über die Erfahrungen bei der Neukonzeption von öffentlichen Räumen in europäischen Städten vor, bei denen innovative planerische und gestalterische Ansätze umgesetzt worden sind. Abgesehen von den Projekten in zentralen städtischen Lagen, gibt es

auch eine Vielzahl an zukunftsweisenden Planungsbeispielen, in denen die Schaffung bzw. Neugestaltung öffentlicher Räume ein wichtiger Aspekt in den
Planungsstrategien zur Aufwertung benachteiligten
Quartieren war.

Das Erkenntnisinteresse einer im europäischen Vergleich angelegten interdisziplinären Forschung, die
ich an der Universität Hannover leitete, konzentrierte sich auf diese Art von Quartiersplanungen. Es
handelte sich dabei durchweg um Projekte, in denen
sich die an den Planungen beteiligten Stadtpolitiker,
die Verantwortlichen der Planungsbehörden und die
Entwerfer an der Vorstellung einer solidarischen
Stadtgesellschaft orientierten und die soziale Integration der Quartiersbewohner als übergeordnetes
Ziel verfolgten (Paravicini, May 2004; Paravicini,
Claus, Münkel, von Oertzen 2002).
Es ging darum, die integrativen Planungsstrategien
und -ansätze, mit denen die untersuchten Quartiere
erfolgreich aufgewertet wurden, in ihren unterschiedlichen Gewichtungen, Intentionen und Ausrichtungen zu erkennen und zu bearbeiten. Zu den
integrativen Planungsstrategien zählten sowohl die
Neukonzeption öffentlicher Räume als auch die
Stärkung einer kleinteiligen Nutzungsmischung sowie der Ausbau öffentlicher Verkehrssysteme.

Das Ziel der Forschungsstudien war, Orientierungswissen für künftiges Planen zu generieren. Um dieses Ziel zu erreichen, wurden die gesellschaftlichen
Vorstellungen und strategischen Planungsziele von
Planungsexperten und Entwerfern aus verschiedenen europäischen Städten sowie die Umsetzung der
Entwürfe und deren soziale Wirkungsweisen ver-
gleichend untersucht.

Erkenntnisleitend waren folgende Fragen:
• Inwiefern tragen die umgesetzten planerischen
  Strategien dazu bei, die soziale Verständigung in
  den Quartieren und das zivile Miteinander unterschiedlicher sozialer Gruppen zu fördern?

Die hier vorgestellten Untersuchungsergebnisse ent-
stammen der interdisziplinär angelegten Forschung,
die im Rahmen von zwei Projekten gefördert wurde:
„Konzepte und Strategien in Raumplanung und
-gestaltung, die aus feministischer Sicht zum Abbau
von sozial-räumlicher Ausgrenzung beitragen", Lauf-
zeit: 01.06.2000 - 31.05.2003, gefördert von der
Volkswagen-Stiftung. Paravicini, U., Krebs, P., May, R.:
Die Kooperationspartnerinnen und -partner waren: In
Barcelona, an der Autonomen Universität:
Prof. Dr. Maria Dolors Garcia Ramon, Anna Ortiz; in
Paris: Dr. Jacqueline Coutras, Groupe d'études sur la
division sociale et sexuelle du travail, IRESCO-CNRS.
Dieses Projekt knüpfte an ein vorhergehendes For-
schungsprojekt an, gefördert vom Niedersächsischen
Forschungsverbund für Frauen- und Geschlechterfor-
schung in Naturwissenschaften, Technik und Medizin:
Paravicini, U., Claus, S., Münkel, A., Oertzen, S. von:
Neukonzeption städtischer öffentlicher Räume im euro-
päischen Vergleich, Laufzeit: 30.05.1998 - 31.05.2000.

Diese Untersuchungen gehören in das Feld der kritischen, empirisch gestützten Architektur- und Planungs-
forschung. Das Forschungsdesign war in einer feminis-
tisch-emanzipatorischen Perspektive angelegt.
Planungs- und Architekturkonzepte wurden aus einer
geschlechtsdifferenzierenden Sicht auf ihre Nutzungen
und sozialen Folgewirkungen hin systematisch überprüft.
Die Untersuchungen wurden aufgrund eines differenzierten Sets an Forschungsmethoden durchgeführt.
Die Quartiere wurden zeichnerisch und photographisch
genau kartiert und durch ein Quellenstudium der
Planungsgrundlagen, der Geschichte des Quartiers
und der gesamtstädtischen Planungsstrategien ergänzt.
Neben Befragungen von Fachexperten wurden qualita-
tive Interviews mit Quartiersbewohnerinnen und -be-
wohnern sowie mit Schlüsselpersonen durchgeführt.
Beobachtungen im Feld vervollständigten die empirischen Erhebungen.

• Welche Auswirkungen haben die Planungs- und Gestaltungsansätze auf die Alltagsbewältigung der Bewohnerinnen und Bewohner? Inwieweit sind Frauen von den Ergebnissen der Planungen anders betroffen als Männer?

• Mit welchen Planungs- und Gestaltungsmaßnahmen kann eine gleichberechtigte Teilhabe der Menschen an öffentlichen Räumen unterstützt werden?

Diese Fragen wurden im Rahmen von empirischen Untersuchungen überprüft. Dies geschah anhand von Planungsbeispielen, die mehreren Kriterien entsprachen: Sie wurden von Fachkreisen als exemplarisch angesehen. Sie wurden etwa zeitgleich – ab Ende der 1980er Jahre – initiiert und waren zum Zeitpunkt unserer Forschungen – ab 1998 – abgeschlossen.

Im Weiteren waren die Quartiere, die erforscht wurden, vor der Neuplanung durchweg im Abwärtstrend; die soziale Benachteiligung und die räumliche Verwahrlosung hatten immer mehr zugenommen. Alle ausgewählten Quartiere befanden sich in einer isolierten Lage und in einem zerrissenen Stadtgefüge.

In der Forschung wurden dementsprechende Projekte in Barcelona (im Umfeld des Parc del Clot und der Via Julia) und Paris (im Umfeld der Promenade Plantée und des Jardin de Reuilly) mit Planungen in Berlin (im Umfeld des Theodor-Wolff-Parks) und in Hannover (im Umfeld des Engelbosteler Damms) verglichen.

In den nachfolgenden Textabschnitten stelle ich die Forschungsergebnisse dieser Untersuchungen vor, die dazu anregen sollen, zukunftsfähige Planungsstrategien weiterzuentwickeln. Bei der Darstellung der Ergebnisse wird hier – um den Rahmen dieses Buches nicht zu sprengen – vor allem der Blick auf die Neukonzeption öffentlicher Räume gerichtet.

Drei Problemfelder werden dabei näher beleuchtet:
- Räume der urbanen Ästhetik und der Erinnerung;
- Räume der Vernetzung und der Mobilität;
- Räume des sozialen Lebens und des zivilen Umgangs miteinander.

Räume der urbanen Ästhetik und der Erinnerung

Bei allen in der Untersuchung befragten Landschaftsarchitekten und Architekten aus den eben genannten Städten wird ein Anliegen ersichtlich: Sie wollten den Menschen attraktive öffentliche Räume bereit stellen, in denen sich die Gestaltung durch eine zeitgemäße urbane Ästhetik und zugleich durch Hinweise auf die Geschichte des Ortes auszeichnet. An zwei der von uns untersuchten Projekte will ich diesen Gestaltungsansatz veranschaulichen. Dabei werde ich nachzeichnen, welche Zielvorstellungen leitend und welche Formensprachen jeweils verwirklicht wurden, bevor diese mit den Bewertungskriterien der Nutzerinnen und Nutzer der öffentlichen Räume verglichen werden.

Theodor-Wolff-Park

(Berlin-Kreuzberg; Landschaftsarchitektin: Regina Poly; 1991 fertig gestellt; 1,2 ha)
Der Theodor-Wolff-Park ist ein attraktiv aussehender, ruhiger Quartiersplatz, der durch seine differenzierten Grünraumqualitäten besticht. Dieser gartenähnliche öffentliche Raum ist auf drei Seiten von Bauten umrahmt. Auf der vierten Seite öffnet er sich jedoch auf eine eher stark befahrene Straße.
Im Innern ist der Park durch ein in der Mitte sich kreuzendes fußläufiges Wegesystem in unterschiedliche Grünbereiche gegliedert. In eine weit auslaufende Wiese, einen ruhigen, von hohen Büschen umwachsenen Spielplatz sowie in einladende, von reizvollen Stauden umgebene Sitzgelegenheiten [Abbildungen 22,23].
Zwei Altbauten, die als Restbestand einer aus der

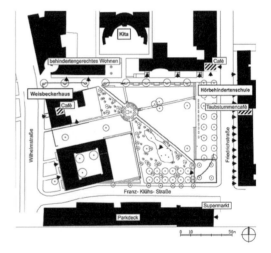

[22] Der Theodor-Wolff-Park in Berlin-Kreuzberg. Grundriss mit umliegender Bebauungsstruktur (U.P. et al. 2002) ...

[23] ... und Luftaufnahme (R. Poly 1998).

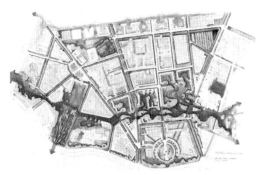

[24] Eine Bürgerinitiative forderte auf den brachliegenden Stadträumen der Südlichen Friedrichstadt die Schaffung eines weiträumigen Grünzuges (Kleihus 1987).

[25] Die Landschaftsarchitektin wollte eine besinnliche „grüne Idylle" entstehen lassen. Foto der zentralen Wiese (U.P. et al. 2002).

Gründerzeit stammenden Blockbebauung das Gelände prägten, schieben sich eigenwillig in den Grünraum hinein und setzen einen von weitem sichtbaren baulichen Akzent.

Mit dieser Gestaltung versuchte die Landschaftsarchitektin gegensätzliche Zielvorgaben zu vereinen: Zum einen die Zielvorgabe der Verantwortlichen der Internationalen Bauausstellung (IBA)-Berlin, in deren Rahmen der Theodor-Wolff-Park initiiert wurde. Sie wollten das idealisierte Bild einer homogenen gründerzeitlichen Blockrandbebauung „kritisch rekonstruieren" (Kleihus 1987).
Zum andern die Zielvorgabe der Bürgerinitiative, die sich aktiv in den Planungsprozess einmischte und auf den brachliegenden Stadträumen die Gestaltung eines weiträumigen Grünzuges einforderte [Abbildung 24].
Regina Poly ging insofern auf die Wünsche der Bürgerinitiative ein, als sie bei der Gestaltung in erster Linie auf die Grünraumqualitäten eines gartenähnlichen Quartiersplatzes setzte. Sie berücksichtigte aber ebenso die Zielvorgaben der IBA, indem sie eine geschlossene Blockrandbebauung optisch suggerierte: zum einen durch geschickt positionierte visuelle Begrenzungen in Form von Baufragmenten, Baumreihen und Höhenunterschieden im Gelände zur Straße hin – und zum anderen durch den Erhalt der zwei Altbauten.

Es war ihr jedoch vor allem daran gelegen, einen ruhigen, besinnlichen Rückzugsraum im Quartier zu verwirklichen, in dem die Erinnerung an frühere Nutzungen wach gehalten werden sollte. Auf diese Weise wollte sie mit den von den Bomben verschonten Altbauten an den Krieg und an die Zerstörung der Stadt mahnen. Aber auch die früheren Nutzungen auf der wilden Trümmerbrache, die nach dem Krieg als Bühne einer lebendigen Alternativszene gedient hatte, sollten nicht vergessen werden. Sie integrierte deshalb die auf der Brache vorgefundene Vegetation in die Ausgestaltung des neu geschaffenen Quartiersgartens und gestaltete aus diesem Garten eine – wie sie sagte – „grüne Idylle" inmitten der Hektik der Stadt [Abbildungen 25].

Parc del Clot

(Barcelona-Sant Martí, Architekten: Daniel Freixes, Vicente Miranda; 1986 fertig gestellt; 2,8 ha) Der Parc del Clot fällt durch seine außergewöhnlich gelungene urbane Ästhetik auf. Freixes und Miranda erarbeiteten ein Gestaltungskonzept, das sich durch das Spannungsverhältnis zwischen zwei Bereichen mit gegensätzlichen räumlichen, ästhetischen und atmosphärischen Besonderheiten auszeichnet. Steinerne, weitläufige hard-scapes auf der einen Seite, üppig bewachsene, kleinteilige soft-scapes auf der anderen. Die Architekten definierten hier ein neues typologisches Konzept, das als „plaza-jardin" („Platz-Garten") in die Fachliteratur eingegangen ist [Abbildungen 26, 27].

In diesem lang gezogenen öffentlichen Raum, der von einer heterogenen Baustruktur umgeben ist, sind alle Gestaltungselemente in einer gezielt modernen Formensprache ausgeführt: Das eindrucksvolle Design der weithin sichtbaren „Beleuchtungstürme", die schlichte Eleganz der die Wegebeziehungen leitende Passarellen, die sorgfältige Ausgestaltung von Bänken und Spielgeräten – alles fügt sich zu einer neuartigen, zukunftsgerichteten urbanen Ästhetik zusammen.

Der besondere Reiz des Parks liegt aber auch darin, dass diese modernen Gestaltungselemente in einem differenzierten Verhältnis zu alten Baufragmenten stehen, die in das Gestaltungskonzept integriert sind: So strukturiert beispielsweise ein Teil der lang gezogenen, mit Fensteröffnungen rhythmisierten Backsteinmauer der früheren (auf dem Gelände gelegenen) Fabrik den Übergang des Parks zu den umliegenden Bauten. Erhaltene Ausschnitte der Gewölbestruktur definieren einen poetischen Ort des Rückzugs, in dem eine moderne Skulptur aufgestellt

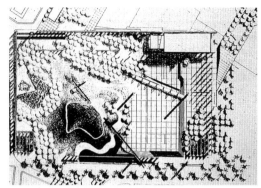

[26] Der Parc del Clot wurde als neuartige „plaza-jardin" – halb platzartiger hard-scape, halb üppig bewachsener soft-scape – konzipiert. Grundriss ...

[27] ... und Luftaufnahme mit der umliegenden, heterogenen Stadtstruktur (Ajuntamiento de Barcelona 1992).

[28] Der „Dialog" zwischen den neuen Gestaltungselementen und den baulichen Fragmenten der früheren Eisenbahnfabrik prägt die Ästhetik und die Atmosphäre im Park. Blick auf eine Passerelle und der darunter liegenden hard-scape …

[29] … und auf eine weitere Passerelle, die mit modernen Beleuchtungselementen markiert ist. Im Hintergrund der erhaltene Schornstein der Fabrik …

[30] … Poetische Atmosphäre in einem ruhigen Bereich unterhalb den Gewölberesten (U.P. et al. 2002).

ist. Eindrücklich ist auch der alte Fabrikschornstein, der in ein neues Wahrzeichen des Quartiers verwandelt wird [Abbildungen 28-30].

Mit diesem differenzierten Gestaltungskonzept werden im Parc del Clot – der einer der ersten neu gestalteten öffentlichen Räume Barcelonas war, die gesellschaftlichen Zielvorstellungen und Strategien der späten 80er und der 90er Jahre exemplarisch zum Ausdruck gebracht. Engagierte katalanische Architekten, begeistert von der Dynamik des stattfindenden Demokratisierungsprozesses, verbanden mit der Neugestaltung öffentlicher Räumen die Absicht, den Aufbruch in eine neue Zeit zu vermitteln, ohne die Erinnerung an die Vergangenheit auszulöschen. Sie wollten, aufgrund einer in die Zukunft weisenden Ästhetik der öffentlichen Räume, eine Strategie der „positiven Kontamination" der umliegenden Quartiere entwickeln, die zur Aufwertung benachteiligter, peripherer Lagen beitragen sollte.
Die sogenannte „Monumentalisierung der städischen Peripherie" (Bohigas 1987) hatte zum Ziel, in die isolierten städtischen Lagen symbolisch und emblematisch neue Qualitäten hinein zu tragen, um den Menschen Würde und Selbstbewusstsein zu vermitteln [Abbildung 31].

Diese Strategie setzten Freixes und Miranda um und konzipierten einen neuartigen öffentlichen Raum. In einem „gestalterischen Dialog" zwischen den neuen, zukunftsweisenden Gestaltungselementen und den baulichen Fragmenten der früher vor Ort sich befindenden Eisenbahnfabrik prägten sie die Atmosphäre und Ästhetik des Parks auf eine sehr eigene Weise. Die befragten Planungsexperten in Barcelona hielten die gestalterischen Ansätze, die im Parc del Clot umgesetzt wurden, für exemplarisch. Sie hoben hervor, dass der Park zum Mittelpunkt eines aus heterogenen Teilen zusammengewachsenen Stadtteils geworden ist, in dem ein Prozess der nachhaltigen Aufwertung ausgelöst wurde [Abbildung 31].

Was war aber die Meinung der Quartiersbewohnerinnen und -bewohner?

Teilten sie die Bewertung der Fachexperten oder hatten sie andere Bewertungskriterien?

Es war und ist bemerkenswert, dass die befragten Quartiersbewohner des Theodor-Wolff-Parks, des Parc del Clot und auch der anderen untersuchten Projekte gleichermaßen Wert auf die Gestaltung der öffentlichen Räume legten, in denen auf die Vergangenheit des Ortes hingewiesen wird. Viele der Befragten hoben hervor, dass die Bürgerinitiativen – im Parc del Clot zum Beispiel die asociación de vecinos, in der frühere Arbeiter der geschlossenen Eisenbahnfabrik tätig sind – in diesem Sinn ganz explizite Wünsche an die Architekten formuliert hatten.

Weniger einheitlich war die Bewertung der ästhetischen und gestalterischen Qualitäten der neu gestalteten öffentlichen Räume. In den Befragungen zeigte sich, dass Frauen viel häufiger ästhetische Urteile fällen als Männer.

Hässliche, abweisende Orte sind bei Frauen und Mädchen unbeliebt. Männer und Jungen sehen eher darüber hinweg und betrachten sie lediglich funktional. Im Urteil von Frauen hat die gelungene Gestaltung zwischen Architektur und Landschaft große Bedeutung. So haben sie sich zum Beispiel positiv über die Bereitstellung von einladenden Bereichen mit formschönem Mobiliar, dem Auge schmeichelnden und wohl duftenden Bepflanzungen, möglicherweise sogar geschmückt mit einem Kunstobjekt, geäußert. Frauen schätzen außerordentlich eine Architektur des öffentlichen Raumes, in dem urbane Qualitäten und Grünraumqualitäten in einen Dialog treten und in dem vielfältige Sichtbezüge und reizvolle Atmosphären erfahrbar sind. An Orten, die auf diese Weise gestaltet sind, halten sich Frauen besonders gern auf [Abbildung 32].

Diese Ergebnisse belegen, dass es aus sozialer und kultureller Sicht Konsequenzen hat, wenn öffentli-

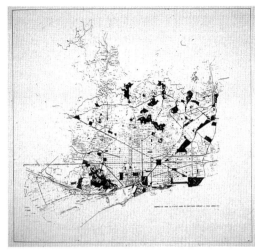

[31] Mit der Neukonzeption öffentlicher Räume wurde in Barcelona gezielt eine Strategie der Aufwertung von benachteiligten Stadtteilen verfolgt. Plan des Stadtgebietes von Barcelona in den 90er Jahren mit den neugestalteten öffentlichen Räumen, die sich in großer Zahl im benachteiligten Osten der Stadt befinden (Ajuntamiento de Barcelona 1992).

[32] Frauen halten sich mit Vorliebe in einladenden Orten mit reizvollen Sichtbezügen auf (U.P. et al 2002).

che Plätze zu „Räumen der urbanen Ästhetik und der Erinnerung" ausgestaltet werden. Unsere Untersuchungen zeigen aber auch, dass die Anziehungskraft und die Beliebtheit eines öffentlichen Raumes nicht nur von seinen gestalterischen und ästhetischen Qualitäten abhängen. Wie in folgenden Abschnitten dargestellt wird, spielen dabei ganz andere Aspekte ebenfalls eine wichtige Rolle.

Räume der Vernetzung und der Mobilität

In der traditionellen europäischen Stadt waren die öffentlichen Räume seit jeher Räume der Vernetzung und der Fortbewegung. Die einzelnen öffentlichen Räume waren untereinander verbunden und zu einem durchlässigen System zusammengefasst, das das ganze Stadtgebiet räumlich vernetzte. Das System öffentlicher Räume sicherte zugleich die Mobilität der Menschen in der Stadt und ihren Zugang zu allen städtischen Ressourcen.

Diese Bedeutung der öffentlichen Räume ist aus Sicht der befragten Planungsexperten mehr denn je von Aktualität, auch wenn sich die Mobilität der Menschen durch die Automobilisierung radikal verändert hat. Mittlerweile wird das Leitbild der „autogerechten Stadt" insgesamt verworfen. Zunehmend wird nach Lösungen für eine größere Ausgewogenheit zwischen den öffentlichen Räumen gesucht, die jeweils für die verschiedenen Fortbewegungsarten zur Verfügung gestellt werden.

Über diese gemeinsamen Ansätze hinaus gibt es jedoch bedeutsame Unterschiede in den Planungsstrategien, die einerseits in Hannover und Berlin und andererseits in Paris und Barcelona verfolgt werden. Die Untersuchungsgebiete von Hannover-Nordstadt und Paris-Reuilly sollen diese Unterschiede deutlich machen [Abbildung 33].

Hannover-Nordstadt / Engelbosteler Damm

Der Engelbosteler Damm ist seit jeher Haupt- und Geschäftsstraße der Nordstadt von Hannover

[33] Schwarz-Weiß-Pläne von Hannover-Nordstadt (links) – mit den neu gestalteten, lose gestreuten Spielplätzen und dem zentralen Engelbosteler-Damm, und (rechts) von Paris-Reuilly – mit der quartierübergreifenden, fußläufigen Promenade Plantée (U.P. et al. 2003).

[34] Der Engelbosteler-Damm, Foto der 60er Jahre.

[Abbildung 34]. Als die Nordstadt 1984 zum Sanierungsgebiet erklärt wurde, befand sich dieser Stadtteil in einem desolaten Zustand. Kriegszerstörungen und Desindustrialisierung hatten großflächige Brachen im hoch verdichteten Stadtgefüge aus der Gründerzeit hinterlassen. Die Hauptbahntrasse und der in den 50er Jahren unter dem Leitbild der autogerechten Stadt erbaute City-Ring schlugen tiefe Schneisen am Rande des Quartiers und isolierten es von den umliegenden Stadtteilen. Die früheren quartiersübergreifenden Straßenräume wurden zerschnitten.

Trotz allem blieb Hannover-Nordstadt ein lebendiges Quartier mit einer gemischten Sozialstruktur. Neben Arbeitern und Angestellten, Migranten und Arbeitslosen, die dort lebten, war auch eine unternehmungslustige Studentenszene präsent. Bürgerinitiativen, Hausbesetzungen und unterschiedliche Formen der Planungsbeteiligung waren in diesem Quartier seit den 70er Jahren an der Tagesordnung.

In diesem quartiersspezifischen Kontext gewann ab den 90er Jahren zusehends ein sozialdemokratisch-grün geprägtes Politikmuster an Bedeutung, das von der Vorstellung einer ökologischen und sozialen Nachhaltigkeit geleitet wurde. Mit der Intention, die ansässigen Quartiersbewohner nicht zu verdrängen und eine ressourcenschonende Innenentwicklung zu initiieren, wurden behutsame, kleinteilige Erneuerungsmaßnahmen durchgeführt. Die bestehenden Initiativen aufgreifend, wurden in räumlicher Streuung Wohnungen modernisiert, Spielplätze geschaffen und soziale Einrichtungen in leer stehenden Bauten untergebracht [Abbildung 35].

Ein quartierinternes, umweltfreundliches Mobilitätskonzept stand im Mittelpunkt der Debatten. Dieses Konzept bestimmte letztendlich die Maßnahmen, die die Neugestaltung der öffentlichen Räume betrafen. Der Planungsprozess, der unter einer von der Stadt initiierten Bürgerbeteiligung erfolgte, war mit heftigen Auseinandersetzungen zwischen Auto- und

[35] Ruhiger Spielplatz an der Kniestraße innerhalb einer sanierten Blockrandbebauung …

[36] … Der neugestaltete Engelbosteler-Damm und der Eingang zur U-Bahn an der Christuskirche …

[37] … der breite Gehsteig für Radfahrer und Fußgänger am Engelbosteler-Damm im Jahr 2003 (U.P. et al. 2003).

[38] Auszüge aus dem Plan-Programm für den Pariser Osten. Er zeigt den geplanten Ausbau der wichtigsten quartierübergreifenden Wegebeziehungen und Gartenanlagen zu einem gesamtstädtischen System von öffentlichen Räumen …

[39] … In diesem gesamtstädtischem System ist eine geplante neue Wegebeziehung zu sehen, ausgehend von der Bastille quer durch den ganzen Pariser Osten: die Promenade Plantée …

[40] … Sie führt entlang der ehemaligen Bahntrassen und ist zum Teil auf dem früheren Viadukt angelegt … (APUR 1987).

Radfahrern verbunden. Die „Radfahrerfraktion" setzte sich schlussendlich durch. Das hatte zum einen die Verkehrsberuhigung und die Neugestaltung des Engelbosteler Damms [Abbildungen 36, 37] zur Folge, zum andern den Ausbau von lose zusammenhängenden Radfahr- und Fußwegen im Quartier. In Ergänzung dazu wurden die Haltestellen des öffentlichen Nahverkehrs aufgewertet.

Jedoch: Keine dieser Maßnahmen war wirklich integriert in eine quartiersübergreifende Planungsstrategie. Es besteht kein Zweifel daran, dass der Ausbau der Wege für umweltverträgliche Fortbewegungsformen und die Neugestaltung einiger Straßenräume und Plätze zu einer Aufwertung der Nordstadt beigetragen haben. Doch das Fehlen einer Strategie zur Planung eines gesamtstädtischen Systems öffentlicher Räume, in die die Erneuerungsmaßnahmen in der Nordstadt hätten integriert werden können, führte zu deutlichen Defiziten bzw. auch zu Fehlentwicklungen.

So ermöglichte der Bau einer Umgehungsstraße zwar eine Verkehrsberuhigung, doch die Verbindungswege zwischen der Nordstadt und den umliegenden Stadtteilen, die notwendig gewesen wären, um das Viertel mit anderen Quartieren zu verknüpfen, wurden nicht geschaffen. Das hatte zur Folge, dass die Nordstadt weiterhin, und noch stärker als zuvor, isoliert war.

Als nicht weniger problematisch erwiesen sich die Auswirkungen des neu eingeführten Sackgassensystems, das als die wichtigste Maßnahme zur Verkehrsberuhigung in den Wohnstraßen galt. Durch dieses System entstand ein unübersichtliches Labyrinth an Straßenräumen, in dem sich nur Insider zurechtfinden. Die früheren Abfolgen der öffentlichen Räume zwischen den verschiedenen Bereichen des Stadtteils wurden dabei unterbrochen. Die Fragmentierung des Stadtgefüges nahm dementsprechend zu.

Paris Reuilly / Promenade Plantée

Ganz anders die Planungsansätze in Paris: Die Neukonzeption des Jardin de Reuilly und der Promenade Plantée war integraler Teil einer quartiersübergreifenden Planungsstrategie zur Erneuerung des gesamten Pariser Ostens. In dem ab 1983 von der Stadtregierung initiierten Planprogramm für den Osten von Paris wurden Planungsvorgaben definiert, die dazu beitragen sollten, das – seit Haussmanns Stadtumbau bestehende – Gefälle zwischen dem reichen, bürgerlichen Westen der Stadt und dem viel ärmeren Osten auszugleichen. Das Programm sollte die Abstimmung und Kohärenz der vielen Einzelplanungen sichern.

Die Neukonzeption der öffentlichen Räume, die zu einem durchlässigen, gesamtstädtischen System zusammengefasst werden sollten, bildeten das Kernstück dieses ehrgeizigen Programmes (APUR 1987) [Abbildungen 38-40].

Reuilly wurde in diesem Kontext 1986 als Planungsgebiet (Zone d'Aménagement Concerteé ZAC) ausgewiesen. Die ausgedehnte, 12,5 ha große Brache eines ehemaligen Güterbahnhofes, die eine unüberwindliche Barriere in einem ohnehin fragmentierten, heterogenen Stadtgefüge bildete, stand für die Planungen zur Verfügung [Abbildung 41].

Der großzügig angelegte Quartiersgarten Jardin de Reuilly wurde, wie der zuständige Planer der Stadtbehörde erklärte, als Mittelpunkt des Stadtteils konzipiert. Von diesem Mittelpunkt aus wurde ein zusammenhängendes Netz öffentlicher Räume ausgebaut, vom dem aus die Verbindungen mit anderen Stadtteilen aufgenommen werden können. Hier kreuzen sich auch die fußläufigen Wegebeziehungen, die erstmals in den Pariser Planungen eine solche strategische Bedeutung erhalten [Abbildungen 42, 43]. Der Garten, der von einer schwungvollen Fußgängerbrücke überspannt ist, wurde als eine Sequenz der phantasievoll ausgestalteten Promenade Plantée ausgestaltet. Die luftige Promenade führt über Viadukte hinweg, entlang den ehemaligen Bahntrassen quer durch den ganzen Pariser Osten.

[41] Die Brache eines ehemaligen Güterbahnhofes stand für die Quartiersplanung von Reuilly zur Verfügung (APUR 1987).

[42] Der Jardin de Reuilly sollte zum Mittelpunkt des Stadtteils und als zentrale Sequenz der Promenade Plantée ausgestaltet werden. Modell des Jardin de Reuilly mit den geplanten Bebauungen in seinem Umfeld (Paris, R. Schweitzer) ...

[43] ... Foto des Stadtteilgartens mit der schwungvollen Fußgängerbrücke (U.P. et al. 2002).

[44] Die attraktive Promenade Plantée bietet reizvolle
Perspektiven auf die darunter liegende Stadt (APUR 1987) …

[45] … und fördert eine ungezwungene, lustvolle
Mobilität der Menschen.

[46] Menschen aus anderen Stadtteilen entdecken
das Quartier …

Bei dieser Planung ist es berechtigt, die neu gestalteten öffentlichen Räume als „Räume der Vernetzung" zu bezeichnen. Hier ist es den Planern gelungen, eine attraktive Fußgängerverbindung zu schaffen, die unterschiedliche Grünräume, steinerne Plätze, breite Alleen und verspielte fußläufige Wege quartiersübergreifend zueinander in Beziehung setzt und verschiedene Stadtteile räumlich vernetzt. Die öffentlichen Räume, die die Promenade Plantée kreuzen und rhythmisch gliedern, stellen jeweils den Bezug zu den verschiedenen Quartieren her.

Die neu gestalteten, quartiersübergreifenden öffentlichen Räume regen die Menschen dazu an, sich gerne und frei, man kann durchaus sagen: auch lustvoll, in der Stadt zu bewegen. Wenn man von der Promenade auf dem ehemaligen Bahnviadukt von der Bastille aus hinunter schaut, erblickt man in einer reizvollen Perspektive die darunter liegende Stadt. Weiter im Osten steigt das Gelände kontinuierlich an. Die frühere Gleisanlage wird deshalb in einer Schneise durch die bestehende Topographie weitergeführt. So taucht man in eine dichte Vegetation ein und sieht in der Höhe, zwischen den Baumgipfeln, Bauten der umliegenden Quartiere. Die auf diese Weise inszenierten Ein- und Ausblicke bieten immer neue Überraschungen [Abbildung 44].

Die Bewegungsströme auf diesen Wegen reißen nicht ab. Spaziergänger und Jogger, Radfahrer und Inline-Skater, Kinder, Jugendliche und Erwachsene, Frauen und Männer eignen sich in einem bunten Miteinander diese Promenade an [Abbildungen 45,46].
Die reizvollen, quartiersübergreifenden öffentlichen Räume fördern mühelos eine ungezwungene Mobilität der Menschen. Quartiersfremde werden veranlasst, die bisher isolierten städtischen Viertel zu betreten und die neu geplanten Quartiere zu erkunden. Quartiersbewohner werden dazu angeregt, ihren Stadtteil zu verlassen und städtische Angebote in anderen Quartieren wahrzunehmen.

Aus den Befragungen der Jugendlichen ging hervor, dass sie sich üblicherweise in den öffentlichen Räumen ihres gewohnten Umfeldes treffen und sich in Gruppen innerhalb ihres Quartiers bewegen. Vor allem die jungen Mädchen und jungen Frauen sind von den belebten, neu gestalteten Promenaden angetan. Im Vergleich zu den jungen Männern stellte sich heraus, dass der Bewegungsradius der befragten jungen Mädchen deutlich ausgedehnter war. Die Befragten drückten ihre Begeisterung über die neu gestalteten öffentlichen Räume aus, die sie dazu anregen, in kleinen Gruppen Abstecher in umliegende Stadtteile zu unternehmen und deren städtische Ressourcen zu erkunden [Abbildung 47].

[47] ...Die jungen Mädchen des Quartiers ihrerseits werden dazu angeregt, entlang den einladenden Wegebeziehungen Abstecher in umliegende Stadtteile zu unternehmen (U.P.).

Eine derartige gesamtstädtische Planungsstrategie, in der die Neugestaltung öffentlicher Räume als strategischer Ansatz entwickelt wurde, um Stadtteile untereinander zu vernetzen und umweltverträgliche Mobilitätsformen zu fördern, ist nicht nur in Paris, sondern auch in Barcelona mit Erfolg umgesetzt worden.

Es ist bemerkenswert, wie es mit diesen planerischen Strategien gelang, die sozial-räumliche Isolation der untersuchten Quartiere aufzubrechen.

Das Stadtgefüge der früher in sich gekehrten, benachteiligten Quartiere ist durch diese Planungsstrategien zunehmend mit umliegenden Stadtteilen vernetzt.

Die Untersuchungen vor Ort zeigen auch, dass dadurch ebenso die Mobilität der Menschen unterstützt wird. Darin wird deutlich, dass die Fortbewegung in den öffentlichen Stadträumen nicht nur linear und funktional bedingt ist, sondern auch lustvolle Bewegung und ungezwungene Entdeckungsreisen in weiter entfernte Stadtteile ermöglicht. Die öffentlichen Räume verwandeln sich so im wahrsten Sinn des Wortes zu Räumen der Vernetzung und Mobilität.

Räume des sozialen Lebens und des zivilen Umgangs

Im Selbstverständnis europäischer Gesellschaften ist der städtische öffentliche Raum, wie schon gesagt, Gemeingut. Dieses Selbstverständnis ist mit der Vorstellung verbunden, dass der öffentliche Raum frei zugänglich ist und zu einer Bühne des toleranten und urbanen Lebens wird.

Die befragen Planungsexperten teilen dieses Selbstverständnis. Das auch in Europa zunehmende Aufkommen von kommerziellen Scheinwelten mit privatisierten, kontrollierten Räumen wird von den Befragten heftig kritisiert. Alle Experten halten die freie Zugänglichkeit von öffentlichen Räumen für ein unerlässliches Gestaltungsmerkmal. Außerdem herrscht auch Einigkeit darüber, dass die Gestaltung dieser Räume dazu beitragen sollte, ein verträgliches Neben- bzw. Miteinander der Menschen zu begünstigen.

Im Unterschied zu den 60er und 70er Jahren werden die öffentlichen Räume heute nicht mehr nach funktionalistischen Prinzipien in getrennte Bereiche mit vorbestimmten Nutzungen – Spielplätze für Kinder, Bolzplätze für Jugendliche, Ruhebereiche für Senioren – gegliedert. Vielmehr wird eine Gestaltung bevorzugt, in der alle Bereiche, bis auf die Kinderspielplätze, nutzungsoffen sind und die sich die Nutzer frei aneignen können.

Der europäische Vergleich zeigt, dass sich heute Planer, Landschaftsarchitekten und Architekten bei der Gestaltung öffentlicher Räume an ähnlichen Leitideen orientieren. Durch den Vergleich wird aber auch deutlich, dass es in der Stadterneuerung zwei grundlegend verschiedene Ansätze gibt, die zu unterschiedlichen Konzeptionen der öffentlichen Räume führen: Einen ersten, sektoriellen und einen zweiten, integrierten Ansatz.

Während in den untersuchten Projekten in Berlin und Hannover die Neukonzeption der öffentlichen Räume einem sektoriellen Planungsansatz entspricht, ist in Paris und Barcelona ein integrierter Ansatz bestimmend. Dies gibt Anlass zu folgenden Fragen:

• Was zeichnet den einen und den anderen Planungsansatz aus?
• Welche Aneignungs- und Interaktionsformen ergeben sich aus diesen Ansätzen?

Im sektoriellen Planungsansatz bei der Stadterneuerung wird in einem benachteiligten, isolierten Stadtteil nach einzelnen sozialen und räumlich-baulichen Kriterien saniert, ohne dass diese Kriterien aufeinander abgestimmt und in einem strategischen Gesamtkonzept gebündelt werden. Die einzelnen Maßnahmen werden nach einer eigenen sektoriellen Logik definiert und nach bestehenden Möglichkeiten geplant und durchgeführt, ohne eine strategische Gewichtung und Prioritätssetzung. So auch die Planung der öffentlichen Räume. Die befragten Planer in Hannover und Berlin hatten nie das Ziel, den öffentlichen Räumen eine besondere integrative Bedeutung als Orte des sozialen Lebens und des toleranten Zusammenkommens im Quartier beizumessen. Vielmehr wurden die öffentlichen Räume nach funktionalen und ästhetischen Kriterien gestaltet und entsprechend dem sektoriellen Ansatz lose im Quartier gestreut.

Die kartierten Planungsauszüge illustrieren die Standorte der neu gestalteten bzw. geschaffenen öffentlichen Räume nach Abschluss der Quartierssanierungen. In Berlin – Südliche Friedrichstadt – ist der Theodor-Wolff-Park, wie schon dargestellt, als „grüne Idylle" zur Verbesserung des Wohnumfeldes geplant worden, ohne dass dabei ein enger räumlicher Bezug zu anderen öffentlichen Räumen oder Einrichtungen hergestellt worden wäre [Abbildung 48].

Auch in Hannover-Nordstadt liegen die neu gestalteten öffentlichen Räume zusammenhanglos in unterschiedlichen Bereichen des Quartiers. Die einen dienen als Spielplätze, andere als steinerne „Schmuckplätze", der Engelbosteler Damm als kommerzielle Infrastruktur des Stadtteils.

[48] Planungsbegiet der IBA-Berlin in der Südlichen Friedrichstadt. Die neugestalteten öffentlichen Räume (grau unterlegt) liegen ohne Bezug zueinander bzw. zu öffentlichen Einrichtungen (Kleihus 1987).

Der sektorielle Planungsansatz hat zur Folge, dass im direkten Umfeld dieser neu gestalteten öffentlichen Räume keine „publikumsintensiven" Einrichtungen – wie zum Beispiel Schulen, Jugendtreffs, Quartiersbibliotheken, Sporteinrichtungen – geplant und errichtet wurden. Die Planer haben keine ergänzenden städtischen Nutzungen vorgesehen, welche in den öffentlichen Räumen Bewegungsströme und eine hohe Präsenz von Menschen generieren würden. In den wenig belebten öffentlichen Räumen treffen sich einzelne Gruppen und besetzen in unterschiedlicher Zusammensetzung und Gewichtung die im Abseits liegenden öffentlichen Räume. Diese Gruppen dominieren mit der Zeit zunehmend das Geschehen vor Ort und verdrängen andere Menschen, die sich in ihrer Sicherheit beeinträchtigt fühlen.

[49] Blick auf den Theodor-Wolff-Park. Der sektorielle Planungsansatz hat hier zu der Schaffung eines öffentlichen Raumes ohne große Belebung geführt (U.P.et al. 2002).

So auch im Theodor-Wolff-Park. Trotz der aus ästhetischer Sicht differenzierten Gestaltung ist durch die sektorielle Planung ein öffentlicher Raum ohne große Belebung entstanden [Abbildung 49]. Immer mehr Hundebesitzer nahmen diesen öffentlichen Raum für ihre Vierbeiner in Anspruch. Die zentrale Wiese verwandelte sich in eine Ausplaufläche für Hunde, die sie mit Kot verunreinigten. Zunehmend verbreiteten sich bei den anderen Nutzern des öffentlichen Raumes Unbehagen und ein Unsicherheitsgefühl. Als es dazu kam, dass Kinder von Kampfhunden angegriffen wurden, vermieden die Bewohner des Viertels immer mehr den Garten. Nur eine Gruppe Jugendlicher traf sich dort, die sich zur Zeit unserer Erhebungen den Garten mit den Hundebesitzern mehr oder weniger einvernehmlich teilten.
Auch in Hannover-Nordstadt ist das Bild in etlichen öffentlichen Räumen von dominanten Gruppen geprägt, die andere Nutzer verdrängen. In den neu gestalteten öffentlichen Räumen – mögen sie den Fachexperten ästhetisch noch so gelungen erscheinen – kommt es durch diese einseitigen Nutzungen allmählich zur Verwahrlosung.

Es fehlt eine Präsenz von Nutzern und Nutzerinnen, durch die eine Kultur des Hinsehens und der gemeinsamen Verantwortung entstehen könnte. Infolge der Laissez-faire-Haltung im Falle von Konflikten vonseiten der Behörden, infolge der unzulänglichen Pflege und des defizitären Unterhalts vonseiten der Stadt wird der Verwahrlosung nichts entgegen gesetzt. Spuren von Vandalismus häufen sich und das Missbehagen der Quartiersbewohner in öffentlichen Räumen nehmen zu.

In diesem Kontext geben unsere Untersuchungen Hinweise auf die sozialen Konflikte, die durch die sektorielle Planung entstehen. Wenn an diesen so geplanten öffentlichen Räumen in den benachteiligten Vierteln keine Begegnungen stattfinden und Dominanzerscheinungen sich entwickeln, kann verdeckte Fremdenfeindlichkeit entstehen. Die in der Untersuchung befragten Bewohner führen zwar die bestehenden Missstände nicht ohne weiteres auf die im Viertel lebenden Migranten zurück, doch ihr empfundenes Unbehagen konnotieren sie oft mit Überfremdungsängsten.

So zeigt sich, dass diverse Nischenkulturen, die sich jeweils einen öffentlichen Raum aneignen, an diesen Orten gewisse Ausdrucksmöglichkeiten finden. Es fehlt aber in diesen Stadtviertel eine Bühne für eine gemeinsame Öffentlichkeit und damit auch die Voraussetzung für die Möglichkeiten der bewusst eingegangenen Begegnungen, die erst gegenseitige Anerkennung, Selbstvertrauen und Sicherheit vor „den anderen" möglich machen.

Anders ist die Situation in den untersuchten Projekten in Paris und Barcelona. Die Neukonzeption der untersuchten öffentlichen Räume erfolgte im Rahmen von Stadterneuerungen, die sich an einen integrierten Planungsansatz orientierten. Auf ein sozial profiliertes Quartiersmilieu real und symbolisch Bezug nehmend, werden in diesem Ansatz städtebauliche, freiraumplanerische und architektonische Maßnahmen in einem integrierten gesamtstädtischen Konzept zusammengeführt.

[50] Im Umfeld der Via Julia in Barcelona-Nou Barris sind städtebauliche, freiraum-planerische und architektonische Maßnahmen in einem integrierten, gesamtstädtischen Konzept zusammengeführt worden. Das Planungsgebiet mit den neugestalteten öffentlichen Räumen (grau), die in Bezug zueinander und zu den öffentlichen Einrichtungen konzipiert wurden (U.P. et al. 2003).

[51] Die Via Julia vor den Planungen: Eine als Parkfläche dienende Brache (Foto um 1960).

[52 ... Die neuge-
staltete Via Julia mit
einer eleganten Dach-
konstruktion (U.P.) ...

[53] ... wurde zur
einladenden, viel
aufgesuchten
Flaniermeile ausge-
baut (Henry 1992)...

[54] ... Der Anfang und das Ende der Via Julia
wurden mit symbolträchtigen Kunstobjekten
markiert (U.P.).

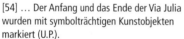

Die öffentlichen Räume, die als Verdichtungsorte des sozialen Lebens interpretiert werden, erhalten in diesem Ansatz eine strategische Bedeutung. Sie werden in Form eines untereinander abgestimmten Systems geplant und als Schnittstellen von städtischen Nutzungen konzipiert, die über das Quartier hinaus bedeutsam sind. Auf diese Weise kann nach Vorstellung der Experten die Ausstrahlungs- und Anziehungskraft der aufgewerteten Stadtteile begründet werden.

Dieser integrierte Ansatz wurde im Bezirk Nou-Barris im Nordosten Barcelonas [Abbildung 50], im Umfeld der Via Julia, exemplarisch umgesetzt. Bevor die Planungen im Stadtteil initiiert wurden, waren die Wohn- und Lebensbedingungen vor Ort äußerst prekär [Abbildung 51]. Eine als Parkfläche genutzte Brache und ein starker topographischer Bruch im Gelände trennten die von andalusischen Arbeitern im Selbstbau errichteten Stadtstrukturen in zwei auf sich bezogene, isolierte Quartiere: Prosperitat und Verdum. Es gab keine öffentlichen Einrichtungen, Plätze oder Grünräume, und die Anbindung an öffentliche Verkehrsmittel war mangelhaft.

Unter intensiver Teilnahme von Bürgerinitiativen begannen Mitte der 80er Jahre die Planungen im Stadtteil mit der Ausgestaltung der Via Julia. Unter Ausnutzung der topographischen Konfiguration wurde der Bruch im Raumgefüge zur einladenden Flaniermeile, zur Quartiers-Rambla ausgebaut [Abbildungen 52, 53]. Als Balkon auf der Höhe des abfallenden Gebäudes inszeniert, eröffnet die Rambla wechselvolle Ausblicke auf das darunter liegende Stadtgefüge. Der Anfang und das Ende der neu gestalteten Via Julia wurden mit symbolträchtigen Kunstobjekten markiert [Abbildung 54]. In der Folge wurde eine elegante Dachkonstruktion im Zentrum der Rambla errichtet, die vor Sonne und Regen Schutz bietet und die zugleich die neu erbaute Metrostation anzeigt.

Die Neukonzeption der Via Julia wurde zum Ausgangspunkt für den Ausbau eines fußläufigen Netzes öffentlicher Räume, deren Sequenzen sowohl untereinander als auch mit einer Vielzahl weiterer Maßnahmen abgestimmt wurden. Zwei Hauptwegeführungen durch den Stadtteil kreuzen die Rambla: Die eine verbindet die Geschäfte und die kommerziellen Infrastrukturen [Abbildungen 55, 56], die zweite fasst sportliche, soziale und kulturelle Einrichtungen zusammen [Abbildungen 57, 58]. Beide Fußgängerverbindungen münden im Süden des Stadtteiles auf zwei reizvolle „plazas-jardines", in denen Spiel- und begrünte Rückzugsbereiche zueinander sensibel ins Verhältnis gesetzt wurden und die den Eingang ins Quartier symbolisch pointieren.

Mit diesen Planungen gewann der Stadtteil ein attraktives, mit den umgebenen Stadtteilen vernetztes System öffentlicher Räume, das die fußläufige Mobilität der Menschen stark fördert. An den zentralen Abfolgen der öffentlichen Räume, dort wo sie von öffentlichen Einrichtungen und kommerziellen Infrastrukturen in konzentrierter Form umsäumt sind, versammeln sich im Alltag wie am Wochenende die Menschen. Der motorisierte Verkehr hingegen ist in diesem Quartier erheblich zurückgegangen.
Die Via Julia, die als Flaniermeile konzipiert und mit Spielplätzen und vielfältigen Sitzgelegenheiten ausgestattet ist, hat sich in kürzester Zeit zu einem lebendigen Stadtteilzentrum herausgebildet, das die bis dahin getrennten Viertel Prosperitat und Verdum miteinander verbindet. Von der Belebung der Rambla angezogen, haben sich Geschäfte, Restaurants und Cafés in bunter Vielfalt niedergelassen, die ihrerseits zur Attraktivität dieses zentralen öffentlichen Raumes beitragen.
Die Via Julia, wie auch die in Ergänzung zu der Rambla stehenden öffentlichen Räume, sind so zu hervorragenden Beispielen einer Stadtentwicklung geworden, die den entscheidenden Impuls zur Aufwertung des Stadtteils durch private Initiativen gegeben haben.

[55] Zwei Hauptwegeführungen durch den Stadtteil kreuzen die Rambla: Die eine fasst die kommerziellen Infrastrukturen zusammen …

[56] … und mündet in einen außerordentlich belebten Platz …

[57], [58] … Die zweite Wegeführung fasst öffentliche Einrichtungen zusammen und mündet in die attraktive plaza-jardin Harry Walker, die den Eingang ins Quartier symbolisch pointiert (U.P.).

[59] Das Planungsgebiet Paris-Reuilly: Die Wege kreuzen sich an dem als zentrale Sequenz der Promenade Plantée konzipierten Quartiersgarten (grau); um ihn herum sind öffentliche Einrichtungen (grau) angeordnet (U.P. et al. 2003) …

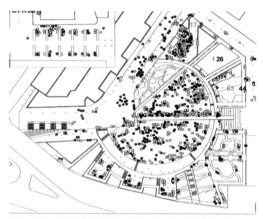

[60] … Wie die Via Julia in Barcelona hat sich der Jardin de Reuilly zu einer Quartierszentralität entwickelt. Graphik des Gartens (mit Aufzeichnung der werktags-nachmittags vor Ort sich befindenden Nutzerinnen und Nutzer), die die außerordentlich hohe Anwesenheitsdichte belegt (U.P. et al. 2002) …

[61] … und Foto eines bunt gemischten Publikums auf der zentralen, muldenartigen Wiese des Stadtteilgartens (U.P.).

Der integrierte Planungsansatz in Paris-Reuilly hat ähnliche stadträumliche und gesellschaftliche Wirkungen gehabt. Der als zentrale Sequenz der Promenade Plantée konzipierte Jardin de Reuilly, an dem sich die fußläufigen Wege kreuzen und um den herum eine Vielzahl gut besuchter öffentlicher Einrichtungen angeordnet ist, hat sich zu einer eigentlichen Quartierszentralität entwickelt [Abbildung 59]. In den mit unterschiedlichen Sitz- und Aufenthaltsmöglichkeiten ausgestatteten öffentlichen Räumen trifft sich ein gemischtes Publikum. Die den ganzen Tag anhaltende Belebtheit zeugt von der großen Anziehungskraft dieser Quartierszentralität, die auf die umliegenden Stadtviertel ausstrahlt und zu dessen Neubestimmung entscheidend beiträgt.

Diese zentralen Abfolgen öffentlicher Räume, in Barcelona wie in Paris, werden zu einer eigentlichen Bühne des sozialen Lebens, in der auch das Unerwartete und Unbekannte erfahrbar wird.

Die soziale Interaktionsdichte ist nach unseren Erhebungen in denjenigen Bereichen am höchsten, die an den Schnittstellen zwischen Bewegungsströmen zum einen, Rückzugs- und Aufenthaltsgelegenheiten zum anderen liegen. Bei unserer Beobachtung vor Ort stellte sich heraus, dass Frauen – mehr noch als Männer – gerade an diesen Bereichen am häufigsten anzutreffen sind, an denen sich durchwegs die meisten Menschen aufhalten und die Ereignisdichte am höchsten ist. Diese Beobachtung entsprach den Aussagen der interviewten Frauen. Bei der Bewertung der öffentlichen Räume nannten sie die Belebungsqualitäten als wichtigstes Kriterium, weit wichtiger als ästhetische und atmosphärische Qualitäten [Abbildungen 60, 61].

Die Tatsache, dass sich vor allem und vornehmlich Frauen in diesen Quartierszentralitäten aufhalten, ist ein Beweis dafür, dass hier eine zivile Kultur das soziale Leben prägt – gefördert und ermöglicht durch einen integrierten Planungsansatz. Die als reizvolle Rambla ausgestaltete Flaniermeile in

Nou-Barris, der beliebte Quartiersgarten innerhalb der phantasievollen Promenade Plantée in Reuilly – beide Orte laden die Menschen aus der Umgebung zu sich ein. Hier treffen Junge und Alte, Frauen und Männer, Alteingesessene und Neuhinzugezogene zusammen. Keine Gruppe dominiert den Platz, die Beschaffenheit des Ortes fördert die gegenseitige Toleranz und einen zivilen Umgang. So wird eine integrative urbane Kultur begünstigt, die das Sicherheitsempfinden und das Wohlbefinden stärkt und die Erfahrung gesellschaftlicher Differenzen nicht als Bedrohung, sondern als Bereicherung erfahrbar macht.

[62] Der zur Verfügung gestellte Standort für Paris-Plage war eine Teilstrecke einer der Schnellstraßen längs der Seine, dessen große stadträumliche Qualitäten wieder aufgedeckt werden sollten. Die Schnellstraße sollte als öffentlicher Raum wiedergewonnen werden.

5.3 Eine zukunftsfähige urbane Kultur begünstigen

Paris-Plage, ein experimentell angelegtes Projekt

Die Ergebnisse unserer vergleichenden Untersuchungen lassen den Schluss zu, dass in den öffentlichen Räumen bisher nicht wahrgenommene Potenziale einer zukunftsfähigen Innenentwicklung der Städte liegen. So erscheint es mir wichtig, die Erkenntnisse über integrative Planungsansätze bei der Neugestaltung öffentlicher Räume anhand eines weiteren experimentell angelegten Projektes in einem anderen Kontext zu überprüfen und die Ergebnisse darzustellen.

Das Projekt Paris-Plage, eine Strandmeile mitten in der Stadt Paris, bot in den Jahren 2002 und 2003 diese Gelegenheit. Die Konzeption und die Untersuchungen konnten in diesem Projekt, das sich jährlich wiederholen und in zeitlich begrenztem Rahmen umgesetzt werden sollte, zueinander in Beziehung gesetzt werden. Es entstand aus einem iterativen Prozess der Projektentwicklung: Während die Erkenntnisse aus der Forschung die Orientierungen für die Konzeption der ersten „Auflage" von Paris-Plage im Jahre 2002 beeinflussten, bestimmten die

[63] Der Publikumserfolg von Paris-Plage war 2003 immens, am Tag …

[64] … wie in den Abendstunden (U.P.).

[65] Der Bruch im Gelände, das „Eintauchen" in die Promenade am Flussufer eignete sich dazu, Paris Plage als einen öffentlichen Raum zu konzipieren, der urban und zugleich jenseits des gewohnten Alltags erlebbar sein sollte.

[66] Ein Spiel aus drei nebeneinanderliegenden „Bändern", jeweils als Bewegungs-, Aktions- und Ruhebereich ausgestattet ...

Untersuchungen der Nutzungsformen die konzeptionelle Weiterentwicklung von Paris-Plage 2003 (Choblet, Ivanov, Paravicini, Perrinjaquet, Thomas 2003). Dieses Projekt war wiederum Gegenstand von quantitativen und qualitativen Untersuchungen zu den Aneignungs- und Interaktionsformen (Perrinjaquet, Paravicini, Saleh 2003).

Unser Ziel bei der Konzeptionsfindung bestand darin, die während eines Monats stillgelegte Schnellstraße längs der Seine in eine qualitätsvolle Abfolge städtischer Räume umzuwandeln. Hier sollte im kurzem Zeitraum – von Mitte Juli bis Mitte August – ein frei zugänglicher öffentlicher Raum mit stadtteilübergreifender Anziehungskraft entstehen, an dem Menschen aus allen Schichten zusammenkommen, um gleichberechtigt an ihm teilzuhaben.

Der von der Stadt zur Verfügung gestellte Standort besaß große stadträumliche Qualitäten, die jedoch aufgrund des intensiven Autoverkehrs auf der Schnellstraße nicht zur Geltung kamen und die es aufzudecken galt [Abbildung 62]. Der Bruch im Gelände und der große Höhenunterschied zwischen dem oben liegenden Stadtgefüge und dem unten sich befindenden Uferdamm, die besonderen atmosphärischen und ästhetischen Qualitäten des Standortes wurden als Chance bei der Entwicklung des gestalterischen Ansatzes wahrgenommen [Abbildungen 63, 64].

Das eigentliche „Eintauchen" in die Promenade am Flussufer [Abbildung 65], die sinnlich erfahrbare Nähe des ruhig dahin fließenden Wassers eigneten sich dazu, die Strandmeile Paris-Plage als einen öffentlichen Raum zu konzipieren, der urban erfahrbar und zugleich jenseits des gewohnten Alltagserlebbar sein sollte.

Zum einen sollte Paris-Plage deshalb als Teil des städtischen Systems öffentlicher Räume wiederentdeckt und mit dem umliegenden Stadtteil räumlich vernetzt werden. Die Zugänge wurden so geplant, dass sie die Verbindung mit den Hauptwegebeziehungen im Stadtteil herstellten. Zum andern sollte Paris-Plage zu einem besonderen Aufenthalt am Wasser einladen.

Unten am Flussufer wurde es den Besucher ermöglicht, weiterführende, rhythmisch gegliederte und reizvoll ausgestaltete Sequenzen öffentlicher Räume zu entdecken. Ein Spiel von drei nebeneinander liegenden „Bändern", jeweils als Bewegungs-, Aktions- und Ruhebereiche ausgestaltet, zog sich durch alle Sequenzen über 3,2 Kilometer hinweg [Abbildungen 66, 67]. Die „Bänder" führten entlang des Flusses, das eine Mal parallel nebeneinander, das andere Mal sich kreuzend, später sich ausweitend oder verengend. Den Forschungsergebnisse entsprechend, sollten die Schnittstellen zwischen Bewegungs-, Aktions- und Ruhebereichen, die als Folge dieser Gestaltung entstanden, eine hohe Interaktions- und Belebungsdichte bewirken, die das Sicherheitsempfinden und das verträgliche Miteinander der Menschen fördern.

Wir wollten aber auch die Gefühle und Empfindungen der Menschen ansprechen und steigern. Es sollte ein öffentlicher Raum bereit gestellt werden, in dem die geschichtsträchtige Faszination des Stadtraumes, die friedliche Atmosphäre am Wasser und die moderne, schlichte Ästhetik aller temporärer Einrichtungen sich zu einem stimmungsvollen Ganzen verbinden, das sich an alle Sinne und an die haptischen Empfindungen der Menschen richten.

Um zu verhindern, dass Paris-Plage zu einer kommerziellen Scheinwelt für eine einkommensstarke Teilöffentlichkeit verkommt, wurden die kommerziellen Nutzungen auf zwei Cafés und ein Restaurant beschränkt. Fliegende Händler wurden nicht zugelassen. Im Gegenzug war der Zugang zu Trinkwasserfontänen, Sanitäreinrichtungen und Duschen, Picknick-Tischen und -Wiesen, Spielgeräten, Sandkästen und Wasserspielen, Kletterwänden, Trampolinos und Boccia-Bahnen, Buch-Ausleihen und Freiluftkonzerten insgesamt frei [Abbildungen

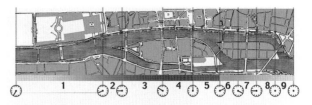

[67] ... zog sich durch alle Sequenzen der Strandmeile über 3,2 km hinweg.

[68] Paris Plage sollte ohne Kaufzwang für alle Schichten frei zugänglich sein. Frei nutzbare, einladende Picknick-Tische ...

[69] ... oder Trinkwasserfontänen förderten das Zusammenkommen sehr unterschiedlicher Menschen (U.P.).

[70] Der Aufenthalt der Menschen und die Ereignisse in den verschiedenen Abfolgen der Strandmeile ließen nicht nach: Menschenmassen bewegten sich lustvoll entlang der Promenade, …

[71] … schauten ungezwungen auf die Menschen, die am Wasser verweilten …

[72] … oder vergnügt unter den Sprühduschen standen.

68, 69]. Paris-Plage sollte nicht nur räumlich, sondern auch ohne Kaufzwang für alle Schichten zugänglich sein.

Die Besucherzahl von Paris-Plage in der zweiten Auflage im Jahre 2003 übertraf unsere Erwartungen: Ungefähr 3 Millionen Menschen waren gekommen. Anhand von geschlechtsdifferenzierenden Beobachtungen und Befragungen vor Ort – mit Hilfe von 600 Fragebogen – entstand ein differenziertes Bild der sozialen Herkunft der Besucher, der geographischen Lage ihrer Wohnorte sowie ihrer Bewertung der Strandmeile.

Diese Untersuchungen belegen, dass es hier gelungen war, Menschen aus allen möglichen Schichten an einem Ort zusammenzubringen. Menschen in verschiedenem Alter, aus unterschiedlichen sozialen Schichten und kultureller Herkunft kamen in Paris-Plage ungezwungen zusammen. Frauen und Männer waren gleichermaßen anwesend, obwohl zu gewissen Tageszeiten Frauen mehrheitlich das Bild prägten. Die Befragungen wiesen nach, dass Menschen sowohl aus dem wohlhabenden umliegenden Stadtteil als auch aus dem Pariser Osten und den Vororten kamen. Familien mit Kindern, Gruppen von Jugendlichen und ältere Ehepaare hatten einen oft langen Weg auf sich genommen, um während der Sommerhitze einen „Ferientag" (wie sie es nannten) in Paris-Plage zu verbringen. Touristen aus anderen Gegenden Frankreichs oder aus dem Ausland fehlten nicht, sie bildeten aber die Ausnahme.

Der Aufenthalt der Menschen und die Ereignisse in den verschiedenen Abfolgen in diesem öffentlichen Raum ließen im Tagesverlauf nicht nach. In den Spätnachmittags- und Abendstunden nahm sogar das bunte Treiben zu. Menschenmassen bewegten sich lustvoll entlang der Promenade, schauten ungezwungen den Menschen zu, die auf den Liegewiesen oder um die Picknick-Tische verweilten, während diese ihrerseits die vorbeiflanierenden Passanten interessiert beobachteten. Kletterwände, Tram-

polinos und Sprühduschen hatten ungemein Erfolg
und brachten vergnügte Menschen in Kontakt miteinander. Gitarrenspiel, Gesang- oder Tanzdarbie-
tungen, die in unterschiedlichen Bereichen der Promenade spontan als off-Szene improvisiert wurden,
führten zu wechselnden, dichten Gruppierungen
von Zuschauern [Abbildungen 70-72].
Die Wahrnehmung der Anderen und die eigene
Selbstdarstellung wurden zu einem geteilten Vergnügen für alle.

Die große Belebung dieses Ortes ging einher mit einem ausnehmend zivilen Verhalten der Besucher,
sowohl im Umgang mit den frei zur Verfügung gestellten Einrichtungen als auch im Umgang mit anderen Menschen. Zur Verwunderung des von der
Stadt eingesetzten und des von uns befragten
Dienstpersonals waren weder Beschädigungen von
Einrichtungen und Mobiliar, noch anzügliches Verhalten, gewalttätige Auseinandersetzungen oder
gar Diebstähle zu beklagen, obschon die Anlage
während der Nacht zugänglich blieb [Abbildung
73].

Das gemeinsame Bemühen, den öffentlichen Raum
sauber zu halten, fiel angenehm auf. Noch bemer-
kenswerter war indessen der respektvolle Umgang
der Menschen untereinander und – was die Befragungen als wichtigstes Bewertungskriterium von
Paris-Plage offenbarten – „das gemeinsam geteilte
Glück zusammen zu sein" [Abbildungen 74, 75].
Diese Ergebnisse weisen mit aller Deutlichkeit darauf hin, dass es hier um mehr als ein „privates"
Glück ging. Die geteilte Erfahrung eines toleranten
„Zusammenseins" in den städtischen öffentlichen
Räumen trägt offensichtlich dazu bei, soziale Bin-
dungskräfte und ein sinnstiftendes Zugehörigkeits-
gefühl zu stärken.

[73] Die große Belebung ging einher mit einem ausnehmend
zivilen Verhalten der Menschen. Foto einer schlafenden
jungen Frau im Morgengrauen – ein klarer Hinweis auf das
Sicherheitsempfinden der Menschen in Paris Plage, auch in
der Nacht.

[74] Die Befragungen ergaben als wichtigstes Bewertungskriterium von Paris Plage „das geteilte Glück des Zusammenseins". Das tolerante Zusammensein am Tag: Junger Vater mit
Kind …

[75] … und in der Nacht: Menschenmassen bei einem
Rock-Konzert am Wasser (U.P).

Fazit

Die Neukonzeption öffentlicher Räume ist seit den 1990er Jahren zu einem zentralen Thema städtebaulicher Projekte geworden. Eine Vielzahl europäischer Städte verbinden mit der Schaffung attraktiver öffentlicher Räume das Anliegen, sowohl die Aufwertung als auch die Neubestimmung bestehender Stadtstrukturen zu initiieren.

Renommierte Architekten und Planer proklamieren indessen das „Ende" städtischer öffentlicher Räume. Diese seien auf Grund von „Automobilisierung", „Privatisierung" und der zunehmenden Entwicklung von virtuellen Welten dazu bestimmt, höchstens als nostalgische Reste früherer Epoche weiter zu bestehen.
Doch diesen Einschätzungen stehen Tendenzen der Neubestimmung öffentlicher Räume als Rahmen sozialer Interaktionen, leibhaftiger Vermittlung und sinnlich-materieller Erfahrung gegenüber.
Die Untersuchungen in den europäischen Städten belegen, dass differenziert gestaltete, frei zugängliche öffentliche Räume, die als integraler Teil von gesamtstädtischen Planungsstrategien konzipiert wurden, sich zu viel aufgesuchten Stadtteilzentralitäten mit außerordentlicher Belebungs- und Ereignisdichte herausbilden können.
Die hohe Ausstrahlungskraft dieser neu entstandenen Zentralitäten begründet die Erneuerung des umliegenden Stadtgefüges. Die öffentlichen Räume entwickeln sich zu einer Bühne des sozialen Lebens, in der Toleranz und der zivilisierte Umgang der Menschen miteinander bemerkenswert sind. Es wird eine integrative, zukunftsfähige urbane Kultur begünstigt, die das Sicherheitsempfinden und das Zugehörigkeitsgefühl der Menschen fördert.

Doch qualitätsvolle, frei zugängliche öffentliche Räume entstehen nicht als ein zufälliges Nebenresultat privater Planungen. Voraussetzung für die Neubestimmung öffentlicher Räume ist sowohl ein starker politischer Wille, der sich an der Vorstellung einer solidarischen Gesellschaft orientiert, als auch die Fähigkeit von Architektinnen und Architekten, Planerinnen und Planer, zukunftsfähige Planungs- und Gestaltungsansätze zu entwickeln.

Sie sind heute mehr denn je gefordert, integrative Planungsansätze zu entwickeln. Dabei können sie an das Selbstverständnis europäischer Gesellschaften anknüpfen, für die die öffentlichen Räume ein Gemeingut darstellen.

• Öffentliche Räume der urbanen
  Ästhetik und der Erinnerung

Das Vorhandensein unverwechselbarer, frei zugänglicher öffentlicher Räume ermöglicht den Stadtbewohnerinnen und -bewohnern die Identifikation mit ihrer Lebenswelt. Der Eigenwert der öffentlichen Räume wird durch die geglückte Verbindung zwischen einer in die Zukunft weisenden urbanen Ästhetik und der baulich-gestalterischen Verweise auf die Vergangenheit des Ortes unterstützt.

Eine hohe ästhetische und atmosphärische Qualität der öffentlichen Räume wird zusätzlich durch eine differenzierte Ausgestaltung zwischen den Grünanlagen und den urbanen Anlagen (softscapes und hardscapes) und der Einbeziehung von Kunstobjekten gefördert. Die so poetisch und emblematisch aufgeladene Stimmung in den öffentlichen Räumen richtet sich an alle Sinne und spricht Gefühle und Empfindungen an.

• Öffentliche Räume der Mobilität
  und der Vernetzung

Die öffentlichen Räume bilden weiterführende, ineinandergreifende Abfolgen eines gesamtstädtischen Systems mit strategischer Bedeutung. Der Ausbau dieses Systems, unter anderem auch auf Grund von stadtteilübergreifenden Wegebeziehungen für Fußgänger und Radfahrer, trägt in hohem Maße zur Vernetzung der Stadtteile und der Integration bisher isolierter Quartiere bei.

Die durchlässigen, reizvollen Abfolgen öffentlicher

Räume unterstützen die Mobilität der Menschen und regen sie an, umweltverträglichen Fortbewegungsformen in der Stadt den Vorzug zu geben.

• Öffentliche Räume des sozialen Lebens
 und des zivilen Umgangs

Öffentliche Räume sind im Selbstverständnis demokratischer Gesellschaften Orte des sozialen Lebens und der Toleranz. Dies setzt eine gleichberechtigte Teilhabe an öffentlichen Räumen voraus. Nicht nur ein freier Zugang ist erforderlich, sondern ebenso eine nutzungsoffene Gestaltung, durch die Bewegungs-, Aktions- und Rückzugsräume in ein differenziertes Verhältnis zueinander gesetzt werden.

Die belebten öffentlichen Räume schaffen ein Sicherheitsempfinden. Das Sicherheitsempfinden wiederum unterstützt entscheidend die gleichberechtigte Präsenz aller Menschen. Im Weiteren wird aufgrund eines integrierten, gesamtstädtischen Ansatzes die Herausbildung von stadtteilübergreifenden Zentralitäten mit hoher Belebungs- und Ereignisdichte gefördert.

Widersprüchliche Entwicklungs-
tendenzen städtischer Lebenswelten

Wie schon in der Einleitung hervorgehoben wurde, sollen Architektur- und Planungstheorie als Orientierungswissen dazu beitragen, ein kritisches Bewusstsein beim Planen und Bauen zu fördern, das geschichtlich Gewordene zu hinterfragen und Neues zu verwirklichen. Unter diesen Aspekten möchte ich Anregungen für architektonische Entwürfe sowie Denkanstöße für die Entwicklung von Handlungsperspektiven in Architektur und Planung geben, die in einen weiten Zeithorizont verankert werden können.

Das Handlungsfeld von Architekten und Planern erstreckt sich in der Zukunft zunehmend auf städtische Kontexte. Es geht darum, Gebäude zu entwerfen, die der Unterschiedlichkeit heutiger Lebensweisen Rechnung tragen; doch zugleich geht es darum, das nähere und weitere städtische Umfeld in Betracht zu ziehen und zukunftsweisend zu erneuern. Die Entwicklung europäischer Städte ist dadurch gekennzeichnet, dass sie in komplexen Spannungsverhältnissen steht und von tiefgreifenden, schubweise stattfindenden, widersprüchlichen Veränderungsdynamiken beeinflusst ist. Architekten und Planer sind deshalb gefordert, diese Entwicklungstendenzen städtischer Lebenswelten zu erkennen, um auf dieser Grundlage Handlungsperspektiven für Architektur und Planung zu erarbeiten, die die Möglichkeiten der Zukunft antizipieren, verantwortlich reflektieren und voll ausschöpfen.

Die Herausforderungen, die sich in den Entwicklungstendenzen städtischer Lebenswelten abzeichnen, sind weitgehend bekannt.
In den Städten wird mit den natürlichen Ressourcen äußert verschwenderisch umgegangen. Dies zeigt sich zum Beispiel in extremer Form in der ungebremsten Außenentwicklung, die zu einer rücksichtslosen Inanspruchnahme von Flächen und zu

6. Handlungsperspektiven für zukünftiges Planen und Bauen

der Degradierung von Landschaftsräumen führt. Diese Entwicklung ist für kommende Generationen folgenschwer.

Ebenso folgenschwer ist die Tendenz zur sozialen Polarisierung und zur räumlichen Fragmentierung. Die Gefahr, die damit für demokratische Gesellschaften verbunden ist, muss sehr ernst genommen werden. Der Architekt und Nationalrat Andreas Herczog (2002) spricht in diesem Zusammenhang von einer auch in Europa anwachsenden „doppelten Spaltung": Spaltung zwischen international und national wettbewerbsfähigen Städten und solchen, die vom Strukturwandel ausgeschlossen sind; Spaltung im sozialen und räumlichen Gefüge der Städte selbst, ganz gleich ob sie wirtschaftlich prosperieren oder stagnieren oder ob sie demographisch in Wachstum oder in Schrumpfung begriffen sind.

Sozialwissenschaftliche Untersuchungen zeigen, dass die Segregationsprozesse in städtischen Lebenswelten sich verstärken und sehr unterschiedliche Formen annehmen; die Lebensbedingungen und die Chancen des Zugangs zu städtischen Ressourcen drohen überall immer weiter auseinanderzudriften (Heitmeyer, Dollase, Backes 1998; Donzelot 2003).

Die sozial Privilegierten und die derzeitigen Gewinner des Strukturwandels ziehen sich zusehends in die begrünten Lagen am Stadtrand oder in innerstädtische Quartiere mit besonderen urbanen Qualitäten zurück. Die gewollte Abgrenzung in monofunktionale Suburbia oder in prestigeträchtigen innerstädtischen Adressen geht mit der Zielvorstellung einher, „Anders unter Gleichen" wohnen zu wollen. Dies habe ich im dritten Kapitel dargestellt: Gesucht werden oft Wohnsiedlungen, in denen das Risiko von unerwünschten Konfrontationen minimiert ist und in denen soziale Sicherheit unter finanziell Gleichgestellten geboten wird.

Die sozial Schwachen dagegen verbleiben in prekären Situationen. Sie sind von einer ihnen aufgezwungenen Ausgrenzung betroffen. Hauptsächlich in peripheren Lagen, in den Großwohnsiedlungen der 60er und 70er Jahre, aber auch in innerstädtischen Mischgebieten mit großen städtebaulichen und wohnungsbezogenen Defiziten, entwickeln sich Armutsinseln, die in den meisten Fällen vom weiteren städtischen Umfeld abgeschnitten sind. In diesen „Stadtfragmenten" haben die öffentlichen Räume keine Qualität, die soziale Infrastruktur ist defizitär und die Anbindung an öffentliche Verkehrsmittel ungenügend.

Die Konzentration von Bevölkerungsgruppen, die von wirtschaftlicher Armut und gesellschaftlicher Marginalisierung betroffen sind, führt in der Regel zu einer sozialen Stigmatisierung des Quartiers und zu einer Abwärtsspirale in der Eigenwahrnehmung der Bewohner. Diese ausgegrenzten Quartiere sind nicht nur benachteiligt, sie sind benachteiligend (Lapeyronnie 2008).

Doch für die Zukunft ist es von grösster Bedeutung, dass die Entwicklungstendenzen städtischer Lebenswelten auch Chancen bieten. Dieter Läpple (2006) identifiziert „neue, entscheidende Entwicklungschancen für die Städte". Er weist darauf hin, dass wissensbasierte Unternehmen sich zunehmend in innerstädtischen Lagen mit urbaner Belebung niederlassen. Hier finden diese neuen Arbeitswelten die sozialen und kulturellen Interaktionen und Anregungseffekte, die in einer auf Wissen begründeten Ökonomie für die Entwicklung von technischen und kulturellen Innovationen ausschlaggebend sind. Die Ansiedlung von wissensintensiven Unternehmen in innerstädtischen Stadtteilen stärkt ihrerseits die urbane Vielfalt und Nutzungsmischung und löst einen dynamischen Prozess der Stadterneuerung aus.

Europäische Städte zeichnen sich indessen durch weitere soziale und räumliche Merkmale und Potenziale aus, die Gelegenheiten eröffnen, um nachhaltige Stadterneuerungen zu initiieren. Reurbanisierung und Suburbanisierung – beides in unterschiedlicher

Gewichtung – sind zwei zeitgleich stattfindende und die Zukunft prägende Prozesse, die die Vielschichtigkeit, die Ungleichzeitigkeit und die Unterschiedlichkeit der Stadtstrukturen zur Folge haben. Dementsprechend bestehen europäische Städte aus einem Patchwork unterschiedlicher Stadt- und Landschaftsräume, zu denen kompakte innerstädtische Stadtteile, verschiedenartige suburbane Siedlungsformen und vielfältige Grünräume zählen.

Diese Vielfalt an Stadtstrukturen können Architekten und Planer durchaus als eine Chance interpretieren, die den Menschen unterschiedliche Optionen der Lebensgestaltung eröffnen.

Suburbane Wohnquartiere bleiben in der Tat für viele Haushalte aufgrund ihrer niedrigen Bodenpreise, oft auch wegen ihren weitaus größeren Grünraumqualitäten weiterhin attraktiv. Doch auch die Anziehungskraft von nutzungsgemischten Stadtstrukturen mit kurzen Wegen und urbanen Qualitäten nimmt seit Ende der 90er Jahren für viele Haushalte zu (Breckner 2007). Die Gründe dafür sind vielfältig.

Die Zahl der Menschen, die im städtischen Umfeld Unterstützung bei der Haus- und Familienarbeit suchen, wächst stetig an. Berufstätige Eltern und Alleinerziehende finden in nutzungsgemischten Stadtstrukturen die gewünschten öffentlichen Einrichtungen und Dienstleistungen, um das Familienleben und die Berufsarbeit auf lebenswerte Weise miteinander zu verbinden. Senioren, deren Zahl in kommenden Jahrzehnten stetig ansteigen wird, suchen ihrerseits die nötigen Pflege- und Haushaltshilfen, um in ihrer vorhandenen Wohnumgebung zu verbleiben.

Doch die Anziehungskraft eines urbanen Umfeldes ist viel grundsätzlicher Art: Es verbindet sich mit der Hoffnung auf Befreiung von sozialen Kontrollen, tradierten geschlechtsspezifischen Rollen- und Raumzuweisungen und normativen Verhaltensregeln (Rodenstein 1994; Becker 1997). Ein urbanes Umfeld verspricht in der Vorstellung der Menschen darüber hinaus ein abwechslungsreiches Alltagsleben und kommt dem Wunsch entgegen, neue Formen des Zusammen- und Alleinseins erproben zu können (Borgia, Castells 1997).

An den mehrdeutigen Entwicklungstendenzen städtischer Lebenswelten ist deshalb nicht nur ein Dilemma zu beklagen. Die große Herausforderung unserer Zeit liegt vielmehr darin, in den unausweichlichen Transformationsprozessen einerseits die Gefahren für demokratische, umweltbewusste Gesellschaften zu erkennen, doch andererseits zugleich auch die Chancen für eine nachhaltige Gestaltung der Zukunft ausfindig zu machen und diese konsequent wahrzunehmen.

Eine Baukultur der Interaktion und der Verantwortung

Vor diesem Hintergrund verfolgen europäische Städte zunehmend das Ziel, Handlungsperspektiven für eine nachhaltige Stadterneuerung zu erarbeiten, die von Zukunftsvisionen getragen werden. In der Verlängerung der Diskussionen auf der Rio-Umweltkonferenz haben viele Städte die „Aalborg-Commitments" (2004) unterzeichnet, mit denen sie sich den Zielen einer sozial- und umweltverträglichen Entwicklung verpflichten. Sektorielle Ansätze sollen überwunden, Maßnahmen in ökonomischen, sozialen, ökologischen und kulturellen Bereichen mit Maßnahmen in der räumlichen Planung und Gestaltung zu einem gesamtstädtischen Konzept gebündelt werden. Die Bürgernähe und die Bürgerbeteiligung sollen auf allen Ebenen gefördert werden.

In jedem Fall ist eine verantwortungsbewusste Stadtpolitik die Voraussetzung, um diese Ziele zu erreichen. Hartmut Häussermann (2006) macht geltend, dass sich eine starke Stadtpolitik durchaus an der Tradition der europäischen Stadt als ein genossenschaftlicher Verband aller Bürger orientieren kann – das heißt indessen „sicher nicht mehr als elitärer Verband des Besitzbürgertums, sondern als Vertreter einer fiktiven lokalen Gemeinschaft, die zu einer solidarischen Politik in der Lage ist".

Deutsche Städte, wie zum Beispiel Hannover und Hamburg, stehen stellvertretend für europäische Städte, die bestrebt sind, in diesem Sinn eine nachhaltige Stadtentwicklung zu initiieren. Die Stadtpolitik beider Städte ist auf die Vision einer solidarischen Stadtgesellschaft ausgerichtet, die eine sozial gerechte und umweltschonende Innenentwicklung verfolgt und dabei auf Bürgerbeteiligung bei den Planungsprozessen setzt.

Im Falle von Hannover ist die politische und verwaltungstechnische Einbindung der Stadt und aller umliegenden Gemeinden im Jahr 2001 zu einer umfassenden (Stadt-)Region beispielhaft. Sie schafft die politischen Voraussetzungen, um im Großraum Hannover eine stadtteil- und gemeindeübergreifende Handlungsperspektive festzulegen, die die unterschiedlichen lokalen Besonderheiten stärkt und aufeinander abstimmt. Lokale Egoismen und Rivalitäten zwischen Gemeinden werden zugunsten erfolgsversprechender Synergien in der Region zurückgestellt.

Wie in Hannover will auch in Hamburg die Stadtpolitik bewirken, dass im Rahmen von offenen und flexiblen Planungsprozessen unter Bürgerbeteiligung eine „Balance zwischen Entscheidungen der Gesamtstadt und dem Spielraum sowie der Regelungsmöglichkeiten für die lokale Quartierentwicklung" erreicht wird (Stadtentwicklungsbehörde Freie und Hansestadt Hamburg 1996).

In diesem gesellschaftlichen Kontext verändern sich die Handlungsperspektiven und die Herangehensweisen von Architekten und Planern grundlegend. Kennzeichnend ist der Umstand, dass die Beziehungen von Architektur und Planung mit dem vorgefundenen Kontext viel enger werden. Verhandlungen auf unterschiedlichen Ebenen mit einer Vielfalt an Akteuren finden unablässig statt. In Anlehnung an Nowotny (2004) kann von einer „starken Kontextualisierung" von Architektur und Planung gesprochen werden.

Diese Neuerung in den Planungsmethoden hat eine eminente Tragweite. Noch bis in die 1980er Jahre wurden klar definierte Planungsergebnisse im Voraus „von oben herab" bestimmt. Es war aus der Sicht von Architekten und Planern selbstverständlich, dass Planen und Bauen im Rahmen von linearen Prozessen und aufgrund von normativen planerischen und gestalterischen Leitbildern und Prinzipien stattfinden sollte.

In der heutigen Wissensgesellschaft wächst jedoch das Bedürfnis, auf eine demokratische Weise an Wahlmöglichkeiten und Entscheidungen mitbeteiligt zu sein, die weitreichende Folgen haben, und zwar sowohl für die Individuen als auch für die Gesellschaft gleichermaßen. Die Mehrdeutigkeit und Unvorhersagbarkeit der Entwicklungen, die für unsere Zeit symptomatisch sind, machen den alten Glauben an eine technokratische Bestimmung von linearen, vorhersagbaren Prozessen zunichte. Zunehmend werden offene und interaktive Planungsprozesse als wünschenswert, ja als notwendig erachtet. Alle an der Planung Beteiligten sollen die Gelegenheit erhalten, in einen kontinuierlichen Dialog einbezogen zu werden, in dem Zielprobleme identifiziert und über Wahlmöglichkeiten entschieden wird.

Eine solche Neuorientierung der Baukultur ist epochal: Von einer „Kultur der Autonomie" hat sie sich zu einer „Kultur der Interaktion und Verantwortung" verwandelt.

Dies eröffnet Architekten und Planern eine zukunftsweisende Aufgabe: die Begleitung und Unterstützung einer neuorientierten Baukultur. Ihre Aufgabe ist mehr als ein nur „Sich-Einlassen" auf stattfindende Debatten und Bürgerpartizipation. Architekten und Planer werden zu Mediatoren zwischen einerseits den Interessenlagen und den Hoffnungen der Bürgerinnen und Bürger, die in lokalen Bürgerbeteiligungen an Planungsprozessen zum Ausdruck kommen, und andererseits den gesamtstädtischen Zielen der Stadtgesellschaft.

Aus diesem Grund müssen die Architekten und Planer in Zukunft lernen, dynamische und interaktive Partizipationsprozesse zu initiieren und dabei ihr Rollenverständnis zu verändern. Es ist wesentlich, dass sie Bürgerbeteiligung als ein wichtiges Mittel anerkennen, um bei den von der Planung Betroffenen die nötige Motivationskraft für langfristige Strategien zu erreichen.
Gleichwohl sollte die Bürgerbeteiligung nicht auf diesen Aspekt reduziert werden. Architekten und Planer sollten sich bewusst machen, dass die Einbindung von Bürgerinnen und Bürger in einen offenen Planungsprozess ungenutzte Kreativitätspotenziale erschließen kann (Selle 1996). Sie sollten sich dadurch auszeichnen, dass sie die Kompetenzen der Bürgerinnen und Bürger zu würdigen wissen, dass sie auf deren Interessen in einem freimütigen Dialog eingehen und dass sie die nötigen Spielräume für lokale Initiativen unterstützen.

Doch die Stadt als Ganzes dürfen sie dabei nicht aus dem Blick verlieren – wie dies meistens bei Partizipationsprozessen der Fall ist, die sich auf den besonderen Kontext eines Stadtteils beziehen. Eine ihrer neuen Aufgaben wäre, die Diskussion um längerfristige Ziele und Handlungsperspektiven mit Deutungsmustern für eine nachhaltige Stadterneuerung aktiv mitzugestalten und mit einem kritischen Selbstverständnis zu bereichern.
Erst dann kann die auf Interaktion und gegenseitigem Respekt beruhende Auseinandersetzung um Ziele die Chance eröffnen, freigelegte Potenzen im Planungsprozess aufzunehmen und zu Handlungsperspektiven für nachhaltiges Planen und Bauen weiterzuentwickeln, die im Horizont aller Beteiligten sinnstiftende Zugehörigkeiten versprechen.

„Dialogische Stadterneuerung" zwischen Vergangenheits- und Zukunftsbezug

Im Rahmen einer Baukultur der Interaktion und der Verantwortung, die sich, wie schon erwähnt, auf eine starke Kontextualisierung abstützt, werden Architekten und Planer dazu gebracht, die Besonderheit des vorgefundenen lokalen städtischen Bestandes als eine „nicht reproduzierbare Ressource" (Hassler, Kohler 1998) wahrzunehmen.

Solche theoretischen Positionen gewinnen damit an Bedeutung, die sich deutlich von der Vorstellung einer „Stadt ohne Eigenschaften" (Koolhaas 1994) absetzen. Die Zukunft der Städte wird nicht – wie Koolhaas prognostiziert – in Form einer endlosen Aneinanderreihung und einer „einfacher Wiederholung desselben einfachen Moduls" gesehen, die alle bisherigen Stadtstrukturen weltweit überformen und unterschiedslos prägen würden.

Ganz im Gegenteil: Es ist die Vorstellung einer „Stadt mit vielfältigen Eigenschaften", die für die Erarbeitung von Handlungsperspektiven für nachhaltiges Planen und Bauen bestimmend wird. Mehr noch: Bei dieser Vorstellung werden städtebauliche, freiraumplanerische und architektonische Maßnahmen, die auf die besonderen sozial und historisch profilierten Kontexte der verschiedenen Teile der Stadt Bezug nehmen, in einem integrierten städtischen Gesamtkonzept zusammengeführt. Dabei werden die Merkmale der unterschiedlichen Orte zueinander ins Verhältnis gesetzt, die spezifischen Eigenschaften der Quartiere gestärkt und mit symbolisch prägenden Neubauten und neugestalteten öffentlichen Räumen zukunftsweisend erneuert.

Das „Noch-Nicht" aber „Mögliche" kann so Gestalt annehmen: „Die Stadt mit vielfältigen Eigenschaften", die zwischen Vergangenheits- und Zukunftsbezug dialogisch erneuert wird.

Europäische Städte bieten sich für eine solche dialogische Stadterneuerung, die sich aus dem vorgefundenen Bestand heraus inspirieren lässt, als ein vorzügliches Handlungsfeld an, das sich durch ein dynamisches räumliches Beziehungsgeflecht auszeichnet. Räumliche Verdichtung und Weiträumigkeit, Urban und Grün, Vertrautes und Fremdes, Nähe und Distanz stoßen immer wieder aufeinander. Stadtfragmente mit unterschiedlichen baulichen und räumlichen Merkmalen liegen nah beieinander, ignorieren sich das eine Mal, greifen das andere Mal ineinander über und stärken sich gegenseitig. Neue Strukturen legen sich über alte, verdecken sie in Teilen, verwandeln sie anderswo in hybriden Formen.

In diesen vielschichtigen Stadtstrukturen Qualitäten und Potenziale offen zu legen – und nicht nur in innerstädtischen Quartieren, sondern auch in suburbanen Lagen, die Thomas Sieverts als „Zwischenstadt (1997) bezeichnet – , ist ein erster Schritt zu einer „Stadt mit vielfältigen Eigenschaften". So meint auch Sieverts, dass die neue suburbane „Stadtlandschaft" die Chance zu einer besonderen Ästhetik bergen würde, „die es erst zu entdecken gilt, bevor man darüber urteilen kann, ob sie sich mit Vorbildern europäischer Stadtkultur messen kann".

Auch Kees Christiaanse (1997) fordert Architekten und Planer auf, sorgfältig mit dem geschichtlich gewordenen Raum- und Baugefüge der Stadtregionen umzugehen und wie Gleichgewichtskünstler zu „balancieren zwischen den Resten von Strukturen, zwischen den Rückständen früherer Ideologien und archäologisch wertvollen Elementen … Die scharfen Übergänge zwischen Fragmenten unterschiedlicher Epochen machen die Geschichte der ‚Kulturlandschaft' bewusst. Ihre gegenseitigen Kontraste sind essentiell. Der Städtebauer bringt Fragmente an die Oberfläche, deckt andere zu und fügt neue hinzu".

Doch das größte vorzufindende Potenzial in den verschiedenen Stadtteilen liegt meiner Ansicht nach im System öffentlicher Räume. Wie schon im fünften

226

Kapitel ausgeführt, gehört es zu den Strukturmerkmalen europäischer Städte. Die bisherigen Erfahrungen mit der Neukonzeption öffentlicher Räume in Barcelona und Paris können für nachhaltiges Planen und Bauen höchst inspirierend sein. Mit dem Ausbau des Systems öffentlicher Räume, gerade auch in peripheren, benachteiligten städtischen Lagen, wurde in diesen Städten erfolgreich die Vernetzung von Stadtteilen verwirklicht, die Durchlässigkeit im Stadtterritorium gefördert und den sozial-räumlichen Ausgrenzungen entgegengewirkt. Bemerkenswert ist ebenfalls die Herausbildung von Stadtteilzentralitäten an strategisch wichtigen Sequenzen der öffentlichen Räume, die planerisch und gestalterisch gezielt unterstützt wurde. Es entstanden lebendige und symbolisch bedeutsame Orte im Stadtgefüge, die zukunftsweisende Impulse der Stadterneuerung im näheren und im weiteren Umfeld auslösen.

In einer Handlungsperspektive für zukünftiges Planen und Bauen, die diese zukunftsweisenden Erfahrungen weiterentwickeln, wird die „Kernstadt" – wie Werner Durth (1999) es formuliert – „nicht mehr als ein vereinheitlichendes Zentrum der Region, sondern nur als ein Knoten im Netz betrachtet, in dem sich unterschiedliche Traditionslinien verbinden". Die neugestalteten Zentralitäten in den verschiedenen Stadtteilen bilden weitere verdichtete „Knoten" im System öffentlicher Räume. Diese Knoten können gezielt zu bedeutsamen Orten ausgestaltet werden, die durch je eigene stadträumliche, funktionale und emblematische Eigenschaften gekennzeichnet sind. Es bilden sich Orte heraus, die in einem engen Bezug zum umliegenden Kontext stehen, aus dem sie auch ihre Besonderheit schöpfen und von dem sie ihrerseits ausstrahlen.
Auf diese Weise kommt ein „dialogischer" Prozess der Stadterneuerung in Gang, der aus dem geschichtlich gebildeten Bestand heraus Neues und Zukunftweisendes entwickelt. Die vorhandenen Qualitäten der Stadtstrukturen, ihre Besonder-

heiten, werden durch formal-ästhetische Aufwertungen und signifikante funktionale Ergänzungen gestärkt. Neue Wohnformen mit nutzungsoffenen und an die Wünsche der Bewohner anpassungsfähigen Wohnungsgliederungen, mit hohen ästhetischen und atmosphärischen Qualitäten, erweitern das Wohnangebot und die soziale Durchmischung. Die ausdrucksstarke Architektur von Neubauten, die durchaus in bewusstem Kontrast zum Bestand stehen kann, setzt neue Akzente im Stadtgefüge.

Das ausgebaute System öffentlicher Räume kann so aus der Perspektive einer nachhaltigen Stadterneuerung eine Folge von einprägsamen Orten mit hoher Anziehungs- und Ausstrahlungskraft untereinander verbinden. Diese Orte bieten sich allen Menschen zur gleichberechtigten Teilhabe an. Der Eigenwert des geschichtlich Gewordenen wird mit zukunftsweisenden gestalterischen Akzentsetzungen im öffentlichen Bewusstsein zu einer neuen Geltung gebracht. Gefühle und Empfindungen werden angesprochen, sinnstiftende Identifikationen gestärkt. Möglichkeiten für emanzipatorische Prozesse werden auf diese Weise offensichtlich und lassen Deutungsmuster für die Gestaltung der Zukunft erkennen.

Literaturverzeichnis

BÜCHER

Albers, M.; Henz, A.; Jakob, U. (1988): Wohnungen für unterschiedliche Haushaltsformen. Bern: Bundesamt für Wohnungswesen. Schriftenreihe Wohnungswesen Bd. 43

Alisch, M.; Dangschat, J. S. (1993): Die solidarische Stadt. Ursachen von Armut und Strategien für einen sozialen Ausgleich. Darmstadt: Verlag für wissenschaftliche Publikationen

APUR (1987): L'aménagement de l'Est de Paris. Paris Projet Nr. 27/28. Paris: Atelier Parisien d'Urbanisme

Arc-en-rêve; PUCA (Hrsg.) (2007): Voisins-voisines. Nouvelles formes d'habitat individuel en France. Paris: Editions le Moniteur

Ariès, Ph.; Duby, G. (1987): Histoire de la vie privée. De la Révolution à la grande guerre. Tome IV. Paris: Editions du Seuil

Ascher, F. (1995): Métapolis ou l'avenir des villes. Paris: Odile Jacob

Atelier 5 (2000): Atelier 5. Einf. von F. Achleitner. Basel, Berlin, Boston: Birkhäuser Verlag

Ayuntamiento de Barcelona (Hrsg.) (1992): Barcelona – espacio publico. Barcelona: Ayuntamiento de Barcelona

Badinter, E. (1980): L'amour en plus. Histoire de l'amour maternel du 17ème au 20ème siècle. Paris: Editions Flammarion

Bahrdt, H.-P. (1961): Die moderne Grossstadt. Reinbek b. Hamburg: Rowohlt Verlag

Bauhardt, Ch. (1995): Stadtentwicklung und Verkehrspolitik. Eine Analyse aus feministischer Sicht. Basel/Boston/Berlin: Birkhäuser Verlag

Bauhardt, Ch.; Becker, R. (Hrsg.) (1997): Durch die Wand! Feministische Konzepte zur Raumentwicklung. Pfaffenweiler: Centaurus Verlagsgesellschaft

Baumgartner, D.; Gysi, S.; Henz, A. (1993): Die Wohnüberbauung Davidsboden in Basel. Erfahrungsbericht über die Mietermitwirkung. Bern: Bundesamt für Wohnungswesen. Schriftenreihe Wohnungswesen Bd. 57

Barbey, G. (1984): WohnHaft. Essay über die innere Geschichte der Massenwohnung. Braunschweig/Wiesbaden: F. Vieweg Verlagsgesellschaft

Bastié, J. (1964): La croissance de la banlieue parisienne. Paris: Presses Universitaires de France

Becker, R. (2007): Emanzipative Wohnformen von Frauen. In: Ch. Altenstrstrasser, G. Hauch, H. Kepplinger (Hrsg.): Gender housing… geschlechtergerechtes bauen, wohnen, leben. Insbruck/Wien/Bozen: Studienverlag, S. 154-171

Benevolo, L. (1978): Geschichte der Architektur des 19. und 20. Jahrhunderts. Frankfurt: Campus Verlag

Bernhardt, C.; Gerhard, F.; Gerd, K.; Peltz, v., U. (Hrsg.) (2005): Geschichte der Planung des öffentlichen Raums. Dortmund: Institut für Raumplanung der Universität Dortmund

Binger, L.; Hellemann, S. (1996): Küchengeister. Streifzüge durch Berliner Küchen. Berlin: Jovis Verlag

Boesinger, W. (Hrsg.) (1960): Le Corbusier 1910-1960. Zürich: Verlag Girsberger

Bohigas, O. (1987): Strategic Metastasis. In: Ajuntament de Barcelona (Hrsg.): Barcelona. Spaces and sculptures (1982-1986). Barcelona: Fundacio Joan Miro (Ausstellungskatalog)

Bollerey, F.; Hartmann, K. (1980): Bruno Taut. Vom phantastischen Ästheten zum ästhetischen Sozial(ideal)isten. In: Akademie der Künste (Hrsg.): Bruno Taut 1880-1938. Berlin: Akademie der Künste

Borja, J.; Castells, M. (1996): Local and Global. Management of Cities in the Information Age. London: Earthscan Publication

Bourdieu, P. (1997): Das Elend der Welt. Zeugnisse und Diagnosen alltäglichen Leidens an der Gesellschaft. Konstanz: UVK Verlag

Braudel, F. (1967): Civilisation matérielle et capitalisme. Paris: Editions A. Colin

Breckner, I. (2007): Differenzierter Wohnungsbau zwischen Luxus und Notwendigkeit – Qualitätsdimensionen im raumzeitlichen Wandel. In: ETH Wohnforum (Hrsg.): Qualität im Wohnungsbau. Modelle und Perspektiven. Zürich: ETH Departement Architektur

Broto i Comerma, C. (2002): New Housing Concepts. Barcelona: Leading International Publishing Group

Brüggemann, H. (2002): Architekturen des Augenblicks. Raum-Bilder und Bild-Räume einer urbanen Moderne in Literatur, Kunst und Architektur des 20. Jahrhunderts. Hannover: Offizin Verlag

Burckhardt, L. (1985): Die Kinder fressen ihre Revolution. Wohnen-Planen-Bauen-Grünen. Köln: Bazon Brock

Bürgi, H.; Raaflaub, P. (2000): Wohnbauten planen, beurteilen und vergleichen: Wohnungs-Bewertungs-Systeme. WBS-Ausgabe 2000. Grenchen: Bundesamt für Wohnungswesen. Schriftenreihe Wohnungswesen Bd. 64

Cabaud, M.; Hubscher, R. (1985): 1900, la française au quotidien. Paris: Editions A. Colin

Castells, M. (2003): Das Informationszeitalter. Erstaufl. 1996 (The Information Age: Economy, Society and Culture). Stuttgart: UTB. 3 Bde.

Centre de Cultura Contemporania de Barcelona (Hrsg.) (1999): La reconquista de Europa. Espacio publico urbano 1980-1999. Barcelona: Institut d'Edicions de la Diputacio de Barcelona

Choay, F. (1969): The modern City: Planning in the Nineteenth Century. New York: Studio Vista

Chombart de Lauwe, P.-H. (1975): La culture et le pouvoir. Paris: Editions Stock

Christiaanse, K. (1997): Kulturlandschaft. Beziehungen zwischen Städtebau und Architektur. In: B. Sattler: Vor der Tür. München: Callwey, S. 14-16

Corbin, A. (2005): Pesthauch und Blütenduft. Eine Geschichte des Geruchs. Berlin: Wagenbach

Coutras, J. (1996): Crise urbaine et espaces sexués. Paris: Armand Colin

Crawford, M. (1992): The World in a Shopping Mall. In: M. Sorkin (Hrsg.): Variations on a Theme Park. The New American City and the End of Public Space. New York: Hill and Wang, S. 3-30

Culot, M. (Hrsg.)(1979): Le siècle de l'éclectisme. Lille (1830-1930). Paris/Bruxelles: Archives d'Architecture Moderne

Divorne, F. (1991): Berne et les villes fondées par les Ducs de Zähringen au 12. siècle. Bruxelles: Archives d'Architecture Moderne

Donzelot, J. (2003): Faire société. La politique de la ville aux Etats-Unis et en France. Paris: Editions du Seuil

Dörhöfer, K. (Hrsg.) (1990): Stadt – Land – Frau. Soziologische Analysen feministischer Planungsansätze. Freiburg i. Br.: Kore Verlag

Dörhöfer, K. (2004): Pionierinnen in der Architektur. Eine Baugeschichte der Moderne. Tübingen/Berlin: Ernst Wasmuth Verlag

Dörhöfer, K.; Terlinden, U. (1998): Verortungen. Geschlechterverhältnisse und Raumstrukturen. Basel/Boston/Berlin: Birkhäuser Verlag

Dörhöfer, K. (2008): Shopping Malls und neue Einkaufszentren. Urbaner Wandel in Berlin. Berlin: Reimer Verlag

Durth, W. (1999): Zum Begriff der Stadtlandschaft. In: Institut für Grünplanung und Gartenarchitektur (Hrsg.): Stadtlandschaft. Hannover: Fachbereich Landschftsarchitektur und Umweltentwicklung, S. 17 - 35

Elias, N. (1976): Über den Prozess der Zivilisation. Frankfurt a. M.: Rowohlt Verlag

Elias, N. (1979): Die höfische Gesellschaft. Darmstadt/Neuwied: Luchterhand Verlag

Espace croisé (Hrsg.) (1996): Euralille: The Making of a New City Center: Koolhaas, Nouvel, Portzamparc, Vasconi, Duthilleul – architects. Basel, Berlin, Boston: Birkhäuser Verlag

EUROPANS Implementations (1993): 40 logements à Reims. 40 Dwellings in Reims. Paris: EUROPAN

Fehl, G. (1995): Kleinstadt, Steildach, Volksgemeinschaft. Zum „reaktionären Modernismus" in Bau- und Stadtbaukunst. Braunschweig/Wiesbaden: F. Vieweg & Sohn Verlagsgesellschaft

Feldtkeller, A. (1994): Die zweckentfremdete Stadt. Frankfurt a. M.: Campus Verlag

Flierl, B. (2000): Der öffentliche Raum als Ware. In: Architektenkammer Berlin (Hrsg.): Architektur in Berlin. Jahrbuch 2000. Hamburg: Junius-Verlag

Frank, S. (2003): Stadtplanung im Geschlechterkampf. Stadt und Geschlecht in der Großstadtentwicklung des 19. und 20. Jahrhunderts. Opladen: Leske+Budrich

Gaillard, J. (1976): Paris, la ville, 1852-1870. Paris: Editions de l'Harmattan 2000

Garnier, T. (1917): Une Cité Industrielle. Etude pour la construction des villes. Paris: Ph. Sers Editeur 1988

Gehl, J.; Gemzoe, L. (2000): New City Spaces. Kopenhagen: Danish Architectural Press

Geist, J. F.; Kürvers, K. (1980, 1984, 1989): Das Berliner Mietshaus. 3 Bände: 1740-1962, 1962-1945, 1945-1989. München: Prestel Verlag

Georgiadis, S. (1989): Sigfried Giedion. Eine intellektuelle Biographie. Zürich: Amman Verlag

Giedion, S. (1931): Organisches Bauen. In: S. Georgiadis (1989): Siegfried Giedion. Eine intellektuelle Biographie. Zürich: Amman Verlag

Giedion, S. (1929): Befreites Wohnen. Frankfurt a. M.: Syndikat Autoren- und Verlagsgesellschaft 1985

Giedion, S. (1941): Raum, Zeit, Architektur. Basel: Birkhäuser Verlag 2000

Gleichmann, P.R. (2006): Soziologie als Synthese: Zivilisationstheoretische Schriften über Architektur, Wissen und Gewalt. Wiesbaden: Verlag der Wissenschaften

Gropius, W. (1927): Systematische Vorarbeit für rationellen Wohnungsbau. In: H. Probst, Chr. Schadtlich: Walter Gropius. Bd.1. Berlin: Verlag für Bauwesen 1986

Gropius, W. (1929): Die soziologischen Grundlagen der Minimalwohnung. In: M. Steinmann: CIAM. Internationale Kongresse für Neues Bauen. Basel: Birkhäuser Verlag 1979

Grote, M. et al (1991): Frauen Planen, Bauen, Wohnen. Zürich/Dortmund: Edition Ebersbach im eFeF-Verlag

Guerrand, R.-H. (1996): Le origine della questione delle abitazioni in Francia (1850-1894). Rom: Officina Edizioni

Gysi, S. (2000): Die Wohnüberbauung Davidsboden acht Jahre nach Bezug: Bericht zur Zweitevaluation der Wohnüberbauung Davidsboden in Basel im Auftrag des Bundesamtes für Wohnungswesen. Zürich: ETH Wohnforum

Habermas, J. (1963): Strukturwandel der Öffentlichkeit. Untersuchungen zu einer Kategorie der bürgerlichen Gesellschaft. Darmstadt/Neuwied: Luchterhand Verlag

Habermas, J. (1981): Die Moderne – ein unvollendetes Projekt. Frankfurt a. M.: Suhrkamp Verlag

Hartmann, K. (1996): Alltagskultur, Alltagsleben, Wohnkultur. In: G. Kähler (Hrsg.): Geschichte des Wohnens 1918-1945. Reform, Reaktion, Zerstörung. Stuttgart: Deutsche Verlagsanstalt, S. 183-302

Haussmann, G.-E. (1890): Mémoires. Grands travaux de Paris, 1853-1870. Paris: G. Dunier 1979

Häussermann, H.: Die Stadt als politisches Subjekt. Zum Wandel in der Steuerung der Stadtentwicklung. In: F. Eichstädt-Bohlig, S. Drewes (Hrsg.): Das neue Gesicht der Stadt. Strategien für die urbane Zukunft im 21. Jahrhundert. Berlin: Heinrich-Böll-Stiftung, S. 121-136

Heitmeyer, W.; Rainer, D.; Backers, O. (Hrsg.) (1998): Die Krise der Städte. Analysen zu den Folgen desintegrativer Stadtentwicklung für das ethnisch-kulturelle Zusammenleben. Frankfurt a. M.: Suhrkamp Verlag

Henry, G. (1992): Barcelone. Dix années d'urbanisme. La renaissance d'une ville. Paris : Editions du Moniteur

Hillebrecht, R.; Istel, W. (1965): Städtebau, morgen. Hannover: Presseamt

Hilpert, T. (1980): Hufeisensiedlung im Widerspruch. Die Stadttheorie der Moderne und die Krise der Goßstadt. In: Technische Universität Berlin (Hrsg.): Hufeisensiedlung Britz 1926-1980. Ein alternativer Siedlungsbau der 20er Jahre als Studienobjekt. Berlin: Technische Universität Berlin, S. 2-33

Hirdina, H. (1991): Neues Bauen. Neues Gestalten. Das neue Frankfurt/die neue Stadt. Eine Zeitschrift zwischen 1926 und 1933. Dresden: Verlag der Kunst

Hugentobler, M.; Gysi, S. (1996): Sonnenhalb – Schattenhalb. Wohngeschichten und Wohnsituationen von Frauen in der Schweiz. Zürich: Limmat Verlag

Huse, N. (1975): « Neues Bauen » 1918 bis 1933. München: Heinz Moos Verlag

Jacobs, J. (1961): Tod und Leben grosser amerikanischer Städte. Frankfurt a. M./Berlin: Ullstein Verlag 1963

Kähler, G. (1996): Nicht nur Neues Bauen! In: G. Kähler (Hrsg.): Geschichte des Wohnens 1918-1945. Reform, Reaktion, Zerstörung. Stuttgart: Deutsche Verlagsanstalt, S. 303-452

Kjellberg, P. (1967): Le guide du Marais. Paris: La Bibliothèque des Arts

Kleihus, J.P. (Hrsg.)(1987): Südliche Friedrichstadt. Schriftenreihe zur Internationalen Bauausstellung Berlin 1984/87. Bd 3. Stuttgart: Verlag G. Hatje

Kopp, A. (1988): Quand le Moderne n'était pas un style mais une cause. Paris: Ecole Nationale Supérieure des Beaux Arts

Kruft, H.-W. (1991): Geschichte der Architekturtheorie. 3. ergänzte Auflage. München: Verlag C. H. Beck

Läpple, D. (2006): Städtische Arbeitswelten im Umbruch – zwischen Wissensökonomie und Bildungsarmut. In: F. Eichstädt-Bohlig, S. Drewes: Das neue Gesicht der Stadt. Strategien für die urbane Zukunft im 21. Jahrhundert. Berlin: Heinrich-Böll-Stiftung, S. 19-36

Lapeyronnie, D. (2008): Ghetto urbain. Ségrégation, violence, pauvreté en France aujourd'hui. Paris: R. Laffont

Lassus, B . (1973): Jardins imaginaires. Paris: Presses de la Connaissance

Lavedan, P. (1975): Nouvelle histoire de Paris. Histoire de l' urbanisme à Paris. Paris: Editions Hachette

Le Corbusier (Jeanneret-Gris, Ch. E.)(1923): Vers une architecture. Paris: Crès éditeur

Le Corbusier (1925): Urbanisme. Paris: Crès éditeur

Le Corbusier (1930): Précisions. Paris: Crès éditeur

Le Corbusier (1933): La ville radieuse. Elements d'une doctrine d'urbanisme pour l'équipement de la civilisation machiniste. Paris: Ed. Vincent, Fréal et Cie.

Le Corbusier (1942): Die Charta von Athen. Basel: Birkhäuser Verlag 1988

Le Corbusier (1957): Von der Poesie des Bauens. Zürich: Die Arche

Lefebvre, H. (1974): The Production of space. Oxford/Malden (USA): Blackwell 1991

Lieser, P.; Keil, R. (1990): Zitadelle und Ghetto. Modell Weltstadt. In: W. Prigge, H. Schwarz (Hrsg.): Das neue Frankfurt. Frankfurt a. M.: Vervuert, S. 183-208

Löw, M. (1997): Der einverleibte Raum. Das Alleinwohnen als Lebensform. In: Ch. Bauhardt, R. Becker: Durch die Wand! Feministische Konzepte zur Raumentwicklung. Pfaffenweiler: Centaurus Verlagsgesellschaft, S. 73-83

Löw, M. (2001): Raumsoziologie. Frankfurt a. M.: Suhrkamp Verlag

Magomedov, S.O.C. (1972): Moisej Ginzburg. Mailand: F. Angeli Editore

Marrey, B.; Ferrier, J. (1997): Paris sous verre. La ville et ses reflets. Paris: Picard Editeur

Mettler- von Meiborn, B. (1994): Kommunikation in der Mediengesellschaft. Berlin: Edition Sigma

Moholy-Nagy, L. (1929): Von Material zu Architektur. Mainz-Berlin: Florian Kupferberg 1968

Moravanszky, A. (2003): Architekturtheorie im 20. Jahrhundert. Eine kritische Anthologie: Wien/New York: Springer-Verlag

Negt, O.; Kluge, A. (1972): Öffentlichkeit und Erfahrung. Zur Organisationanalyse von bürgerlicher und proletarischer Öffentlichkeit. Frankfurt a. M.: Rowohlt Verlag

Nerdinger, W. (2004): Giuseppe Terragni und die Verantwortung des Architekten. Hannover: Fakultät Architektur der Universität Hannover

Nowotny, H. (1989): Eigenzeit. Entstehung und Strukturierung eines Zeitgefühls. Frankfurt a. M.: Suhrkamp Verlag

Nowotny, H.; Scott, P.; Gibbons, M. (2004): Wissenschaft neu denken. Weilerswist: Velbrück Wissenschaft

Ostrowetsky, G. (2001): Les transformations de l'espace public. In: S. Ostrowetsky (Hrsg.): Lugares, d'un continent à l'autre … Perception et production des espaces publics. Paris: Editions de l'Harmattan

Pahl, J. (1999): Architekturtheorie des 20. Jahrhunderts. München/London/New York: Prestel Verlag

Paravicini, U. (1990): Habitat au féminin. Lausanne: Presses Polytechniques et Universitaires Romandes

Paravicini, U.; Amphoux, P. (1994): Maurice Braillard, ein Schweizer Pionier der Modernen Architektur. Genf: Fondation Braillard Architectes

Paravicini, U.; Claus, S.; Oertzen, v., S.; Münkel, A. (2002): Neukonzeption städtischer öffentlicher Räume im europäischen Vergleich. Hannover: Niedersächsischer Forschungsverbund für Frauen- und Geschlechterforschung in Naturwissenschaften, Technik und Medizin (NFFG). Schriftenreihe NFFG Band 3

Paravicini, U. (2002): Public spaces for egalitarian cities. In: U. Terlinden (Hrsg.): City and Gender. Opladen: Leske+ Budrich, S. 57-80

Paravicini, U.; May, R. (2004): In den Brüchen der Stadt die Zukunft gestalten. Feministische Forschung zur Stadterneuerung in Europa. In: Ch. Bauhardt: Räume der Emanzipation. Opladen: Leske+Budrich, S. 7-8

Perrinjaquet, R. (1992): Die Wohnung an der Schnittstelle zur Arbeitswelt. In: EUROPAN 3: Zuhause in der Stadt. Urbanisierung städtischer Quartiere. Prag/ Berlin/ Paris/Rom/Madrid/Stockholm: EUROPAN Europaweite Wettbewerbe für neue Architektur, S. 43-46

Perrinjaquet, R. (2002): Architektur in Auseinandersetzung mit Zukunft. In: V. Hörner, K. Kufeld: Utopien heute? Zukunftsszenarien für Künste und Gesellschaft. Bönningheim: Ernst Bloch Zentrum, S. 65-79

Perrot, M. (1981): Rebellische Weiber. Die Frau in der französischen Stadt des 19. Jahrhunderts. In: C. Honegger, B. Heintz: Listen der Ohnmacht. Zur Sozialgeschichte weiblicher Widerstandsformen. Frankfurt a. M.: Europäische Verlagsanstalt, S. 17-98

Piano, R.; Rogers, R. (1987): Du Plateau Beaubourg au Centre G. Pompidou. Paris: Centre G. Pompidou

Poly, R. (1998): Plätze, Innenhöfe, Parkanlagen 1985-1998. Köln: Verlag der Buchhandlung W. König

Raymond, A. (1985): Grandes Villes arabes à l'époque Ottomane. Paris: Ed. Sinbad

Rebe, S. (2001): Aktuelle Frauenprojekte in Deutschland – eine Dokumentation. Hannover; Niedersächsiches Innenministerium

Rodenstein, M. (1988): « Mehr Licht, mehr Luft ». Gesundheitskonzepte im Städtebau seit 1750. Frankfurt, New York: Campus Verlag

Rodenstein, M. (1994): Wege zur nicht-sexistischen Stadt. Architektinnen und Planerinnen in den USA. Freiburg i. Br.: Kore Verlag

Rötzer, F. (1995): Die Telepolis. Urbanität im digitalen Zeitalter. Köln: Bollmann

Rowe, C.; Slutzky, R. (1964): Transparenz. Basel: Birkhäuser Verlag 1997

Sartoris, A. (1986): L'actualité du rationalisme. Paris: Bibliothèque des Arts

Scarpa, L. (1986): Martin Wagner oder die Rationalisierung des Glücks. In: K. Homann, M. Kieren, L. Scarpa (Hrsg.): Martin Wagner 1885-1957. Berlin: Akademie der Künste, S. 8-23

Schroeder, A.; Zibell, B. (2004): Auf den zweiten Blick: Städtebauliche Frauenprojekte im Vergleich. Schriftenreihe Beiträge zur Planungs- und Architektursoziologie Bd. 1. Frankfurt a. M.: Peter Lang Verlag

Selle, K. (Hrsg.) (1996): Planung in Kommunikation. Gestaltung von Planungsprozessen in Quartier, Stadt und Landschaft; Grundlagen, Methoden, Praxiserfahrungen. Wiesbaden/Berlin: Bauverlag

Selle, K. (Hrsg.) (2002): Was ist los mit den öffentlichen Räumen? Analysen, Positionen, Konzepte. Werkbericht der AGB Nr. 49. Aachen/Dortmund/Hannover: Dortmunder Vertrieb für Bau- und Planungsliteratur

Sennett, R. (1995): Fleisch und Stein. Der Körper und die Stadt in der westlichen Zivilisation. Berlin: Berlin Verlag

Sieverts, T. (1997): Zwischenstadt. Zwischen Ort und Welt, Raum und Zeit, Stadt und Land. Braunschweig: Vieweg Verlag

Sorkin, M. (1992): Variations on a Theme Park: The New American City and the End of Public Space. New York: Simon and Schuster

Spechtenhauser, K. (Hrsg.) (2006): Die Küche. Lebenswelt-Nutzung-Perspektiven. Basel/Boston/Berlin: Birkhäuser Verlag

STEB (1996): Stadtentwicklungskonzept. Leitbild, Orientierungsrahmen und räumliche Schwerpunkte. Hamburg: Stadtentwicklungsbehörde Freie und Hansestadt Hamburg

Steinmann, M. (Hrsg.) (1979): CIAM. Internationale Kongresse für Neues Bauen. Congrès Internationaux d'Architecture Moderne. Basel/Stuttgart: Birkhäuser Verlag

Stimman, H. (Hrsg.) (1994) : Wohnungsbau für Berlin. Wettbewerbe und Realisierungen 1988 – 1994. 2. Aufl. Berlin: Senatsverwaltung für Bau- und Wohnungswesen

Tafuri, M.; Dal Co, F. (1976): Architecture contemporaine. Paris: Galimard di Electa 1991

Taut, B. (1924): Die neue Wohnung. Die Frau als Schöpferin. Leipzig: Klinkhardt & Biermann

Terlinden, Ulla (Hrsg.) (2002): City and Gender. Opladen: Leske+Budrich

Terlinden, U.; Oertzen, v., S. (2006): Die Wohnungsfrage ist Frauensache! Frauenbewegung und Wohnreform 1870 bis 1933. Berlin: Reimer Verlag

Thornton, P. (1985): Authentic Decor. The Domestic Interior 1620-1920. London: Weidenfeld and Nicolson

Ungers, L. (1983): Die Suche nach einer neuen Wohnform. Siedlungen der zwanziger Jahre damals und heute. Stuttgart: Deutsche Verlags-Anstalt GmbH

Virilio, P. (1984): L'espace critique. Paris: Editions Ch. Bourgois

Virilio, P. (2007): Panische Stadt. Wien: Passagen Verlag

Wahrhaftig, M. (1982): Emanzipationshindernis Wohnung. Köln: Pahl-Rugenstein

Welsch, W. (1993): Unsere postmoderne Moderne. Berlin: Akademie Verlag

Weiss, K.D. (1993): Sozialer Wohnungsbau. Frankfurt-Bonames. In: G.G. Feldmeyer: Die neue deutsche Architektur. Stuttgart: Kohlhammer Verlag, S. 164

ZEITSCHRIFTEN UND AUFSÄTZE

amc Le Moniteur Architecture (Fr) (2001): Habiter en ville. amc Nr. 17, S.49-78

Arch+ (1981): Kein Ort, nirgends – Auf der Suche nach Frauenräumen. Arch+ Nr. 60

Arch+ (2006): Wohnen. Wer mit wem, wo, wie, warum? Arch+ Nr. 176/177**Arquitectura+tecnologia** (Sp) (2002): Density I (Heft zu städtischem Wohnen). a+t Nr. 19

Arquitectura+tecnologia (Sp) (2003): Density IV (Heft zu städtischen Wohnen). a+t Nr. 22

Evans, R. (1996): Menschen, Türe, Korridore. In: Arch+ 134/135, S. 85-87

Hagen-Hodgsen, P. (1991): Ein langer Weg. Streiflichter auf die Geschichte der Glasarchitektur. In: Deutsche Bauzeitung Nr. 7/91, S. 65-69

Hassler, U.; Kohler, N. (1998): Exkurs: Umbau – die Zukunft des Bestandes. In: Baumeister Nr. 4/98

Herczog, A. (2002): Von der Raumplanung zur Raument-wicklungspolitik. Neue Anforderungen im Zeichen der Re-regulierung. In: Werk, Bauen+ Wohnen (CH) Nr. 6, S. 34-37

Kähler, G. (1989): Kollektive Struktur, individuelle Interpreta-tion. In: Arch+ Nr. 100/101, S. 38-45

Koolhaas, R. (1993): Die Entfaltung der Architektur: Ein Gespräch mit Niklaus Kuhnert, Philipp Oswalt und Alejandro Zaera Polo. In: Arch+ Nr. 117, S. 22-33

Koolhaas, R. (1996): Die Stadt ohne Eigenschaften. The Generic City. In: Arch+ Nr. 132, S. 18-29

Kraft, S. (2006): Atmosphärenwechsel. Joachim Krause im Gespräch mit Sabine Kraft. In: Arch+ Nr. 176/177, S. 20-27

Paravicini, U.; Krebs, Ph.; May, R. (2002): Frauen in der städtischen Öffentlichkeit. Lösungen und Defizite in der Stadterneuerung in drei europäischen Städten. Raum-Planung Nr. 102, S. 132-136

Rogers, R. (1995): Cities for a Small Planet. Reith Lectures BBC Radio März, übers. und abgedr. In: Arch+ Nr. 127, S. 26-85

Solt, J. (2001): Verstand und Gefühl. Architektur als Zeichen oder Körper. In: Archithèse (CH) 3/01, S. 8-14

Techniques & Architecture (Fr) (1987/1988): Housing. Recent European Projects. International Review of Architecture and Design Nr. 375

Techniques & Architecture (Fr) (1991): Housing. In: Inter-national Review of Architecture and Design Nr. 397, S. 37-112

Topos (2002): Plätze – Urban squares. Plätze und städtische Freiräume von 1993 bis heute. European Landscape Magazine. München: Callwey/Birkhäuser Verlag